战略性新兴领域"十四五"高等教育系列教材

综采装备及其智能化技术

主　编　王学文

副主编　李　博　崔红伟　谢嘉成　郭永昌

参　编　李娟莉　李永康　廖瑶瑶　高　飞

U0331458

机械工业出版社

本书从综采工作面装备整体功能角度出发，结合煤矿综采工作面装备具体特点、煤矿智能化应用需求，综合考虑前沿性、基础性、实用性，全面系统地介绍煤矿综采装备的组成、结构、设计、感知、控制与智能化技术等。本书主要内容包括绪论、采煤机及其智能化技术、刮板输送机及其智能化技术、顺槽转载系统及其智能化技术、可伸缩带式输送机及其智能化技术、液压支架及其智能化技术、高水基液压系统及其智能化技术、综采装备数字孪生技术、综采工作面集成配套与智能化系统、采煤工作面智能化技术实践典型案例等。本书的章节顺序力求体现煤矿综采工作面装备的工作顺序与功能关系，为读者展示完整的煤矿综采装备及其智能化技术体系。

本书可作为普通高等院校机械类专业本科生和研究生的教学用书，也可作为相关领域工程技术人员的学习与参考用书。

图书在版编目（CIP）数据

综采装备及其智能化技术 / 王学文主编. -- 北京：机械工业出版社，2024.9. --（战略性新兴领域"十四五"高等教育系列教材）. -- ISBN 978-7-111-76746-6

Ⅰ. TD421.6

中国国家版本馆 CIP 数据核字第 2024VC8270 号

机械工业出版社（北京市百万庄大街 22 号　邮政编码 100037）
策划编辑：徐鲁融　　　　　　责任编辑：徐鲁融　王效青
责任校对：张爱妮　李　婷　　封面设计：王　旭
责任印制：常天培
北京机工印刷厂有限公司印刷
2024 年 11 月第 1 版第 1 次印刷
184mm×260mm · 17.75 印张 · 435 千字
标准书号：ISBN 978-7-111-76746-6
定价：59.80 元

电话服务　　　　　　　　　　网络服务
客服电话：010-88361066　　机　工　官　网：www.cmpbook.com
　　　　　010-88379833　　机　工　官　博：weibo.com/cmp1952
　　　　　010-68326294　　金　书　网：www.golden-book.com
封底无防伪标均为盗版　　机工教育服务网：www.cmpedu.com

PREFACE

前言

    5G、大数据、区块链、数字孪生、人工智能等新一代信息与计算技术与煤炭生产技术的深度融合，为煤炭工业发展提供了新的机遇，煤炭智能化开采必将成为我国煤炭开采技术的主要发展方向。综采装备智能化是实现煤炭智能化开采的重要保障，是实施煤炭资源开发方式重大变革的技术支撑，是促进我国煤炭工业实现高质量发展的先导力量。

    本书面向战略性新兴领域"高端装备制造"卓越工程师人才培养需求，以新工科建设为中心，体现煤炭类院校机械工程专业特点，内容既包含煤矿综采装备的常规设计、感知与控制内容，也包含煤机智能化建设内容，还包含编者的最新科研成果，可使学生在了解综采装备结构组成及工作原理的基础上，进一步掌握其智能化技术。

    本书选取主要综采装备进行介绍，并详细阐述了综采装备所应用的最新智能化技术。从综采装备的基本结构组成到系统集成配套，从综采装备局部智能化技术到工作面整体智能化系统，从综采装备工作运行原理到典型智能化矿井实践案例，多层次、多角度地呈现了综采装备智能化技术及其应用场景，可使学生较为快速地了解相关知识和技术，拓展学生的创新思维，达到理论与实践相结合的目标。

    本书主要特色包括：全面细致地讲解了采煤机、刮板输送机、转载输送机、可伸缩带式输送机、液压支架、高水基液压系统等综采装备的基本结构组成、工作原理及其所采用的最新智能化技术。为了让学生对综采工作面装备配套有深入了解，对不同煤层条件下装备的总体配套进行了实例分析并讲解了综采工作面智能化系统，最后对7个典型案例进行分析，让学生进一步体会综采装备智能化的技术优势。

    本书由王学文担任主编，李博、崔红伟、谢嘉成和郭永昌担任副主编，李娟莉、李永康、廖瑶瑶和高飞参与编写。其中，王学文和李博共同拟定了本书大纲，王学文、李博和崔红伟对全书进行了统稿。第1章由王学文编写，第2章由谢嘉成编写，第3章由崔红伟编写，第4章由李永康编写，第5章由李博编写，第6章由高飞编写，第7章由廖瑶瑶编写，第8章由李娟莉编写，第9章由王学文、郭永昌和谢嘉成编写，第10章由郭永昌编写。

    本书部分研究成果得到山西省科技重大专项计划"揭榜挂帅"项目（"5G+采煤机导控"驱动的智能综采关键技术研发与应用示范）的资助。在本书撰写过程中，廉自生教授提出了许多宝贵意见，在此表示衷心的感谢。

    由于编者水平所限，书中难免有不足之处，敬请读者批评指正。

编　者

CONTENTS
目 录

第1章 绪论

1.1 综采工作面简介

综采工作面的全称为综合机械化回采工作面，其作业内容涵盖了采煤工作面从破煤、装煤、运煤、支护到采空区处理及巷道运输、掘进等全过程的机械化作业，极大地提升了煤炭开采的效率和安全性。图1-1所示为综采工作面的设备组成及整体布局示意图。

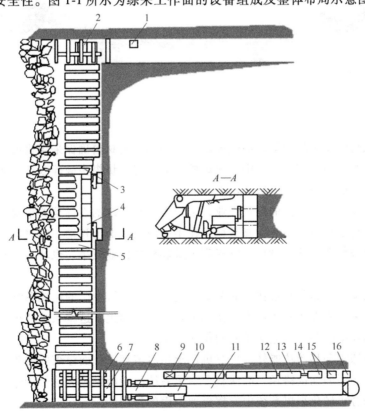

图1-1 综采工作面的设备组成与整体布局

1—绞车 2—上端头支架 3—刮板输送机 4—采煤机 5—液压支架 6—下端头支架 7—转载机

8—破碎机 9—集中控制台 10—带式输送机自移机尾 11—带式输送机 12—配电箱

13—移动变电站 14—设备列车 15—乳化液泵站 16—喷雾泵站

在综采工作面系统中，"三机"——采煤机、液压支架、刮板输送机是核心组成部分，它们的紧密配合保证了采煤工作的顺利进行。采煤机将煤切割到刮板输送机上，刮板输送机将落下的煤运送出煤矿，液压支架群整体支撑煤层顶部，以确保操作人员的安全。其中，采煤机是引领智能化工作面协同运行的核心关键装备，采煤机前、后两个滚筒截割煤壁生成煤层顶、底板；刮板输送机为采煤机的运行轨道，其本身由多节溜槽连接而成，具有一定的柔性，可以适应井下复杂的煤层底板形态；液压支架数量众多且排列紧密，采煤机截割煤壁后，液压支架需要迅速地跟机移架支护，液压支架和刮板输送机溜槽一对一通过"浮动连接机构"进行推溜、移架、支护动作，实现对煤层顶板的动态支护和工作面推进。

1.1.1 采煤机

采煤机是煤炭开采中的核心设备，如图 1-2 所示，它的设计和性能直接关系到煤矿开采的效率和安全。作为机械化采煤系统的心脏，采煤机不仅需要具备强大的切割能力，以适应不同硬度的煤层，还需要有灵活的移动性能，以便于在工作面内高效作业。

图 1-2 采煤机

切割是采煤机最基本的功能，高强度的切割头和耐磨材料确保采煤机即使在硬质煤层中也能保持高效切割。而在切割过程中，采煤机还需要将大块煤炭破碎成适合运输和加工的尺寸，这就需要采煤机具备一定的破碎功能。

为了实现在复杂工作面内的高效作业，采煤机移动系统的设计至关重要。现代采煤机通常配备可调节的行走机构，使其能够平稳地在不平坦的地面上移动，同时保持与液压支架和刮板输送机的协调作业。这种设计不仅提高了采煤机的作业效率，也增强了其在不同地质条件下的适应性。

采煤机的驱动系统是其高效作业的关键。链牵引或无链牵引的齿轨系统等先进驱动技术的应用，确保了采煤机在各种条件下都能稳定且高效地前进。这些系统的设计能够提供强大的动力和精确的速度控制，以适应不同的作业需求。

除了基本的切割和移动功能外，采煤机还承担着清理工作面浮煤的任务，以及为液压管路、电缆等提供必要的铺设路径，确保整个综采系统的能源供应和信号传输。这些附加功能使得采煤机在综合机械化采煤系统中发挥更加全面的作用。

随着技术的进步，采煤机的设计越来越注重自动化和智能化。现代采煤机通常配备自动化控制系统，能够自动调节切割参数、优化作业流程、提高效率，并减少人为错误。同时，一些采煤机还集成了智能传感和监控系统，实时监测设备状态和作业环境，进一步提高作业的安全性。安全和维护是采煤机设计中不可或缺的部分。为了确保操作人员的安全，采煤机配备有紧急停止按钮、防护装置等安全设施。同时，为了减少停机时间，采煤机的设计通常便于维护和快速更换易损部件。

1.1.2 液压支架

液压支架，是综采工作面系统中的关键组成部分，它在确保工作面安全和提高采煤效率方面起着至关重要的作用。液压支架的设计和功能体现了现代煤炭开采技术的先进性。

液压支架的核心功能是对顶板进行有效的支撑。在采煤过程中，随着煤层的逐渐剥离，顶板的稳定性成为保障作业安全的关键因素。液压支架凭借其强大的支撑能力，能够承受来自顶板的压力，防止岩石塌落，从而为采煤机提供一个安全稳定的工作环境。

此外，液压支架配备有精准的电液控制系统，这一系统能够精确控制液压支架的动作，实现快速移动和精确定位。电液控制系统的智能化特点，使得液压支架能够根据采煤机的作业进度和工作面的实际情况，自动调整其位置和支撑力度，以适应不断变化的作业条件。

液压支架的自移功能是其另一大特点。这一功能使液压支架能够与采煤机和刮板输送机同步推进，进而保持作业的连续性和协调性。在采煤机向前推进的同时，液压支架通过其自移系统，沿着工作面移动，及时对新暴露的顶板进行支撑。这种同步推进不仅提高了采煤效率，而且有效地保证了工作面的稳定性，减少了顶板事故的风险。

液压支架可以根据其支撑方式和结构特点分为支撑式和掩护式两大类。

1）支撑式液压支架以其坚固的结构和强大的支撑力，为顶板提供直接的支撑，防止采空区上方的岩石塌落。这种类型的支架通常设计有两柱或四柱，能够适应不同厚度的煤层，是采煤作业中最为常见的支架类型。

2）掩护式液压支架则更注重为采煤机和作业人员提供全面的保护。它们的高度通常更高，能够覆盖更大的顶板面积，从而为工作面提供更为全面的支撑和防护。掩护式液压支架的设计重点在于确保作业环境的安全，减少因顶板不稳定而带来的风险。

液压支架还可以根据其调节能力和移动方式分为可调式和自移式两大类。

1）可调式液压支架允许在一定范围内调整支架的高度和支撑力，使其能够适应不同厚度和硬度的煤层。这种灵活性使得可调式液压支架能够应对多变的采煤条件，提高作业的适应性和效率。

2）自移式液压支架则配备自推进系统，能够自动跟随采煤机的移动，进而减少人工干预，提高作业效率。端头液压支架则安装在工作面的两端，用于提供额外的支撑和稳定性，它们通常设计得更加坚固，以承受来自采空区边缘的压力。

液压支架根据其结构、工作原理和适用条件，可以分为多种类型，其中最常见的是四柱式液压支架和二柱式液压支架。

1）四柱式液压支架由四个立柱和两个或多个横梁组成，每个立柱负责支撑顶板的一部分，如图 1-3a 所示。这种液压支架的支撑力分布得更均匀，能够提供更大的支撑面积，适合于顶板较破碎或不稳定的工作面。四柱式液压支架能够更好地适应顶板的变化，提供更加稳定的支撑。此外，四柱式液压支架通常具有较高的工作阻力，能够承受更大的顶板压力。

2）二柱式液压支架由两个立柱和一个横梁组成，两个立柱位于支架的两侧，如图 1-3b 所示。这种支架结构相对简单、重量轻，便于快速移动和调整。二柱式液压支架适用于顶板较稳定的工作面，其支撑力集中在两个立柱上，因此对顶板的支撑不如四柱式的均匀。二柱式液压支架在操作和维护上相对简单，成本也较低。

在选择液压支架类型时，需要根据煤矿的具体地质条件、生产需求和安全要求来决定。四柱式液压支架和二柱式液压支架都在现代煤炭开采中发挥着重要作用，提高了采煤效率和作业安全。随着技术的进步，这些支架也在不断地优化和改进，以适应更加多样化的工作环境和更高的生产要求。

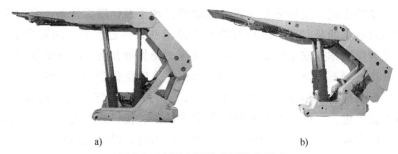

a)   b)

图 1-3　液压支架的主要结构形式

a）四柱式液压支架　b）二柱式液压支架

1.1.3　工作面运输系统

1. 刮板输送机

刮板输送机在综采工作面系统中扮演着至关重要的角色，它是煤炭运输的主要工具，其设计上的灵活性和多功能性使其成为综采工作面中不可或缺的一部分，如图 1-4 所示。

图 1-4　刮板输送机

刮板输送机的设计使它在不平坦的煤层表面也能连续运输。这种设计特性使得刮板输送机能够适应复杂的地下环境，即使在起伏不平的工作面上也能有效地进行煤炭的装载和运输。刮板输送机由一系列相互连接的刮板组成，这些刮板在输送机的轨道上连续移动，将切割下来的煤炭从采煤区域输送到工作面的外部。

除了煤炭运输功能外，刮板输送机还作为采煤机的运行轨道。采煤机在刮板输送机上移动，沿着煤层进行切割作业。这种设计简化了采煤机的移动机制，使其能够更加稳定和高效地进行作业。同时，刮板输送机还作为液压支架移动的支点，协助液压支架在工作面内移动，以适应采煤机的作业进度。

刮板输送机的多功能性体现在它能够同时承担运输、轨道和支点的角色。这种一体化的设计极大简化了综采作业流程，减少了辅助作业时间，提高了整体作业效率。通过减少设备数量和简化操作步骤，刮板输送机有助于降低作业成本，提高煤炭开采的经济性。

此外，刮板输送机的设计还考虑了易维护程度和可靠性。它的结构允许快速更换磨损部件、减少停机时间。同时，刮板输送机的耐用性和稳定性确保了其在长时间的作业中能够持续运行，减少了故障率。

2. 转载机、破碎机

转载机和破碎机是煤矿综采工作面不可或缺的设备，它们在煤炭的开采和运输过程中起着至关重要的作用。

（1）转载机　转载机的全称为顺槽用刮板转载机，是一种安装在矿井工作面下出口的桥式刮板输送机，如图 1-5 所示。它在大型综采工艺中扮演着重要角色，主要负责将采掘面上由刮板机运出的煤炭，从巷道底板升高后转送到带式输送机上。转载机的布置与工作面垂直，使得煤炭能够按照顺槽的方向向外流，从而把握煤矿运输的流向。同时，它使煤炭的卸载点更适于生产，实现与顺槽式输送机机尾的合理连接。转载机的主要结构和安装包括机头传动部、桥槽、连接槽等多个部分，其安装和调试需要严格按照步骤进行，以确保设备的正常运行和生产率。

（2）破碎机　破碎机主要用于破碎转载机转载的大块煤炭，防止因煤块过大而堵塞运输系统或损坏运输带，如图 1-6 所示。破碎机的系列化设计使其装机功率和破碎能力多样化，能够满足不同煤矿的生产需求。锤式破碎机是常见的一种类型，它具有结构简单、配合容易的优点，并且破碎能力强，对煤流运行阻力小。破碎机的传动方式有皮带传动和齿轮传动两种，其中齿轮传动装置采用"电动机—液力偶合器—减速器"的传动形式，这种传动方式避免了皮带过载打滑的问题，提高了传动效率，同时也便于安装和维护。

图 1-5　转载机

3. 带式输送机自移机尾、转载机自移系统

带式输送机自移机尾和转载机自移系统是煤矿井下顺槽运输系统中的关键技术设备，它们在提高工作面采掘效率和减少停车时间方面起着至关重要的作用。

（1）带式输送机自移机尾　带式输送机自移机尾通常位于井下顺槽带式输送机的尾部，负责连接桥式转载机和带式输送机，如图 1-7 所示。它具备自行前移、调高、皮带调偏和张紧等功能，是确保工作面顺槽运输设备连续高效

图 1-6　破碎机

运作的重要组成部分。目前，带式输送机自移机尾多采用双液压缸推进式设计，其操作方式主要为手动控制，这对操作人员提出了较高的技能要求。

（2）转载机自移系统　转载机自移系统则是另一种用于煤矿井下顺槽运输系统的设备，它能够实现在输送机不停机的情况下快速地移动机尾，从而缩短输送机机尾移动的辅助工作时间和停车

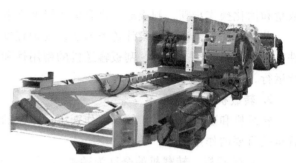

图1-7　带式输送机自移机尾

时间，提高整个综采面的采掘效率。该系统同样以双液压缸推进式为主流，其控制方式也为手动控制，但随着技术的发展，自动控制系统的引入已成为行业发展的趋势。

1.1.4　三机协同关系

在综采工作面中，三种主要装备——采煤机、液压支架和刮板输送机之间的协同关系如下。

1. 采煤机与液压支架的协同

（1）支撑与推进　液压支架首先在采煤面前方布置好，为采煤机提供稳定的支护空间。随着采煤机向前推进，液压支架通过电液控制系统按顺序进行降架、移架操作，紧跟采煤机的步伐，及时支护新暴露的顶板，防止冒顶事故发生。

（2）高度调整　液压支架的调高范围需与煤层厚度及变化相适应，确保采煤机能顺畅切割而不受顶、底板影响，同时为采煤机提供足够的切割空间。

2. 采煤机与刮板输送机的协同

（1）连续运输　采煤机切割下来的煤炭直接落入位于其后的刮板输送机中，刮板输送机迅速将煤炭运往工作面外部，形成连续的运输流程。采煤机与刮板输送机的输运能力需匹配，一般情况下，刮板输送机的功率配置要略高于采煤机，前者功率应为后者功率的1.2~1.4倍，以减少输送机的负载压力和故障率。

（2）协同移动　在某些综采系统中，刮板输送机还作为采煤机的轨道，采煤机通过与刮板输送机的连接装置实现稳定行驶，两者协同前进。

3. 液压支架与刮板输送机的协同

（1）空间创造与支撑　液压支架的移架操作为刮板输送机的前进创造了空间，确保刮板输送机能随着采煤机的推进而不断前移，同时保持工作面的支撑稳定，防止顶板塌落。

（2）协同作业　在综采过程中，液压支架、采煤机和刮板输送机的作业必须紧密配合，通过精确的控制和协调，确保整个作业流程的连续性和高效性，避免由设备不协调导致的停机或安全事故。

综上所述，综采工作面通过"三机"及配套设备的紧密协作，实现煤炭开采的高效、安全与自动化，展现现代煤炭工业的技术进步与生产率的大幅提升。在实际应用中，根据煤矿的地质条件和生产需求，合理选择和配置这些设备，对于优化开采效果至关重要。

1.2　综采工作面智能化系统

综采工作面智能化系统主要是针对综采工作面采煤机、液压支架、工作面运输设备的智能化系统，此外，为了保证智能化综采工作面的正常运行，还要配置智能化支持系统。

1.2.1　采煤机智能化系统

采煤机是综采工作面的核心设备，采煤机智能化系统主要是在采煤机上配置智能化采煤机传感器、控制软件、通信端口与协议等，以实现采煤机自主定位、姿态感知与控制、煤岩智能识别、远程控制、自适应截割、自主割煤、记忆截割、智能调速、自动调高、故障诊断与预测等功能。

1.2.2　液压支架智能支护系统

液压支架智能支护系统主要是在液压支架上配置电液控制系统，以实现液压支架自动跟机移架、自适应支护、自动补压、遥控控制、远程控制、支护状态监测与报警等功能。

1.2.3　综采工作面智能化运输系统

综采工作面运输系统主要由三机（刮板机、转载机、破碎机）、转载机自移系统、带式输送机自移机尾等组成，在综采工作面运输系统配置各类传感器及检测控制系统，以实现设备顺序启动和停止、煤流检测与平衡、负载均衡协调控制、远程控制、设备故障监测与预警等。

1.2.4　综采工作面智能化支持系统

1. 智能化供电系统

煤矿供电系统智能化技术的主要功能包括供电设备智能监测、故障预警与处理、能源管理等，智能化技术引入后，将大大提高煤矿综采工作面供电系统的可靠性、安全性和灵活性。

2. 智能化供液系统

煤矿智能化供液系统主要包括泵站、电磁卸载、智能调控、变频控制、乳化液自动配比、全自动乳化液保障系统及系统运行状态故障诊断与监测等。

3. 智能化通信系统

煤矿智能化通信系统集就地显示、集中控制、语音对讲一体化主机、现场总线技术等优点于一身，实现对工作面受控设备集中智能控制、启停预警功能、故障精确定位、监测、语音报警等功能。

4. 智能化视频监控系统

煤矿智能化视频监控系统能够集成工作面视频并分析预警系统的目标识别结果，显示工作面行人、采煤机滚筒、工作面刮板运输机、支架护帮状态、大块煤和矸石等目标，可以对人员进入危险区域进行智能识别和预警、液压支架推溜拉架位置监测等。

5. 综采工作面地质保障系统

综采工作面地质保障系统利用矿井地质勘探数据、巷道钻孔取样数据、地震波或槽波探测数据等地质信息，利用数字化建模方法对煤层客观实体进行近似描述与再现。

6. 顺槽集中控制系统

顺槽集中控制系统通过配置顺槽集中控制中心实现对综采工作面设备的实时工况监测与控制，包括监控液压支架、采煤机、皮带输送机、开关、泵站、运输机等设备的运行状态、故障信息，实现对综采工作面的远程控制及联动控制，通过对每台设备的温度、压力、流量、位移、转速等参数进行监测，并对这些参数进行分析处理，实现对设备运行实时状态的故障监测和预警。

7. 工作面人员定位系统

工作面人员定位系统具有信息交互功能，能与顺槽集中控制系统进行实时通信，集控系统根据人员的精确位置信息，实现智能化生产过程中的人员防碰撞等安全保护功能。

8. 综采工作面三维数字孪生系统

综采工作面三维数字孪生系统可以显示平均煤厚、平均采高、平均倾角、累计进尺、当前刀数等生产信息，可以对综采工作面生产信息、设备运行状态和姿态实时显示。

1.3 综采工作面总体集成配套设计

1.3.1 总体集成配套原则和方法

随着煤炭工业的整体快速发展，世界煤炭产业明显呈现出采用先进技术、生产规模集中、效率提高、成本下降的趋势。我国在煤矿自动化与智能化建设方面也取得了显著成就，配套综采设备已经达到一个相对较高的水平，但随着浅部优质煤炭资源逐渐枯竭，深部煤层赋存条件变差，需进一步完善、更新采、掘、运系统的技术、装备和设施，逐步实现矿井生产高效化、自动化和智能化。

工作面设备的总体集成配套指的是工作面生产系统中液压支架、采煤机、刮板输送机、转载机、破碎机、带式输送机及工作面供电、供液设备等各设备之间的能力、尺寸、寿命等的匹配及相互连接关系，这些设备的正确选型及合理配套，是充分发挥设备生产效能、达到高产高效的前提。

1. 工作面总体基础配套原则

综采工作面设备总体集成配套代表着国内外煤矿生产技术最新的发展方向，它是矿井系统能力配套、工作面工艺合理选择、工序合理匹配、生产安全保障及科学管理等方面的综合结果，是矿井综合科技水平提高的具体体现。以工作面设备合理配套为核心，与工艺参数优化同时进行,工作面设备选型与系统集成配套设计时应遵循如下一般原则。

(1) 安全性原则 综采设备是煤矿生产的核心设备,煤矿开采耗时长、环境差,综采设备的安全涉及矿山工人的生命健康。因此,综采设备必须具有可靠而稳定的工作性能和齐全有效的系统保护。

(2) 生产能力匹配性原则 工作面设备系统配套能力是决定工作面产量和效益的重要因素,因此工作面设备能力的合理匹配是系统配套的重要原则之一。工作面生产系统应保证将采煤机截割下的煤或放出的顶煤及时运出,不出现“卡脖子”环节。工作面设备生产能力应形成由里向外的“喇叭口”状,设备生产能力应由里向外以 1.1~1.2 的倍数逐渐增大。

(3) 可靠性原则 可靠性是保证综采生产连续的关键,设备选型与设计时要考虑设备的故障率、维修方便性、长寿命和备件供应情况,提高单产水平,减少维护量。

(4) 技术先进性原则 综采是当今世界上最先进的一种采煤工艺,目前我国大中型煤矿很多矿井都实现了自动化,并向智能化发展。在有条件的矿井,应不断探索自动化采煤的实践应用,以充分发挥设备的性能,提高综采智能化生产能力和生产安全性。

(5) 条件适应性原则 综采设备应适应煤矿的地质条件、煤层赋存条件和生产规模,包括煤层的厚度、倾角、硬度、瓦斯含量等因素。以此作为设备选型依据,特别是液压支架支护系统适应性是工作面实现安全高效生产的决定因素,应进行充分的论证,合理选型和确定技术参数,一般要针对具体条件进行专门设计,不能一概强调通用。

(6) 支护协调设计原则 工作面端头与巷道超前支护段既是工作面的安全出口,又是设备集中的区域,在采动超前压力作用下,端头超前段巷道往往支护难度大、用人多、劳动强度大。系统集成配套设计中应对工作面端头和巷道超前支护进行协调设计,解决好支护与设备空间的矛盾。

(7) 经济合理性原则 在保证矿井生产安全的情况下,煤矿综采设备的选择一定要坚持初期少投资、生产率高、设备耐久性好、能耗少、原材料消耗少、维修和管理费用少、劳动力少的经济合理性原则。

(8) 通用性和互接性原则 同一矿区相同条件的矿井采区,在充分保证设备适应性的基础上,应尽可能进行统一规划设计,增强设备及配件的通用性和互换性,减少设备备件的库存量,降低生产成本,提高工作效率,实现企业效益最大化。

2. 工作面系统集成总体配套设计方法

综采设备的合理配套既需要丰富的实践经验支持,又需要掌握大量的设备信息,还涉及多学科理论支撑,是一项理论性和实践性极强的设计研究工作。工作面系统集成总体配套设计一般采用效能评价法、理论分析计算法、经验类比法、设计作图法及三维虚拟现实模拟法等。

(1) 效能评价法 效能评价法是通过对工作面进行综合分析,确定最合理的开采方案并核定工作面的生产能力。由于矿井煤层赋存条件、生产条件、生产工艺不同,生产率会存在较大差异。效能评价就是通过对生产工艺进行严格的分析研究,对工作面生产能力进行综合评价,初步明确设备选型方案。

效能评价是工作面系统集成配套设计的第一步工作,主要应完成以下内容。

1) 采煤工艺确定。根据煤层的赋存条件、倾角、煤层厚度等因素的综合分析,选取煤炭采出率高、质量好、生产安全稳定的采煤方法。同时确定工作面自动化要求和技术定位,确定是否采用电液控制系统和自动化控制系统等。

2）生产能力确定。根据矿井核定生产能力和主运输系统能力等因素核定工作面生产能力，作为设备选型设计的依据和系统集成配套设计目标。

3）端头支护及超前支护工艺确定。端头支护及超前支护工艺是工作面管理的重点，将直接影响到工作面的生产率，大部分矿井存在端头维护困难、工作量大而严重制约工作面设备效能发挥的情况，因此，端头支护方案及超前支护方案的确定是综采设备选型配套的重要因素和重点研究内容之一。

4）瓦斯涌出量及通风能力的确定。矿井瓦斯涌出量是指矿井生产过程中以普通涌出方式涌入采掘工作空间的实际瓦斯数量。确定影响矿井瓦斯涌出量的因素可以为矿井设计和瓦斯管理提供重要的依据，也是保证矿井安全生产的需要。生产过程中最大通风量和瓦斯含量是影响工作面生产能力的重要因素，因此设备选型时应满足以风定产的通风安全要求。

5）工作面巷道断面的确定。不同地质条件的煤层对巷道尺寸有不同的要求，因此巷道施工设计要考虑掘进量、支护难度和巷道变形。同时，工作面巷道断面大小也直接关系到工作面设备选型，关系到生产能力定位，并影响工作面通风能力、设备运输尺寸、工作面设备选型配套尺寸、工作面生产能力。

通过效能评价，可初步确定工作面设备的选型方案、生产能力及相关尺寸范围，为工作面系统集成配套设计奠定基础。

（2）理论分析计算法　综采设备选型的第二阶段工作是对设备自身能力和适应性进行分析计算，以确定设备的主要技术参数及关联尺寸。理论分析计算应完成以下工作内容。

1）分析研究开采煤层上覆岩层的岩性结构、各岩层的物理性质、相互之间的作用关系、通过理论计算和数值模拟等手段，分析来压强度、初次来压步距、周期来压步距，确定工作面支护强度和支架工作阻力等。

2）研究开采煤层的结构、构造类型、力学性质、层理（节理）发育程度，计算出截割能耗指数，确定采煤机的截割功率、牵引功率和总装机功率等。

3）分析研究煤层底板岩性结构，计算直接底的抗压强度，确定底板可承受的最大比压。

4）分析开采工艺对围岩的影响，计算动压强度和影响范围，预测片帮深度，为支架结构设计提供依据。

5）分析伪顶、直接顶的岩性结构特征，提出顶板控制的基本要求。

6）分析地质构造的特征及特点，研究地质构造对开采所造成的危害程度，并对设备的结构强度提出基本要求。

通过以上的分析计算，确定设备选型配套的定量技术指标，具体如下。

1）采煤机截深、截割功率、牵引功率、牵引速度等。

2）液压支架架型、支护强度、工作阻力、结构高度、推移机构形式、侧护板形式、人行通道、最小空顶距、护帮板类型等。

3）确定刮板输送机、转载机、破碎机的功率、主要技术参数、外形尺寸、机头搭接形式等。

4）确定乳化液泵站、喷雾泵站等的配套参数。

5）确定工作面成套设备供电负荷、供电设备技术参数。

（3）经验类比法　经验类比是工作面系统集成配套设计中设备选型配套的主要手段，

是一种常用的实用型类比方法。通过对周边相似条件矿井的综采设备应用效果进行调研，总结分析其使用效果、存在的问题，并与理论分析计算所选的设备进行对比，是一种以实践经验为基础的设备选型校核方法。对于新矿井的首套设备选型配套，不应以简单的类比确定方案，而应综合几种方法进行研究，确定首采工作面选型方案。

（4）设计作图法　工作面系统配套设计是在系统各设备生产能力评估、技术参数确定之后进行的，一般由系统集成总体配套设计单位牵头，各设备生产企业共同参与，对工作面设备布置和连接关系进行设计，也称为设备尺寸配套。而设计作图法是借助 CAD 软件对预选定设备进行集中尺寸校核。

设备尺寸配套会直接关系到各设备本身的关键尺寸，关系到工作面设备间的协调配合，关系到工作面及巷道的设计与布置，关系到工作面的管路、电缆、照明、人行通道、端头架与中部架之间的过渡架的过渡方式，关系到采煤机在各个工艺过程中能否有效实现安全、可靠的工作。综采设备方案及其技术参数的选择是工作面系统配套的关键环节，而设备尺寸配套更是关键环节的重中之重，设备尺寸配套是否合理将直接影响各设备的服务周期长短和应用效果好坏，因此设备尺寸配套不仅是保证生产安全、提高生产效能、降低劳动强度、节能降耗的重要环节，而且是技术管理中不可或缺的重要一环。

设备尺寸配套主要应完成的内容如下。

1）确定采煤机与刮板输送机之间的配合尺寸。确定采煤机与刮板输送机各运行部位的间隔、过煤空间尺寸、滚筒与铲煤板之间的间隙；确定采煤机在刮板输送机弯曲段运行时的尺寸关系，确保满足安全生产的尺寸要求并保证不发生相互干涉；确定采煤机在机头、机尾作业时的相对尺寸关系、挖底量、极限运行范围。

2）确定采煤机与液压支架的配合尺寸。确定采煤机机身、滚筒直径与液压支架间的关系，确保采煤机在刮板输送机上飘或下卧时不与支架发生干涉。

3）确定刮板输送机与液压支架的配合尺寸。确定刮板输送机与液压支架间的连接和尺寸关系、连接部耳子和连接头间的尺寸、人行通道的尺寸、支架底座与刮板输送机间的配合间隙、机头和机尾部的人行通道尺寸与检修空间，管路、电缆布置位置优化及定位，区段巷道带式输送机、移变列车的布置优化。

4）确定支护系统液压支架间相互配合尺寸。确定端头支架与中部支架、过渡支架与端头支架、过渡支架与中部支架在极端条件下工作时的相互配合、防护尺寸，确定端头支架、过渡支架顶梁结构及尺寸，确定侧护板形状、尺寸与搭接关系，确定防倒防滑等主要辅件的连接关系和运动极限。

（5）三维虚拟现实模拟法　采用三维设计软件对成套设备建模，进行三维虚拟现实的系统运动仿真，可对成套设备配套运行进行实物校核。在分布式网络环境下对工作面系统设备进行多学科、多领域的协同设计、仿真与优化，这可由有经验的管理人员与设计人员共同配合完成，并详细确定设备细节结构、附件位置、方向、管线走向与长度，明确设备起吊、搬运以及工作面回撤对结构的要求，还可为全套设备的批量制造进行最后的校核与优化。

1.3.2　能力配套关系

工作面设备系统配套能力是决定工作面产量和效益的重要因素，因此工作面设备能力的合理匹配是系统配套的重要原则之一。在生产能力配套中，需要注重几点：第一，需要确保采煤机的生产能力满足工作面生产能力和生产任务需求；第二，工作面生产系统应保证将采煤机截割下的煤或放出的顶煤及时运出，不出现"卡脖子"环节；第三，工作面设备生产能力应形成由里向外的"喇叭口"状，设备生产能力应由里向外以 1.1~1.2 的倍数逐级增大；第四，破碎机的破碎能力需要确保出现的大岩石、大块煤可以被工作面和转载机适应，目前破碎机已经和转载机设为一体。

1. 工作面参数的确定

工作面参数主要包括工作面推进长度、工作面长度和采高等。根据矿井实际条件和需求，在提出参数选择方案时应主要考虑如下几个方面：

（1）产量和效率最高　采煤工作面的日产量主要取决于采煤工作面长度、煤层厚度和推进速度，即

$$Q_d = PLv \tag{1-1}$$

$$P = M\gamma C \tag{1-2}$$

式中　Q_d——采煤工作面日产量（t/d）；

L——采煤工作面长度（m）；

v——工作面推进速度（m/d）；

P——煤层生产能力（t/m^2）；

M——采高（m）；

γ——煤的容重（t/m^3）；

C——工作面采出率（%）。

当工作面推进速度一定时，工作面日产量取决于工作面长度。但随工作面长度 L 增加带来技术管理、生产管理难度加大和刮板输送机等设备故障的增加，或将影响工作面的推进速度。因此，采煤工作面日产量与工作面长度的关系不是简单的直线增加关系，而是在一定范围内随 L 加大而增加，超出一定范围后，其增加的幅度随着 L 的加大而逐渐减小。

工作面工效 D 为

$$D = \frac{Q_d}{b_1 + b_2} \tag{1-3}$$

式中　b_1——与工作面长度有关的工人数（工/m）；

b_2——与工作面长度无关的工人数（工/m）。

由式（1-1）~式（1-3）可见，随着工作面长度的增加，效率由逐渐增加变为逐渐减小。最优化工作面长度随着刮板输送机等设备性能和管理水平的提高而增加。

（2）工作面成本最低　对采煤工作面成本进行分析时，有一部分费用是随着工作面长度加大而增加的，有一部分费用是减少的，还有一部分费用是固定不变的，这样就可以通过对有关费用的计算，得出吨煤费用与工作面长度之间关系的数学表达式，进而求出工作面最佳长度。

（3）高可靠性　由于工作面长度增加可能使生产系统可靠性降低，从而造成产量损失和设备维修费用的增加，因此应对综采系统可靠性与工作面长度的关系进行充分论证，从而保证合理工作面长度下综采系统的高可靠性。

（4）合理的工作面推进长度　从理论上分析，随工作面走向，可连续推进的长度直接

影响着工作面采煤设备效率的发挥，工作面推进长度越长，搬家安装所占时间越少，生产效益越好。但工作面推进长度受到矿井资源条件、开拓布置和采掘接续等因素制约。

（5）合理的工作面采高 一般应优先选择一次采全高综采，特厚煤层不能一次采全高时，优先选择综放一次开采，别无选择时才采用分层开采。一次采全高工作面的采高一般应与煤层厚度一致，以最大限度地提高采出率和块煤率为原则。放顶煤开采工作面的采高应根据具体条件，并考虑合理采放比和设备投入等因素确定。特厚煤层分层开采时，一般应根据煤层总厚度合理分层，尽量使下分层留有足够厚度以进行综放一次开采。

通过以上分析，可以建立工作面最佳参数优选的层次结构模型，如图1-8所示。根据层次结构模型，采用插值法计算各方案相对指标的评分值，通过对方案进行多目标综合评价，以确定采煤工作面最优参数。

图 1-8　层次结构模型

2. 工作面生产能力与相关参数的确定

工作面长度一定时，工作面的生产取决于循环进度和日循环数。工作面系统设备生产能力相互协调时，循环进度直接取决于采煤机的牵引速度。

（1）循环和正规循环作业 工作面内全部工序至少完成一次的采煤过程即循环。综采工作面以移架循环为标志，即以放一次顶或移一次架为一个循环。在规定时间内，根据既定工艺方式，确保质量完成的一个循环称为正规循环。实践表明，实现正规循环作业是煤矿生产有效、科学管理的要求，能有效保证工作面高产、稳产和高效。

（2）循环方式的确定 按每日完成的循环个数，循环方式可分为单循环和多循环。确定循环方式，要综合考虑矿井生产能力、工作面生产能力、矿井工作制度及人员配备、管理水平等因素，其中，工作面生产能力与工作面选择的作业形式、工序安排、劳动组织相关。确定循环方式的步骤是：按照工作面的地质条件、生产技术条件确定工序安排形式，排出工艺流程图；按工序安排和劳动定额确定作业形式和人员配备；绘出正规循环图并计算产量；按工作面的计划产量对工作面循环方式进行调整。如此反复，使循环率达到80%就能完成计划产量，并留有适当余地。

（3）作业方式 采煤工作面作业方式是指一昼夜内工作面中采煤班与准备班在时间上的配合方式，由作业规程中的循环作业图反映。综采工作面有两采一准，两班采煤、边采边准，四班采煤、三采一准，两班半采煤、半班准备，共四种作业方式。采煤工作面工序安排有顺序作业、平行作业及两种作业方式相结合的形式等。安排时要分清主次工序，保证主要工序顺利进行，尽量增加出煤时间；辅助工序尽量与采煤平行，充分利用空间和时间，保证作业安全。

（4）劳动组织 劳动组织与作业形式、工序安排等密切相关，合理的劳动组织对完成正规循环、提高质量和效率有利。长壁工作面劳动组织有分段作业、追机作业、分段接力追机作业，共三种作业方式。

3. 三机配套选型参数计算

三机单独的生产能力须大于或等于工作面需要的生产能力，即保证：$Q_3 > Q_2 > Q_1$。Q_1 表示工作面需要的生产能力；Q_2 表示采煤机可实现的生产能力；Q_3 表示刮板输送机的生产能力。

（1）采煤机选型参数计算　采煤机的最大截割高度应大于煤层最大厚度，机身高度应小于煤层最小厚度。采煤机最大采高计算公式为

$$K_{max} = A - \frac{C}{2} - L\sin\beta_{max} - \frac{D}{2} \tag{1-4}$$

式中　β_{max}——摇臂向下的最大摆角（°）。

计算结果若为负值，表示割至中部槽底面以下的深度；若为正值，则表示采煤机不能卧底。一般而言，采煤机的最大卧底量应为 150～300mm，以保证充分提高刮板输送机机头、机尾处三角煤的开采率。并且在一般情况下，采煤机底托架应有不少于 500mm 的过煤高度，以免大块煤夹在采煤机与输送机之间，造成停机事故。

（2）液压支架选型参数计算

1）煤层厚度与倾角。支架的最小支护高度计算公式为

$$H_{min} = M_{min} - S_1 - a \tag{1-5}$$

式中　H_{min}——支架最小支护高度（m）；

　　　M_{min}——煤层的最小厚度（m）；

　　　S_1——支架在最小采高处后支柱位置的顶板下沉量（m）；

　　　a——支柱的卸载高度，一般取 0.05m。

支架最大支护高度通常比最大采高大 0.2m 左右，即

$$H_{max} = H_{min} + 0.2 \tag{1-6}$$

在煤层厚度大于 2.5m 时，应选用带护板装置的支架。当煤层倾角处于 15°～18°之间时，支架应设防滑和调架装置；当倾角超过 18°，应同时配备防滑和防倒装置。

2）顶板与底板强度。一般而言，坚硬顶板选用支撑式支架；稳定、中等稳定顶板选用支撑式或支撑掩护式支架；不稳定顶板选用掩护式支架，优先选用两柱掩护式支架。

支架底板的允许比压要大于接触比压。底板的岩层性质与允许比压有关，软岩底板和砂岩底板的允许比压分别为 0.98 MPa 和 1.96 MPa 左右。在进行智能选型配套时，应计算接触比压值并与底板允许比压进行比较，选择接触比压小于底板允许比压的支架，即

$$P_{接} \leq P_{允} \tag{1-7}$$

$$P_{接} = \frac{G}{S} \tag{1-8}$$

式中　S——液压支架的底座面积（m^2）；

　　　G——工作面的顶板压力（N）。

工作面的顶板由液压支架进行支撑。

① 液压支架的工作阻力。在综采工作面，液压支架合理的工作阻力应与顶板压力相适应。液压支架对顶板应提供的总工作阻力 Q 为

$$Q = \frac{PF}{\lambda} \tag{1-9}$$

式中　λ——支柱的有效支撑系数；

　　　F——支架的支撑面积（m^2）。

② 液压支架的初撑力。为保证支架的稳定和对顶板的保护，支架的初撑力设置为工作阻力的 70%~80%。

③ 液压支架的移架速度。根据顶板的稳定性，工作面可以采用多种移架方式，但总的要求是液压支架的移架速度必须大于采煤机的最大牵引速度。

（3）刮板输送机选型参数计算　刮板输送机是连续式运输设备，其每秒钟运输能力为

$$Q = qv \tag{1-10}$$

式中　v——刮板输送机运行速度（m/s）；

　　　q——输送机上单位长度货载质量（t/m）。

每米运输能力为

$$Q = 1000 F_0 \gamma \tag{1-11}$$

式中　F_0——刮板输送机溜槽中货载断面积（m^2）；

　　　γ——货载的散集容重（t/m^3），对于煤炭 $\gamma = 0.85 \sim 1.0$。

刮板输送机装运货载的最大横断面积与溜槽的结构形式及结构尺寸有关，还与松散煤的堆积角（安息角）有关。

考虑上述因素后，刮板输送机每小时运输能力为

$$Q = 3600 F \varphi \gamma v \tag{1-12}$$

式中　F——货载最大横断面积（m^2）；

　　　φ——货载的装满系数。

1.4　综采装备选型原则

1.4.1　液压支架选型

1. 选型原则

影响液压支架选型的主要因素有顶板和底板岩性、煤层可采高度、煤层倾角、煤层瓦斯含量等。液压支架选型应遵循以下原则。

1）支护强度与工作面矿压相应。

2）支架的结构、类型与煤层赋存条件相适应。

3）与底板的比压和抗拉强度相适应。

4）与工作面通风要求相适应。

5）操作简单、方便，动作循环时间短。

6）配套电液控制技术，能够实现快速移架。

7）自动化控制系统技术先进。

2. 影响因素

液压支架高度必须与工作面采高相匹配。工作面采高的确定主要依据煤层厚度（包括煤层夹矸厚度），并且要考虑设备能力和矿山压力显现状态。

3. 选型标准

1）根据待采工作面的煤层分布情况，确定工作面采高。

2）支架的最低高度应小于工作面最低采高，最大高度应高于工作面最大采高。

3）对煤层的顶底板压力及邻近工作面压力进行监测，对监测数据进行计算分析，确定支架的支护强度与额定工作阻力。

4）支护强度和工作阻力采用经验估算法和建立在支架与围岩相互作用关系基础之上的数值模拟分析法来确定。

5）额定工作阻力 F 为

$$F \geqslant \frac{PB_c L}{\eta} \tag{1-13}$$

式中　P——综采工作面额定支护强度（Pa）；

　　　L——支架中心距（m）；

　　　B_c——控顶距（m）；

　　　η——支撑效率（%）。

6）控制方式采用电液自动化控制。

7）配置的 SAC 型电液自动化控制系统可实现成组程序自动控制，包括成组自动移架、成组自动推溜等动作，能随工作面条件的不同，通过调整软件参数来调整支架的动作顺序。

8）支架能通过电液控制系统实现邻架的手动、自动操作。

9）实现本架电磁阀按钮的手动操作。

10）具备远程控制功能。

1.4.2　采煤机选型

1. 选型原则

1）技术先进，性能稳定，操作简单，维修方便，运行可靠，生产能力强。

2）各部件相互适应，能力匹配，运输畅通，不出现"卡脖子"现象。

3）与煤层赋存条件相适应，与矿井规模和工作面生产能力相适应，能实现经济效益最大化。

4）系统简单，环节少，总装机功率大，机面高度低，过煤空间大，有效截深大。

5）具有实时在线监测、自动记忆截割、远程干预控制等功能。

2. 影响因素

综采工作面生产能力主要取决于采煤机割煤能力，割煤能力与采煤机最大割煤牵引速度、无故障割煤时间、截深、采高、煤的容重等有关。当采高与截深一定时，工作面生产能力取决于采煤机的牵引速度、装机功率和滚筒大小。

3. 选型标准

1）根据工作面生产能力确定采高、截深、卧底量等参数，进而确定滚筒尺寸。

2）采煤机滚筒能实现工作面两端斜切进刀自开缺口的要求。

3）采煤机的装机功率应能满足生产能力和破煤能力的要求，正常行走速度应能充分满足生产能力的要求。

4）采煤机与支架之间应有足够的安全距离（不小于 200 mm），确保不相互干涉。

5）过煤空间不小于 300 mm，以保证煤流能顺利通过。

6）采煤机机械和电气部分应具有较高的稳定性能，开机率应符合要求。

7）采煤机应具有自动记忆截割、工况监测和远程控制等功能。

1.4.3 三机选型

1. 选型原则

1）刮板输送机应满足与采煤机、液压支架的配套要求。

2）刮板输送机输送能力应大于采煤机生产能力。

3）刮板输送机铺设长度应满足工作面回采要求。

4）转载机应具有自移功能，刮板输送机应具有自动张紧功能。

5）应尽量选用与在用设备型号相同的设备，便于日常维修和配件管理，降低矿井生产成本。

2. 选型标准

1）刮板输送机的运输能力必须满足采煤机割煤能力的要求，考虑到刮板输送机运转条件多变，其实际运输能力应略大于采煤机的生产能力，即

$$Q_y \geqslant K_c K_V K_y Q_c \tag{1-14}$$

$$Q_c = 60HB\gamma V_c \tag{1-15}$$

式中 Q_y——刮板输送机的最大运输能力（t/h）；

K_c——采煤机割煤速度不均匀系数；

K_V——采煤机与刮板输送机同向运动时的修正系数；

K_y——煤层倾角和运输方向系数；

Q_c——采煤机的设计生产能力（t/h）；

H——平均采高（m）；

B——采煤机截深（m）；

V_c——采煤机平均割煤速度（m/min）；

γ——煤的容重（t/m³）。

2）刮板输送机的功率根据工作面长度、链速、质量、倾斜程度等确定。

3）结合煤的硬度、块度、运量，刮板输送机选择中双链形式的刮板链条，机身应附设与其结构型式相应的齿条或销轨，在刮板输送机靠煤壁一侧附设铲煤板，以清理机道的浮煤。

4）转载机的输送能力应大于刮板输送机的输送能力，其溜槽宽度或链速一般应都大于刮板输送机。

5）转载机的机型，即机头传动装置、电动机、溜槽类型及刮板链类型，尽量与在用刮板输送机一致，以便于日常维修和配件管理。

6）转载机机头搭接带式输送机的连接装置，应与带式输送机机尾结构及搭接重叠长度相匹配，搭接处的最大高度要适应超前压力显现后的支护高度，转载机高架段中部槽的长度应满足转载机前移重叠长度的要求。

7）转载机在巷道中的宽度、高度应满足要求。

8）破碎机与转载机的能力相匹配。

1.4.4 泵站选型

1. 选型原则

1）泵站供液系统性能稳定、可靠。

2）泵站的输出压力应满足液压支架初撑力的需要，并考虑管路阻力所造成的压力损失。

3）泵站的单泵额定流量和泵的数量应满足工作面液压支架及其他用液设备的操作需要。

4）乳化液箱的容积应满足多台泵同时工作的需要。

5）应配备备用乳化液泵站。

6）乳化液泵站的电动机功率应满足泵站最大工作能力的需要。

7）泵站应配备"机-电-液"一体化的检测系统，以便实时监测系统的输出流量和输出压力、乳化液箱的液位和温度、泵站运行状态等，并可实现预警，确保人员和设备的安全。

8）应尽量选用与在用设备型号相同的设备，便于日常维修和配件管理，降低矿井生产成本。

9）当由固定泵站向工作面远距离供液时，要计算并确定所用管路的类型、口径、液流压力损失，并综合确定所需泵站的工作能力。

2. 影响因素

泵站的选择主要取决于工作面液压支架及其他用液设备操作所需的初撑力、用液流量等。

3. 选型标准

1）确定工作面液压系统所需的压力和流量，泵站的供液压力和流量应大于要求的大小。

2）计算管路压力损失，并通过压力损失及所需供液压力和流量，选择泵站的流量。

1.4.5 带式输送机选型

1. 选型原则

1）带式输送机的单机许可铺设长度要与综采工作面的推进长度相适应，尽量减少铺设台数。

2）选型要考虑巷道顶、底板条件，对于无淋水和底板无渗水、无底鼓的巷道，选用落地式可伸缩带式输送机，否则选绳架吊挂式。

3）选用抗静电阻燃高强度输送带。

4）带式输送机应选用技术先进、可靠性高的启动方式和工况监测控制系统。

2. 选型标准

1）带式输送机带宽为

$$B = \sqrt{\frac{Q_d}{K\rho v C\xi}}$$

(1-16)

式中　B——带式输送机带宽（m）；

Q_d——最大生产能力（t/h）；

K——断面系数，K 值与物料的动堆积角有关；

ρ——物料散密度（t/m³）；

v——带速（m/s）；

C——倾角系数；

ξ——速度系数。

选用宽度应大于计算标准。

2）带式输送机的驱动电动机功率 P_A 为

$$P_A = (L_1 + 50)(Wv/3400 + Q/12230) + hQ/367 \qquad (1\text{-}17)$$

式中　L_1——带式输送机水平距离（m）；

W——单位长度机器运动部分质量（kg/m）；

v——带速（m/s）；

Q——输送量（t）；

h——带式输送机高度（m）。

考虑一定的功率备用系数，工作面带式输送机实际总功率 N 为

$$N = K_1 P_A / \eta \qquad (1\text{-}18)$$

式中　K_1——电动机功率备用系数；

η——效率（%）。

思考题

1-1　请简述综采工作面的设备组成以及整体布局？

1-2　请简述综采工作面"三机"协同运行的相关工作流程？

1-3　试分析综采工作面总体配套需要遵循哪些原则？

1-4　试阐述综采工作面"三机"生产能力配套关系及参数选型方法。

1-5　综采工作面智能化系统主要涉及哪些设备？各设备智能化主要涉及什么内容？

1-6　综采工作面智能化支持系统主要涉及什么内容？

参考文献

[1]　刘春生. 滚筒式采煤机理论设计基础［M］. 徐州：中国矿业大学出版社，2003.

[2]　王国法. 高效综合机械化采煤成套装备技术［M］. 徐州：中国矿业大学出版社，2008.

[3]　王国法. 综采成套技术与装备系统集成［M］. 北京：煤炭工业出版社，2016.

[4]　戴绍诚. 高产高效综合机械化采煤技术与装备：上［M］. 北京：煤炭工业出版社，1998.

[5]　员创治. 采掘机械［M］. 北京：高等教育出版社，2009.

[6]　范京道. 智能化无人综采技术［M］. 北京：煤炭工业出版社，2017.

第 2 章 采煤机及其智能化技术

2.1 概述

采煤机是煤炭井工开采的核心装备，在煤炭开采机械化、自动化方面发挥了重要作用。从截煤机、钻煤机到刨煤机再到如今的采煤机，采煤机的创新发展之路已经走过了 150 年的历程，形成了机型丰富、功能齐全的机型系列，成为现代煤矿必不可少的基础装备。在采煤机的发展过程中，包含着机械设计的创新智慧，展现了采矿机械的制造技术，是机械工程技术发展的重要方面之一。如今，采煤机已经基本实现了自动化，随着人工智能、数字孪生、5G 通信等前沿技术的快速发展，煤矿少人化、智能化开采已经成为当前阶段的新要求，采煤机也正朝着智能化的方向发展。

机械化采煤开始于 20 世纪 40 年代，英国、苏联相继生产了采煤机，使工作面落煤、装煤实现了机械化。但当时的采煤机都是链式工作机构，能耗大、效率低，加上工作面输送机不能自移，所以生产率受到一定的限制。50 年代初期，英国、联邦德国相继生产出了滚筒式采煤机、可弯曲刮板输送机和单体液压支柱，大大推进了采煤机械化技术的发展。当时采煤机上的滚筒是固定滚筒，不能实现调高，因而限制了采煤机的适用范围，这种固定滚筒采煤机为第一代采煤机。

60 年代是世界综采技术的发展时期，第二代采煤机——单摇臂滚筒采煤机的出现，解决了采高调整问题，扩大了采煤机的适用范围。1964 年，第三代采煤机——双摇臂滚筒采煤机的出现，进一步解决了工作面自开切口问题。另外，液压支架和可弯曲输送机技术的不断完善，把综采技术推向了一个新高度，并在生产中显示了综合机械化采煤的优越性——高效、高产、安全和经济，因此各国竞相采用综采。

进入 70 年代，综采机械化得到了进一步的发展和提高，综采设备开始向大功率、高效率，以及完善性能和扩大使用范围等方向发展，相继出现了功率为 750~1000kW 的采煤机，功率为 900~1000kW、生产能力达 1500t/h 的刮板输送机，以及工作阻力达 1500kN 的强力液压支架等。1970 年采煤机无链牵引系统的研制成功以及 1976 年出现的第四代采煤机——电牵引采煤机，大大改善了采煤机的性能，并扩大了它的使用范围。

当今，电牵引采煤机已是国际主导机型，可控硅控制调速的直流电动机牵引系统已经发展成系列产品，同时市场上也已经出现多款交流调频电牵引采煤机，进一步发展电牵引采煤机已列入我国重要科技攻关计划。电牵引采煤机既可以实现采煤机要求的工作特性，而且更容易实现监测和控制自动化，又可以弥补液压牵引采煤机加工精度要求高、工作液体易被污染、维修较困难以及工作可靠性较差和传动效率较低等不足，还便于实现工况参数显示和故障显示。

采煤机自动化是机械化采煤工作面迈向少人化工作面的关键支撑技术，是采煤机技术发展的重点脉络。最早的采煤自动化研究起源于 20 世纪 30 年代，在 20 世纪 60 年代后进入了踊跃研发阶段，英国和联邦德国在采煤机遥控技术、计算机化调速控制技术、机载自动控制技术、远程监控技术、记忆截割技术及液压支架电液控制技术上取得了引领性的创新突破。进入 21 世纪以来，我国采煤机自动控制技术从引进到学习，再到自主创新，走出了一条弯道追赶、爬坡加速的发展之路。目前，我国采煤机控制系统已接近国外先进技术水平，研发出超越记忆截割的仿形截割技术，远程监控技术升级为驾驶舱系统，与自动化采煤机配套的液压支架电液控制技术已实现自主化并广泛推广应用。这些围绕采煤机的自动控制技术的进步显著提升了我国煤矿生产自动化水平，增强了我国煤矿安全高效生产的能力。

当前，采煤机处于高级自动化阶段，即将进入智能化阶段。采煤机的智能化是在自动化的基础上，在"人-机-环"自主感知与交互、基于人工智能的"感-决-控"技术、工作面数字孪生技术、煤矿机器人技术四大类技术方面的全面提升。目前，最能代表采煤机智能化发展的当数采煤机的自主导航截割技术，采煤机自主导航截割涵盖了以上提到的四大类技术，其愿景是使采煤机能够自主感知自身状态及各种复杂的环境信息，能够通过信息分析与数据挖掘进行决策并自主控制姿态实现调高和调直，具有自感控、自适应、自优化能力，满足采煤工作的智能化与少人化需求。

通过对采煤机自动化与智能化发展过程中涉及的多个方面的关键技术进行整理，简单梳理了采煤机知识体系的内在逻辑：采煤机定位定姿技术与采煤机记忆截割技术属于自动化技术中的核心部分，两类技术的研究成果多属于采煤机早期的自动化阶段；当前阶段处于采煤机智能化阶段，研究方向主要包括采煤机煤岩识别技术、环境感知技术及远程控制技术，而记忆截割技术是采煤机自动化的高级实现形式；在智能化技术基础上发展而来的采煤机自主导航截割技术是采煤机未来高级智能化道路上的前沿与探索性技术，其中主要涉及煤层导航地图构建与更新技术和智能导航截割控制技术。综上，采煤机自动化与智能化关键技术知识图谱如图 2-1 所示。

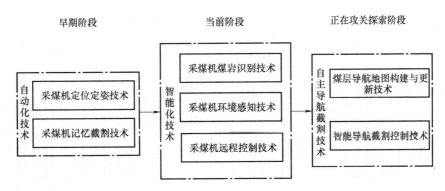

图 2-1　采煤机自动化与智能化关键技术知识图谱

2.2 采煤机的基本结构与原理

2.2.1 工作原理与整体排布

采煤机作为综采工作面的重要设备，与综采工作面的液压支架和刮板输送机配合使用。当采煤机快靠近液压支架时，液压支架护帮板收回，防止被采煤机切割到，当采煤机远离液压支架时，液压支架护帮板打开，支撑着切割后的煤壁。采煤机在刮板输送机上边行走边切割煤层，在采煤机切割煤层后，采煤机经过的中部槽会向前移动，移动到方便采煤机下一刀切割的合适位置。采煤机、液压支架和刮板输送机这三机的配合关系如图 2-2 所示。

图 2-2　三机的配合关系

采煤机的种类有很多种，根据其结构、工作方式和工作场景等，可以进行详细的分类。图 2-3 所示是常见的采煤机分类。

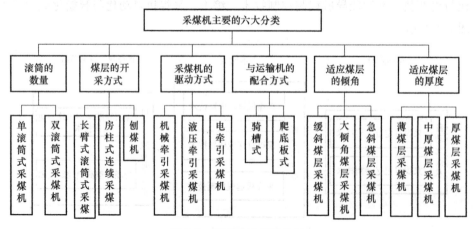

图 2-3　常见的采煤机分类

不同的采煤机有其特定的工作场景。具体选择何种采煤机，取决于煤矿的地质条件、煤层性质及生产要求等因素。采煤机的型号代表采煤机的主要信息，如图 2-4 所示。

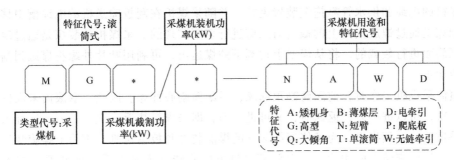

图 2-4　采煤机型号示意图

采煤机的类型很多，但基本上以双滚筒采煤机为主，其基本组成部分也大体相同。各种类型的采煤机一般都由截割部、牵引部、附属装置、电控系统等部分组成。

在综采工作面，采煤机多用双滚筒采煤机，其滚筒水平螺旋，两个滚筒一般对称地布置在机器的两端，采用摇臂调高。这样布置不但有较好的工作稳定性，对顶板和底板的起伏适应能力强，而且只要滚筒具有横向切入煤壁的能力，就可以自动切开工作面切口。这一类采煤机的截割部多采用齿轮传动，并且为了扩大调高的范围，采用惰轮以增加摇臂的长度；电动机和采煤机的纵轴相平行，采用单电动机驱动时，穿过牵引部通常会有一根长长的过轴；采煤机的牵引部和截割部通常各自独立，用底托架作为安装各部件的基体。滚筒采煤机的结构如图 2-5 所示。

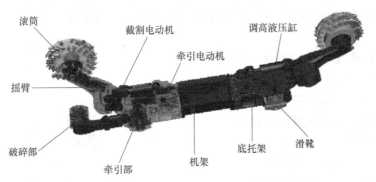

图 2-5　滚筒采煤机的结构

截割电动机和牵引电动机是采煤机的动力部分，通过两端输出轴分别驱动滚筒和牵引部。牵引部通过其主动链轮与固定在工作面两端的牵引链相结合，使采煤机沿工作面移动，因此牵引部是采煤机的行走机构。左、右截割部减速器将截割电动机的动力经齿轮减速传到摇臂的齿轮，以驱动滚筒。滚筒是采煤机直接进行落煤和装煤的机构，称为采煤机的工作机构。滚筒上焊有端盘及螺旋叶片，其上装有截煤用的截齿，由螺旋叶片将落下的煤装到刮板输送机中。为了提高螺旋滚筒的装煤效果，滚筒侧装有弧形挡煤板，它可以根据不同的采煤方向来回翻转 180°。底托架用来固定整个采煤机，并经其下部的 4 个滑靴使采煤机骑装在刮板输送机的槽帮上。采空区侧 2 个滑靴套在输送机的铺轨上，以保证采煤机的可靠导向。底托架内的调高液压缸用来升降摇臂，以调整采煤机的采高。调高液压缸用来使采煤机的摇臂在规定范围内上下摆动，以适应煤层变化和截割负载的变化。当采煤机在大采高工作面工作时，工作面采落的煤块大，需要选择带有破碎部类型的采煤机。

采煤机的电缆和供水管靠拖缆装置夹持，并随采煤机在刮板输送机的电缆槽中移动。采煤机的割煤是通过螺旋滚筒上的截齿对煤壁进行切割实现的。采煤机的装煤是通过滚筒螺旋叶片的螺旋面进行装载的，将从煤壁上切割下的煤运出，再利用叶片外缘将煤抛到刮板输送机溜槽内运走。

双滚筒采煤机工作时，前滚筒割顶部煤，后滚筒割底部煤。因此，双滚筒采煤机沿工作面牵引一次，可以进一刀；返回时，又可进一刀，即采煤机往返一次进一刀，这种采煤法称为双向采煤法，必须指出，为了使滚筒落下的煤能装进刮板输送机，滚筒上螺旋叶片的螺旋方向必须与滚筒旋转方向相适应。对沿顺时针方向旋转（人站在采空区侧看）的滚筒，螺旋叶片方向必须右旋；沿逆时针方向旋转的滚筒，其螺旋叶片方向必须左旋，或者归结为"左转左旋，右转右旋"，即人站在采空区侧从上面看滚筒，截齿向左的用左旋滚筒，向右的用右旋滚筒。

2.2.2 截割部

采煤机的截割部是采煤机的关键部件之一，主要用于切割煤炭或岩石。采煤机的截割部主要由工作机构及传动装置两部分组成。工作机构指螺旋滚筒及安装在滚筒叶片上的截齿，其功能是截煤和装煤。传动装置指的是截割部固定减速器、摇臂齿轮箱及滚筒内的传动齿轮，其功能是将采煤机电动机的动力传递到工作机构上，以满足工作机构转速及扭矩的需要，同时还要满足调高的要求，使工作机构保持在合适的位置工作。

1. 工作机构

（1）工作机构应满足的要求　采煤机工作机构应当满足以下要求。

1）适应先进的采煤方法和采煤工艺的要求。

2）煤层厚度变化时能够调整高度。

3）能实现装煤和自开切口。

4）截割下的煤块大，煤尘小。

5）载荷比较均匀，机械效率高。

6）单位能耗低。

7）结构简单，拆装和维修方便。

8）工作可靠，生产率高。

（2）螺旋滚筒的结构及参数　螺旋滚筒如图 2-6 所示，图中的 D 表示滚筒直径，D_1 表示螺旋叶片外缘直径，D_2 表示筒毂直径；B 表示滚筒宽度，即滚筒边缘到端盘最外侧截齿齿尖的距离，也就是采煤机的截深，B_1 表示端盘上截齿截出的宽度，B_2 表示螺旋叶片宽度。

螺旋滚筒的主要参数如下。

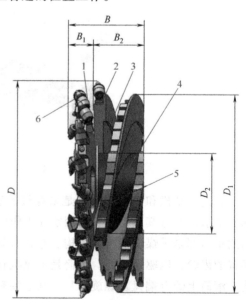

图 2-6　螺旋滚筒

1—螺旋叶片　2—端盘　3—齿座　4—喷嘴
5—筒毂　6—截齿

1）滚筒直径：滚筒直径指截齿齿尖的截割圆直径，应根据煤层厚度（或采高）来确定。

2）滚筒宽度：滚筒宽度是滚筒边缘到端盘最外侧截齿齿尖的距离，也就是采煤机的截深。

3）螺旋升角：指螺旋线的切线与垂直螺旋轴心平面的夹角。

4）螺旋叶片的导程和头数：导程是螺线旋转一周的轴向距离；头数指叶片上螺纹线数。

5）滚筒的旋向和转向：螺旋滚筒的螺旋方向有左旋和右旋之分。右旋滚筒应沿顺时针方向旋转，左旋滚筒沿逆时针方向旋转，才能保证正确的排煤方向。

6）滚筒转速：确定滚筒转速主要考虑切削厚度。单滚筒采煤机滚筒直径较小，装煤能力差，为了保证必要的生产率，一般滚筒转速为 $40\sim60r/min$。双滚筒采煤机滚筒直径较大，滚筒转速较低，通常为 $30\sim40r/min$。

（3）截齿与截齿配置　螺旋滚筒截齿主要分为扁形截齿、镐形截齿两种类型，扁形截齿的刀杆是沿滚筒半径方向安装的，又称为径向截齿，适用于截割各种硬煤，包括坚硬煤和黏性煤；镐形截齿的刀杆安装方向接近滚筒的切线，又称为切向截齿，一般用在脆性煤和节理发达的煤层中。

截齿在滚筒上的分布情况通常用截齿配置图来表示，如图 2-7 所示。图中的 l 表示截距，l' 表示端盘部分平均截距，γ 表示叶片包角，B 表示滚筒边缘到端盘最外侧截齿齿尖的距离，也就是采煤机的截深，B_y 表示端盘上截齿截出的宽度，B_t 表示螺旋叶片宽度。其余参数与图 2-6 所示含义相同。截齿配置的一般原则是：截齿应均匀分布在滚筒上，使同时截煤的齿数基本上保持不变，以保证采煤机载荷比较均匀。

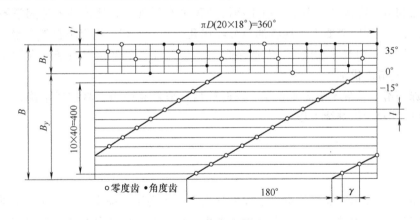

图 2-7　截齿配置图

2. 截割部的传动装置

（1）截割部传动方式　采煤机截割部摇臂主要由截一轴、截二轴、截三轴、截四轴、惰一轴、惰二轴、行星机构等组成。采煤机截割部的工作原理是：截割电动机输入速度和功率，通过截割轴组和惰轮轴组来实现在转速降低的同时提高转矩；通过行星减速器将转速和功率输出，带动滚筒旋转，实现煤岩截割。综合研究市场上大量典型的采煤机机型，截割功率大于或等于 400kW 的采煤机多采用两级直排齿轮减速器加两级行星齿轮减速器，而截割

25

功率小于 400kW 的采煤机则多采用三级直排齿轮减速器加一级行星齿轮减速器。如果直排齿轮传动系统为三级，那么第二级直排齿轮传动中不会出现惰轮。高速级（靠近截割电动机处）惰轮个数一般为 1，低速级（远离截割电动机处）惰轮个数多为 2 或 3。采煤机行星齿轮减速器均采用 NGW 型，即内齿圈固定，行星架浮动式连接。

（2）截割部传动特点

1）采煤机的电动机都采用四极电动机，一般要经过 3~5 级齿轮减速。

2）采煤机电动机轴线与滚筒轴线垂直时，传动系统中必须有锥齿轮传动。

3）采煤机电动机除驱动截割部外还要驱动牵引部时，截割部传动系统中必须设置离合器，使采煤机在调动工作或检修时将滚筒与电动机脱开，离合器一般也放在高速级，以减小尺寸及便于操纵。

4）为了适应不同煤层要求，滚筒有两种以上转速，因此截割部有变速齿轮。

5）为加长摇臂、扩大调高范围，摇臂内常有 3~5 个惰轮，因此截割部齿轮数较多。

6）末级传动采用行星齿轮可简化前几级传动。采煤机中一般采用 2K-H 行星传动系统，即用两个中心轮 K（太阳轮）和一个系杆 H，以及若干个行星轮进行传动。

7）采煤机承受很大的冲击载荷，为保护传动部件，某些采煤机的传动系统中设置了安全剪切销。当外载荷达到 3 倍的额定载荷时，剪切销剪断，滚筒停止工作。剪切销应放在高速级，并应便于更换。

（3）截割部的润滑

1）飞溅润滑：将部分传动零件浸在油池内，靠它们向其他零件溅油，同时油被甩到箱壁上，以利于散热，并使轴承获得必要的飞溅润滑。飞溅润滑的优点是润滑强度高、工作零件散热快、不需要润滑设备、对润滑油的油质和黏度降低不敏感。

2）自然润滑：在倾斜状态下，由于润滑油积聚在低处，高处传动零件润滑不好，因此应避免油池太长，同时需要人为地将油池分隔成几个独立区域，以保证自然润滑。

3）强迫润滑：由润滑泵供油，其吸油口必须能保证在最低位置时能浸在油中。强迫润滑能保证向各润滑点供油。

4）特殊润滑：常规定滚筒割顶煤一段时间后，应停止牵引，将摇臂下降，以润滑端部齿轮，然后再升起滚筒继续工作。

2.2.3 牵引部

采煤机的牵引部是采煤机的重要组成部分之一，主要用于提供牵引力和推动采煤机在煤矿工作面上前进。牵引部主要由牵引机构和牵引部传动装置两部分组成。牵引部传动装置的重要功能是进行能量传递和转换，即将电动机的电能转化成机械能并传递给主链轮或驱动轮。牵引机构则是直接驱动采煤机沿工作面行走的装置。

1. 工作要求

对牵引部的工作要求如下。

1）要有足够大的牵引力。

2）牵引速度一般为 0~20m/min，因此传动装置的总传动比应大于 300。

3）能够实现无级调速。

4) 牵引部应有可靠、完善的自动调速系统和保护装置。

5) 操作方便。牵引部应有手动操作、离机操作及自动调速等装置。

6) 零部件应有高的强度和可靠性。

2. 牵引机构

(1) 链牵引机构　链牵引机构由矿用圆环链、链轮、链接头及拉紧装置等组成。随着采煤机功率不断增大，对牵引机构的要求越来越高。而链牵引本身存在断链、卡链及反链敲缸、速度脉动等缺点，作为一种牵引机构正逐渐被无链牵引机构所代替。

(2) 无链牵引机构　无链牵引机构包括四种：齿轮-销轨式无链牵引机构、滚轮-齿轨式无链牵引机构、链轮-链轨式无链牵引机构、复合齿轮-齿条式无链牵引机构。

无链牵引机构的优点：采煤机移动平稳，振动小，故障少，使用寿命长；可采用多级牵引，牵引力被大大提高（可达 400~600kN），能够在大倾角条件下工作（应装设制动器）；可实现工作面多台采煤机同时工作，提高工作面产量；消除了断链事故，提高了安全性。其缺点：对输送机的弯曲和底板的起伏要求高，对煤层地质条件的变化适应性差，机道宽度增加加长了支架的控顶距离。

3. 牵引部传动装置

采煤机牵引部传动装置的功能是将电动机的动力传到主动链轮或驱动轮并实现调速。根据调速原理的不同，采煤机牵引部传动装置可分为机械传动、液压传动和电传动三种形式，如图 2-8 所示，分别对应机械牵引、液压牵引及电牵引三种牵引方式。

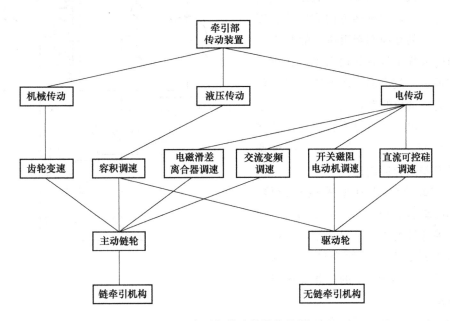

图 2-8　牵引部传动装置的分类

(1) 机械牵引　机械牵引是指全部采用机械传动装置的牵引。机械牵引工作可靠，但只能实现有级调速，并且结构复杂，目前已经很少采用，故这里就不过多赘述。

(2) 液压牵引

1) 主回路形式：液压牵引部都采用容积调速系统，并且大多采煤机采用变量泵-定量马达系统，机械传动方案如图 2-9 所示。

2）补油热交换回路：图 2-10 所示为单向泵补油系统，热交换回路采用热交换阀将马达排出的部分热油引出，经背压阀及冷却器流回油箱，与补油回路配合，实现冷热油交换。

3）保护回路包括高压保护和低压保护。

4）牵引部的调速与换向：包括液压伺服机构、手动调速、液压自动调速、电动机功率自动调速。

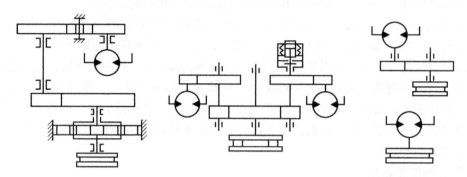

图 2-9　机械传动方案

（3）电牵引　电牵引是用调速电动机来驱动采煤机的牵引部，并利用电气调速装置改变电动机的旋转方向和转速，以实现牵引方向的变换和牵引速度的调节。

电牵引采煤机具有结构简单、运行可靠、反应灵敏、效率高、动态特性好等优点，并有完善的检测和显示系统，可用于大倾角煤层。电牵引可分为直流可控硅调速、交流变频调速、开关磁阻电动机调速、电磁滑差离合器调速。

以 MG300/720-AWD 型采煤机为例，其牵引部由牵引电动机、牵引传动箱、行走传动箱等部件组成。牵引传动箱对称布置在机身两端，分别由两台额定电压为380V、额定功率为 50kW 的三相交流异步电动机驱动。

传动系统由一级直齿轮和两级行星齿轮传动组成，还装有采煤机调高液压系统组件。行走传动箱主要由一级直齿圆柱齿轮传动、销轮组件以及导向滑靴等组成。

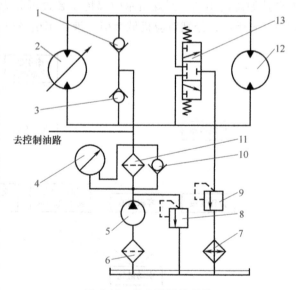

图 2-10　单向泵补油系统

1、3、10—单向阀　2—主液压泵　4—堵塞指示器
5—辅助泵　6、11—过滤器　7—冷却器　8—低压安全阀
9—背压阀　12—液压马达　13—整流阀

牵引电动机为隔爆型三相交流异步电动机，与交流变频装置配套，作为采煤机的牵引动力源，可适用于环境温度不高于 40℃、相对湿度不大于 95%、具有瓦斯或煤尘爆炸危险的矿井。MG300/720-AWD 型采煤机牵引电动机的主要技术参数见表 2-1。

表 2-1 MG300/720-AWD 型采煤机牵引电动机的主要技术参数

技术参数	值或说明	技术参数	值或说明
型号	BQYS2-500	工作制	S1
功率/kW	50	接法	Y
极数	4	绝缘等级	F
额定电压/V	380	冷却方式	水套冷却
额定电流/A	105	冷却水量/(L/min)	20
频率/Hz	50	冷却水压/MPa	≤1.5
转速/(r/min)	1450	外形尺寸/mm 直径×长度	400×930

2.2.4 附属装置

采煤机的附属装置包括底托架、拖缆装置、冷却喷雾系统、挡煤板及其他辅助装置等。

1. 底托架

底托架的作用是用来支撑、固定整个采煤机，并使其在刮板输送机上沿导向装置平稳地移动。底托架还可以用来进行刮板输送机的头尾架调高，以及液压缸支座、滑靴、导链管链轮轴等的调斜，固定和保护冷却、喷雾水管。

一般采煤机的电动机、截割部、牵引部、控制箱等都组装成一个整体，并用螺栓和定位块固定在底托架上（也有不用底托架的采煤机，目的是增加过煤高度）。底托架的高度要根据采高、滚筒直径、机面高度及卧底量等来确定。底托架与输送机的支承导向部分的结构尺寸必须相匹配。底托架下应留有足够的过煤高度，以保证煤流畅通。

底托架一般由左、右或左、中、右等主体部分构成，它们之间用定位销、定位块、定位用螺栓连接固定成一个整体。底托架还有其他附件，如调高调斜支座、导链管、定位块等。

2. 拖缆装置

拖缆装置如图 2-11 所示，用一组螺栓将其固定在采煤机中部连接框架和右牵引部的老塘侧。采煤机的主电缆和水管从侧顺槽进入工作面。从工作面端头到工作面终点的这一段电缆和水管固定铺设在输送机电缆槽内，从工作面中点到采煤机之间的电缆和水管则需要随采煤机往返移动。为避免电缆和水管在拖缆过程中受拉受挤，将它装在一条电缆夹板链中。

3. 冷却喷雾系统

随着采煤机械化程度和采煤生产率的提高，工作时产生的煤尘量也急剧增加，导致空气污染已成为不可忽视的重要问题。医学研究证明，吸入粉尘易患硅肺病。另外，粉尘达到一定浓度时，还容易引起瓦斯爆炸或加剧瓦斯爆炸程

图 2-11 拖缆装置

度。为了减少采煤机在工作过程中产生的粉尘，需要采取多方面措施，主要有以下几个方面：选用工作机构时考虑灭尘的要求；确定采煤机工作参数时，考虑灭尘的要求；滚筒自动调高、调斜，顺着顶板和底板的起伏并保持一定厚度的煤皮，使滚筒避免截割顶板和底板；装设灭尘装置，扑灭工作面空气中的粉尘。目前最常用的方法是喷雾灭尘，国外还实验用吸尘器扑尘、泡沫灭尘和其他物理方法灭尘。

为了抑制煤尘飞扬，避免滚筒火花引起煤尘爆炸，以及改善工作条件，中华人民共和国应急管理部颁布的《煤矿安全规程》中规定：采煤机工作时必须有内、外喷雾装置，否则不准工作。喷雾降尘是用喷嘴把压力水高度扩散，使其雾化，形成粉尘源与外界隔离的水幕。雾化水能拦截飞扬的粉尘并使其沉降，并有冲淡瓦斯、冷却截齿、润煤层和防止截割火花等作用。另外，由于采煤机负载工作使电动机、牵引部、截割部等温度升高，从而降低采煤机的性能，因此给采煤机设置了冷却喷雾系统 6MG200-W 型采煤机冷却喷雾系统如图 2-12 所示。

来自泵站的高压水由软管经拖缆装置进入安装在左牵引部正面的自清洗过滤装置，由自清洗过滤装置过滤后的高压水进入安装在左牵引部煤壁侧的水分配阀，由水分配阀分配出四路水，其中一、二路水分别冷却左、右截割部的固定减速器，然后，进入内喷雾装置，经滚筒上的喷嘴喷出，起降尘和冲洗并冷却截齿的作用，水量均为 70L/min。三路水经节流阀进入电动机的水套，冷却电动机的定子后，再经右摇臂进入右外喷雾块喷出，起降尘作用。四路水经节流阀进入液压传动部的冷却器，冷却箱内的油液后，再经左摇臂进入左侧外喷雾块喷出，起降尘作用。

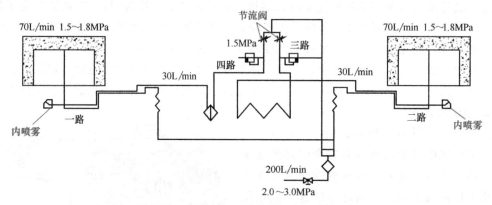

图 2-12 6MG200-W 型采煤机冷却喷雾系统

4. 挡煤板

在螺旋滚筒后面设置挡煤板，可以提升装煤效果，减少浮煤量及抑制煤尘飞扬。挡煤板分弧形挡煤板及门式挡煤板两种。图 2-13 所示的弧形挡煤板套装在滚筒轴上，根据采煤机不同牵引方向的需要，可将它翻转到滚筒的任意一侧。滚筒逆转时，堆积在滚筒后面的碎煤较少，作用在挡煤板上的力和抬起挡煤板的力较小，但要经摇臂下面向输送机装煤。滚筒顺转时，堆积在滚筒后面的煤较多，作用在挡煤板上的力和抬起挡煤板的力较大，为了避免大块浮煤丢在挡煤板后面，要求挡煤板的质量不能太小，以防止因挡煤板抬起而漏煤。

挡煤板到滚筒的距离不能太小，否则会增加功率消耗；反之，当距离增大到一定值后，装煤功率降低，并逐渐稳定在一定值上。弧形挡煤板可以利用重力和摩擦力来翻转。当采煤机工作到工作面一端后，把弧形挡煤板固定销拔出，让弧形挡煤板自由悬挂在滚筒下面；改变牵引方向后，再把摇臂放下，靠底板与挡煤板间的摩擦力就可以把挡煤板翻到适合的一侧，再将固定销插上即可。但这样翻转挡煤板，要求有一定的高度空间，在薄煤层中比较难实现。所以现代化采煤机均装有挡煤板翻转装置。

图 2-13　弧形挡煤板

5. 其他辅助装置

其他辅助装置包括防滑装置和破碎装置等。

（1）防滑装置　"骑"在输送机上工作的采煤机，当煤层倾角大于 10°时，就有下滑的危险；在煤层倾角大于 16°的缓倾斜煤层和倾斜煤层中使用链牵引采煤机时，常常因牵引链被拉断而发生采煤机下滑的"跑车"事故，严重危及安全作业。因此，相关文件规定：当倾角大于 15°时，采煤机应设防滑装置；当倾角大于 16°时，采煤机必须设置防滑绞车。最简单的办法是在采煤机下顺着煤层倾斜向下的方向装设防滑杆（见图 2-14），可利用手把对其进行操纵。采煤机上行采煤时，须将防滑杆放下，这样，万一断链下滑，防滑杆即顶在刮板输送机上，只要及时停止刮板输送机，便可防止机器下滑；下行采煤时，由于滚筒顶住煤壁，机器不会下滑，因而将防滑杆抬起，这种装置只用于中小型采煤机。此外还有抱闸式防滑装置、盘式制动器防滑装置、摩擦片制动器、防滑绞车等。

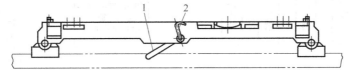

图 2-14　防滑杆

1—防滑杆　2—手把

（2）破碎装置　图 2-15 所示的破碎装置主要由固定机壳、摇臂壳、传动齿轮、小液压缸、离合手把及破碎滚筒等部件组成。破碎装置通过止口用螺栓固定在截割部机壳上。破碎机构各行轴承孔是上下对称加工的，因此，机壳可翻转 180°使用，以适应左右工作面的需要，但组装后的破碎机构不能翻转使用。破碎滚筒转向和截割滚筒相同。破碎装置的调高由小液压缸来实现。小液压缸由缸体、活塞杆、活塞、钢管、导向套及安装在活塞杆端部的液压锁等组成。用销轴把液压缸两端分别固定在破碎机构的固定机壳和摇臂壳上。调高液压缸是用活塞杆端的两个接头座通过 2 根内径为 10mm 的高压软管与

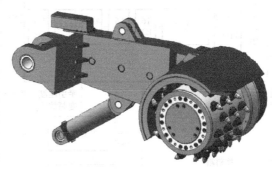

图 2-15　破碎装置

液压传动部的外接口连接。通过操作液压传动部上的破碎机构手动液压换向阀或按动破碎机构调高按钮，可实现破碎机构小摇臂的调高。破碎滚筒主要由小破碎齿、大破碎齿、破碎滚筒体、端盖和键等组成。

2.2.5 电控系统

采煤机的电控系统是指控制和监测采煤机各部件运行状态的系统，需要满足稳定性、安全性、一体化及创新性要求，其主要功能包括：①控制采煤机起动、停止和转向等操作；②监测采煤机的运行状态和环境参数，如温度、压力、振动等；③实时采集和处理数据，保证采煤机的安全和稳定运行；④根据预设的程序，控制采煤机的运行，如提高或降低速度、调整转向等；⑤提供故障诊断和报警功能，及时发现和处理故障，保证采煤机的正常运行。

1. 电控系统结构

根据组成部件划分，采煤机电控系统由电气控制设备、传感器、执行器和控制单元等组成。电气控制设备主要包括电动机、电磁阀、电磁铁等；传感器用于监测采煤机的运行状态和环境参数；执行器则根据控制指令改变采煤机的运行状态；控制单元是系统的核心，负责采集、处理和传输数据，并根据预设的程序控制采煤机的运行。

使用过程中，必须对开关模块、数据采集模块及控制模块进行分析。按照整个电热系统结构控制特点进行分析，采煤机 PLC 系统运行通过 PLC 系统的各组件形成相应的远程回路。以三菱 PLC 作为控制核心的控制系统结构原理如图 2-16 所示，采煤机分布式控制系统基于

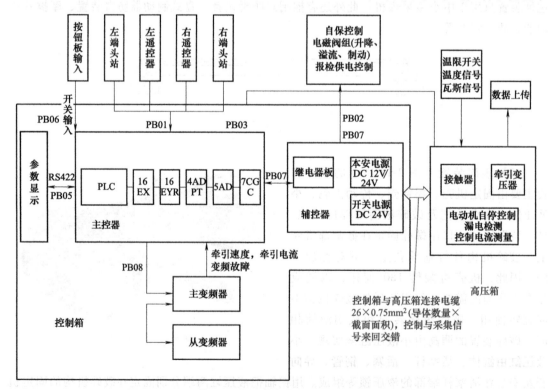

图 2-16 以三菱 PLC 作为控制核心的控制系统结构原理图

16 位工业 PLC 集成系统——由单一 PLC 经与模拟量模块连接扩展，构成集控中心，置于采煤机防爆控制箱内，作为整机监测保护及配电控制的核心部分。该系统具有功能简单等优点，同时也具有抗振性差、监测点少、扩展性差、通信速率慢、数据计算和处理能力弱等缺陷，不能满足采煤机高性能、高可靠性的技术要求。

分布式电控系统采用 CAN 总线（Controller Area Network，控制器局域网总线）搭建高速数据传输通道，通过高速 CAN 总线连接各个子部件单元，实现各部分之间的信息共享、通信数据资源优化，可极大程度提高系统可靠性。

目前，应用于采煤机电控系统的工业现场总线主要包括 RS-232、RS-485、CAN、Device Net 等，热门的 CAN 和最常用的 RS-485 总线的对比结果见表 2-2。

表 2-2　CAN 总线和 RS-485 总线的对比

总线特性	CAN 总线	RS-485 总线
速度与距离	CAN 总线高速 1Mbit/s 传输距离不超过 100m，低速传输距离能超过 10km	RS-485 总线高速 1Mbit/s 传输距离不超过 100m，低速传输距离能超过 10km
总线利用率	CAN-bus 是一种多主方式的串行通信总线，根据不同 CAN ID 对优先级进行分级处理，分配不同总线控制权发送报文	RS-485 总线是一种单主从结构，主机发送请求，从机响应答复后才可进行下一步访问
错误检测机制	CAN 总线有 CAN 控制器，可以对本条总线任何错误进行检测，自动转换错误状态，保护总线	RS-485 总线无法识别总线错误，容易造成总线设备死机，重则损坏设备
器件价格	CAN 总线应用范围越来越广，CAN 总线芯片价格逐渐下降，与 RS-485 芯片价格差距越来越小	
开发难度	只需要了解应用层，系统的开发难度较小	只有电气协议，需自己开发链路层和应用层，开发难度较大

采煤机的分布式电控系统，基于现场总线与分布式理念设计而成——由主控器、从控器、分布式监控模块以及具有 CAN 总线通信能力的变频器、遥控器系统、本安采集系统等组成。各子系统具有独立的采集数据、数据处理和驱动执行能力，各模块之间与箱体之间通过 CAN-bus 互联，实现数据的共享与处理。配套相应程序功能模块及感知元件，实现采煤机自动调高及牵引、记忆截割等智能化功能。

2. 截割部控制系统

电牵引采煤机截割部控制主要是由主控制器控制两台大功率高压电动机驱动截割滚筒旋转，实现采煤机对煤层的切削开采。采煤机摇臂安装有液压缸，机载控制系统可以通过电磁阀控制液压缸的伸缩来使滚筒调高或降低。其主要有以下功能。

1）截割电动机控制：通过机身、遥控、上位机等控制源输入信号，通过高压真空接触器控制截割电动机起停。

2）摇臂升降控制：通过机身、遥控、上位机等控制源输入信号，控制器 I/O 接口控制电磁换向阀调节摇臂升降。

3）升降电磁阀端口保护：控制器 I/O 接口带短路保护。

4) 截割电动机温度保护：电动机温度≥135℃时，保护停机。

5) 截割电动机绝缘保护：截割电动机漏电保护。

6) 截割电动机电流保护：监测左右截割电动机瞬时电流，实现截割电动机短路、过载、三相不平衡、接地等保护。

7) 截割电动机冷却水流量保护：截割电动机冷却水流量≤3L/min 保护。

3. 牵引部控制系统

牵引部是采煤机行走的驱动单元，主要有以下功能。

1) 牵引控制功能：实现采煤机按照遥控及机身按钮指令，如左行、右行、停止功能。

2) 牵引电动机电流保护：实现牵引电动机实时电流超过额定电流 1.2 倍时减速的功能。

3) 牵引电动机冷却水流量保护：实现牵引电动机冷却水水流量保护。

4) 牵引变压器温度保护：实现牵引变压器过热保护。

5) 变频器保护：实现变频器故障保护。

4. 采煤机状态监测

采煤机状态监测系统以多传感器为底层采集单元，建立高速 CAN 总线数据采集网络，对采煤机截割、液压泵及牵引电动机、摇臂传动箱、牵引传动箱、液压系统、水路系统等多个部件关键位置进行全面监测。采煤机常见故障类型如图 2-17 所示。

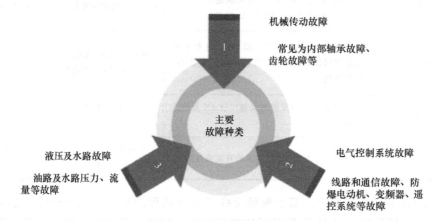

图 2-17 采煤机常见故障类型

采煤机系统主要监测点如下。

1) 电器检测：检测整机供电电压、电动机电流及温度、电动机绝缘状态、牵变温度、采煤机机身及走向倾角、变频器工作状态、采煤机电控箱温湿度等。

2) 液压及水路：检测泵站系统液位、泵站系统油温、调高系统高压压力、制动器压力、冷却水系统压力和流量、左右内外喷雾水流量及压力。

3) 机械部件检测：检测左右摇臂高速轴润滑油温度、左右摇臂低速轴润滑油温度、左右内牵引传动箱高速轴润滑油温度、左右摇臂采高值、左右摇臂高低速轴承振动。

4) 其他检测：检测采煤机煤机位置、采煤机牵引速度、采煤机所处支架数、采煤机所属工艺段。

根据采煤机状态监测结果可判断其运行过程中的工作稳定性，通过采煤机摇臂自动调节功能保证其安全、高效运行，其调节结果可进一步反馈至状态监测过程，实现采煤机闭环控制状态下的运行。

采煤机摇臂自动调节功能是通过在采煤机左右摇臂与主机架铰接处安装本安型单圈绝对值旋转编码器，可测量摇臂与主机架的相对角度，结合采煤机液压缸内部安装磁致伸缩位移传感器来测量滚筒采高，实现冗余监测计算。采煤机控制器通过采煤机的数学三维模型来计算处理，将处理完成的数据打包发送给主控制器进行处理。

牵引速度自动调节功能是采煤机自动化运行的另一个关键点，用于实现对采煤机位置、速度和姿态的精确控制。通过在采煤机内牵引传动箱的传动轴上安装多圈绝对型编码器，可实现相对刮板运输机定位误差在 ±10mm 以内。

由于采煤机是一种特殊的工业设备，采煤机在井下工作环境极其复杂恶劣，电磁干扰、急剧的颤抖、煤尘、爆炸性气体和潮湿对采煤机控制系统的设计提出严格要求。因此，在煤炭开采过程中对采煤机控制提出了一系列特殊要求，具体如下。

1）考虑到采煤机在爆炸性气体和粉尘的环境中工作，控制系统务必具备防爆性能，符合煤矿安全要求。

2）随着采煤机装机功率提高，用户对自动化程度要求不断提高，因此控制系统在满足采煤机控制操作和系统保护的基础上，还要考虑为以后新技术的应用提供足够的硬件平台。

3）高度可靠性和较强的容错能力。随着电牵引技术的广泛使用，电气控制系统故障在采煤机总故障中占比越来越大。

4）足够的灵活性。由于采煤机使用环境不同，用户经常要定制系统，或在使用过程中对系统提出修改意见，因此在设计时要注意软件系统配置的灵活性和扩展性。

5）结构应坚固耐用，在可能的情况下采取高级别的抗机械振动冲击和电磁冲击的措施。

综上所述，采煤机电控系统不仅应满足采煤机控制功能的要求，而且还要想到煤矿井下工作面的工作环境的特殊性，针对特殊工作环境和要求开发相应的控制系统和软件系统。

2.2.6　选型、使用与维护

1. 采煤机械的选型

（1）对采煤机械的基本要求

1）采煤机械的生产率应能满足采煤工作面的产量要求。

2）工作机构能在所给的煤层力学特性（硬度、截割阻抗等）的条件下正常截割，装煤效果好，落煤块度大、煤尘小、能耗低。

3）能够调节采高，适应工作面煤层厚度变化，并能够自开缺口。

4）有足够的牵引力和良好的防滑、制动性能，能够在给定煤层倾角下安全生产；牵引速度能够随工作条件变化而调节，其大小能够满足工作要求。

5）有可靠的喷雾降尘装置和完善的安全保护装置，电气设备具有防爆性。

6）采煤机械是机采工作面的关键设备，它的维护费用在吨煤成本中所占比例很大。因此，要求采煤机械的性能必须可靠，维护正常工作所需要的各种消耗应较低。

（2）采煤机选用考虑的主要因素

1）煤层厚度：根据开采技术要求，将煤层厚度分为三类，1.3m 以下的称为薄煤层，

1.3~3.5m 的为中厚煤层，3.5m 以上的为厚煤层。煤层厚度决定着所需采煤机械的最小采高、最大采高、机面高度、过煤高度、过机高度及电动机功率等参数。

2）煤的力学性质：煤的力学性质主要包括煤的坚硬度系数 f、截割阻抗 A、层理和节理的发育状况、夹石含量及分布等，这些因素关系到选择采煤机械工作机构的形式和采煤机械的功率大小。各种刨煤机最适合开采软煤，特别是脆性软煤；韧性中硬煤应选用中等功率的滚筒式采煤机；脆性中硬煤宜选用中等功率的滑行刨煤机；硬煤必须选用大功率的滚筒式采煤机。滚筒式采煤机可用在各种硬度的煤层当中。

3）煤层倾角：根据煤层倾角大小，将煤层分为三类，0°~25° 的为缓倾斜煤层；25°~45° 的为倾斜煤层，45°~90° 的为急倾斜煤层。

4）顶底板性质：底板性质主要影响顶板管理方法和支护设备的选择，因此，选择采煤机械时应同时考虑选择何种支护设备。

2. 采煤机的使用与维护

（1）开机前的检查内容

1）各手把、按钮均置于"零位"或"停止"位置。

2）截割部离合器手把置于"断开"位置。

3）截齿应齐全、锐利、牢固，各连接螺栓无松动。

4）牵引链无扭结现象，齿轨无断裂且连接可靠，紧链装置及其安全阀能正常工作。

5）电缆及拖缆装置、水管和油管、冷却系统和喷雾系统、水压和水量都完好或正常。

6）液压油和润滑油（脂）的油量和油质都符合规定要求，各过滤器均无堵塞现象。

（2）开机顺序　解除各紧急停车按钮；打开各部位的冷却水截止阀；接通断路器；合上截割部和破碎机构的离合器；根据采煤机的工作方向、采高，升降摇臂和翻转挡煤板；发出警告信号，当确认机器周围特别是滚筒周围无人妨碍采煤机正常工作时，起动电动机，进行空转试车；起动输送机，打开供水阀；起动采煤机，先使滚筒旋转，后给牵引速度。

（3）停机顺序　停止牵引；待滚筒中的煤排净后停止电动机；关闭喷雾系统截止阀。

（4）紧急停机情况　电动机闷车；严重片帮或冒顶；机内发出异常响声；电缆拖移装置卡住或出槽；出现人身伤害或其他重大事故。

（5）采煤机的维护与检修　"四检"包括班检、日检、周检、月检，检查的重点是注油（油品、牌号必须符合规定，并经 100 目以上的滤网过滤）以及油质、滤油器、连接螺栓、截齿、外露水管、油管及电缆等。

2.3　采煤机自动化技术

2.3.1　采煤机定位定姿技术

采煤机的姿态主要靠机身姿态角表示，即俯仰角、横滚角和偏航角，如图 2-18 所示。采煤机的位置和姿态能直接反映出液压支架与刮板输送机的工作状态，可以为三机联动提供数据基础，因此采煤机的实时位姿监测是实现自动化生产的关键技术，是实现综采工作面自动化、少人化生产的基础。为了实现采煤机采区的定位定姿，众多科研人员提出了多种方法，主要有以下五种。

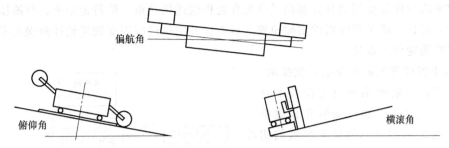

图 2-18　采煤机机身姿态角

1. 基于红外线的采煤机定位技术

采煤机在运行过程中，由安装在采煤机上的红外线发射装置发射脉冲信号，液压支架上安装的红外线接收装置根据接收到的脉冲信号，定位出采煤机相对液压支架的位置。基于红外线的采煤机定位技术示意如图 2-19 所示。这种方法定位精度不高，容易受到粉尘等遮挡物影响而无法接收信号，并且因为液压支架在实际生产中频繁移动，不能实时对采煤机位置进行准确监测。

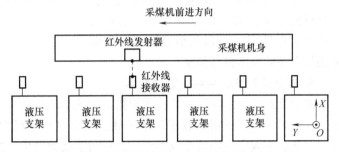

图 2-19　基于红外线的采煤机定位技术示意图

2. 基于激光雷达的采煤机定位技术

激光雷达是以发射激光束探测目标的位置、速度等特征量的雷达系统。其工作原理是向目标发射探测信号（激光束），然后将接收到的从目标反射回来的信号（目标回波）与发射信号进行比较，做适当处理后，就可获得目标的有关信息，如目标距离、方位、高度、速度、姿态、甚至形状等参数，从而对液压支架进行探测、跟踪和识别。激光雷达的优势在于分辨力高、隐蔽性好、抗有源干扰能力强、低空探测性能好、体积小、质量轻。激光雷达测距原理为激光雷达以设定的角度分辨力和角速度在某一区域内进行扫描，当光线碰到障碍物时返回，此时根据光速和时间差可计算出物体表面与激光雷达原点的相对距离，如图 2-20 所示。

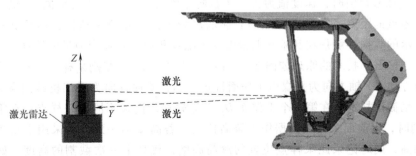

图 2-20　激光雷达测距原理示意图

3. 基于轨道里程的采煤机定位技术

基于轨道里程的采煤机定位技术利用传感器采集采煤机行走齿轮的转动圈数信息，通过转动圈数乘以齿轮分度圆周长计算出采煤机在刮板输送机轨道上的行走距离，与液压支架的架间距进行对比，确定采煤机的实际位置。该方法在定位过程中受到齿轮计数误差影响，因此不能够精确定位采煤机。

4. 基于惯性导航的采煤机定位技术

基于惯性导航的采煤机定位技术是一种自主式导航技术，通过安装在采煤机上的陀螺仪及加速度计，测量采煤机的实时角加速度和线性加速度，解算出采煤机的运动状态信息，再经过坐标变换得到采煤机的实时位置，如图 2-21 所示。这种方法的优点在于不需外加信号、定位精度高、可以得到采煤机的三维位置信息；缺点是长时间工作后误差积累使精度变差，需要采用综合导航技术进行修正。

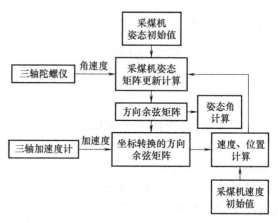

图 2-21 基于惯性导航的采煤机定位技术示意图

5. 基于反射波的采煤机定位技术

基于反射波的采煤机定位技术使用反射波测距传感器定位采煤机的工作位置，其原理与基于红外线的采煤机定位技术基本一致，其优势在于反射波可以穿透粉尘、镜头不需要清洗。但是超声波定位的精度也不高，只能用于辅助定位，使用具有局限性。

2.3.2 采煤机记忆截割技术

记忆截割技术来源于机器人控制中的"示教跟踪"策略，采煤机记忆截割技术属于采煤机自动化技术中的一部分，具体指采煤机控制器将人工截割过程中的操作记录下来，在后续的截割过程中自动效仿并完成煤壁截割，此过程中可以进行人工干预纠正。

采煤机记忆截割主要涉及的参数有：摇臂长度、两摇臂相对机身回转中心长度（该长度的一半用于定位机器中部位置）、摇臂回转中心高度（回转中心相对于所"骑"运输机安装地平面的垂直高度）、支撑滑靴跨距（两支撑滑靴支撑面几何中心之间距离）、纵向尺寸（支撑滑靴支撑面几何中心到滚筒最大截深处的水平面投影距离）、滚筒直径、机器测量牵引速度（从左往右牵引时，速度值为正；从右向左牵引时，速度值为负值）、机身中部相对于设定参考零点的距离（在参考零点的右侧输出为正值，左侧为负值；用于支架号定位计算和常规显示的数据一般是在此基础上根据现场配置和用户习惯变换后的计算值）。

采煤机记忆截割技术的原理如图 2-22 所示，图中有 10 个截割采样点，X 轴方向为采煤机工作 1 面方向，Y 轴方向为采煤机工作面推进方向，Z 轴方向为采煤机截割高度方面。传统采煤机记忆截割技术是在第 1 个工作面 D_i 正常截割，记录不同的采样点；在第 2 个工作面 D_{i+1} 截割时，以前面采样点数据作为调高依据，若高度不一致，则采用手动控制采煤机滚筒进行调高，同时记录此采样点位置的滚筒高度，代替上一次截割的高度，如此循环截割。实践证明，这种方法能够起到一定的效果，但是，由于一般煤矿地质条件复杂，每 4~5

次截割循环后，需要人工操作截割循环，重新采样，故效率和精度还较低。

采煤机记忆截割的过程为：首先，由采煤机操作员人工操作采煤机进行一刀或几刀煤壁截割，此过程称为示范刀，在此过程中，采煤机控制器中的记忆截割系统软件记录并存储工作过程中的机器所有相关运行数据和状态变量，然后，采煤机开始记忆截割，记忆截割开始后，采煤机工作的指令发送由截割控制模块来完成；最后，在记忆截割过程

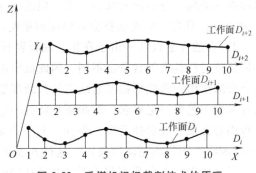

图 2-22　采煤机记忆截割技术的原理

中，对传感器检测到的实时传感数据与学习记忆的数据进行比较，经过记忆截割程序的运行，将采煤机各动作指令通过截割控制模块实施，完成记忆割煤工作。

2.4　采煤机智能化技术

2.4.1　煤岩识别技术

1. 煤岩识别技术的概念及意义

煤岩识别技术是指利用各种传感器和分析方法来区分煤矿中的煤炭和岩石的技术。煤岩识别技术的概念涉及多种识别方法，这些方法利用煤炭和岩石在物理性质上的差异来实现识别，如过程信号监测、红外热成像、图像特征分析、反射光谱分析、超声波探测和电磁波探测等技术都可以用于识别煤岩界面。

煤岩识别技术是实现煤矿智能无人化开采的关键技术之一。通过为采煤机提供自动调高的依据，优化采煤机的运行路径，减少无效截割，提高生产率。在当前环境下，加快煤炭产业链的智能化发展对于保证煤炭稳定供给至关重要。并且煤岩识别技术能够提高煤层探测、智能开采、快速分选的精度和效率，从而确保煤炭生产更加高效和可靠。煤岩识别技术的发展促进了相关技术的研究和应用，包括图像识别、过程信号监测识别、电磁波识别、超声波探测识别和多传感器融合识别等方法。这些技术的应用不仅提高了煤岩识别的准确性，也为煤矿智能化提供了新的研究方向和技术手段。

2. 主要的煤岩识别技术

（1）放射性测量技术　γ射线，又称为γ粒子流，是原子核能级跃迁蜕变时释放出的射线，是波长短于 1pm 的电磁波。γ射线首先由法国科学家 P. V. 维拉德发现，是继 α、β 射线后发现的第三种原子核射线。由于γ射线放射治疗系统会杀死细菌和癌细胞，因此它们被用来杀灭某些类型的癌症。γ射线也可在工业环境中检测金属铸件缺陷和寻找焊接结构薄弱点。γ射线在煤炭方面的应用主要有 γ 背散射法和自然 γ 射线法两种方式。

1）γ 背散射法：由英国人于 1966 年提出，这种方法将人工放射源和放射性探测器放在顶煤下方，人工放射源发出的 γ 射线同顶煤发生作用后，在煤岩分界面被反射回空气中并被

探测器探测到，进而识别煤岩界面。但散射 γ 射线穿透能力有限，所能测得的顶煤厚度不大于 250mm，且煤中的夹杂物会影响探测精度。

2）自然 γ 射线法：由于在顶、底板岩石中通常含有钾、铀等放射性核素，且顶板岩性不同，放射性核素的含量也不同，因此放射出的 γ 射线能量和强度都不同，由于煤层对射线具有衰减作用，因此可根据射线能量判断煤层厚度。此法对于高瓦斯矿特别适合，但是该方法对采煤工艺有一定要求，即必须是留有一定厚度的顶煤，这样降低了采出率；另外要求顶底板围岩必须有放射性元素。例如，对于页岩（Shale）顶板有较好的适应性，而对于砂岩（Sandstone）顶板则适应性极差。这种方法在英国有 50% 的矿井可以使用，在美国有 90% 的矿井可以使用，而在我国仅有约 20% 的矿井可以使用，这种方法的推广使用受到了限制。通过对煤岩混合物中自然 γ 射线强度的测量可以得到煤岩混合物中岩石的含量，不同煤矿煤和岩石的辐射强度如图 2-23 所示，达到实时自动识别的目的，进而指导电液控系统进行开关窗动作，为综放开采自动放顶煤技术提供核心技术。

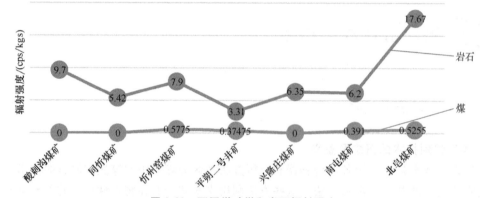

图 2-23　不同煤矿煤和岩石辐射强度

（2）电磁测试技术　电磁测试技术主要包括雷达探测法和电子自旋共振方法。

1）雷达探测法：地质雷达的基本原理是通过向待测对象发射一定频率的电磁波，利用接收天线接收不同物质分界面的回波信号，进行计算机处理，来推测待测对象的结构特点和异常物质。地质雷达被广泛地应用于煤矿、地雷的探测、高速公路路基勘察和考古等领域。

地质雷达系统工作时，时序控制单元首先向发射单元传送发射信号，然后短时直流脉冲信号馈入发射天线，进而实现地质雷达信号的发射。在接收单元部分，地质雷达系统将不同介质分界面或异常物质产生的反射波信号传送给雷达的信号采样单元，反射波信号经过时域变化被展宽，由高频信号变成低频信号，方便地质雷达系统处理。地质雷达的构成有多种形式，最常见的形式是地质雷达系统主机和天线相分离的形式，也有一些特殊场合的固定应用，把雷达系统的主机和天线集成到一个装置单元上。

雷达探测煤岩界面的识别原理：当一束电磁波透过顶煤向上发射时，由于煤和顶板材料不同，在煤岩界面上电磁波会被反射。反射波的速度、相应滞后时间或从发射波发射到反射波被接收的时间间隙除与发射波频率、煤和顶板材料等可测知的因素有关外，还与电磁波在顶煤中穿越路程，即顶煤厚度有关。通过对接收到的反射波进行信号处理可确定顶煤厚度。

2）电子自旋共振方法：在顶煤下方布置一线圈使之形成强度为 H 的磁场。发射天线发射一恒功率连续调频电磁波，当频率 f 满足 $hf = 2\mu H$ 时（μ 表示煤中一自由电子偶磁矩；h

表示普朗克常数），就会发生共振。此时电磁波被强烈吸收，接收到的反射波信号如图 2-24 所示。接收信号功率下降幅值与顶煤厚度有关。顶煤越厚，电磁波穿越路径越长，被吸收的就越多，功率下降幅值也就越大。根据共振频率 f_0 处的功率下降幅值就可测定顶煤厚度。电子自旋共振方法对煤岩物理特性无特殊要求，适用范围广，但是电磁衰减严重，识别精度低，探测范围小。

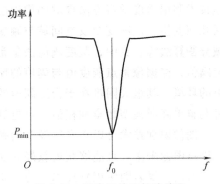

图 2-24 接收到的反射波信号

（3）红外热成像测量技术 红外线技术是公认的极有前途的探测方法，近年来，无源红外探测技术成为研究煤岩界面识别技术的重点。截齿附近煤岩体的温度由高灵敏度的红外测温仪定向测量，截齿切割时由于煤岩物理特性不同，因此产生的温度不同，根据此特征来判断滚筒切割到的是煤还是岩，以此达到煤岩界面识别的目的。

在自然界中，如果物体温度高于标定的 0K，则其内部存在各种形式的无规则热运动，就会不断地向四周辐射电磁波，其中就包含了波段位于 $0.75 \sim 100 \mu m$ 的红外线。红外线作为一种特殊的辐射波，可以被红外热成像仪器等光学元件捕捉到。热敏测量原理如图 2-25 所示。

美国矿业局开发的无源红外煤岩界面探测系统，其红外系统由图像处理器和红外热感摄像机等组成，能提供热温分布图谱，可测 0.1℃ 的最小温差。用户可选择的检测温度范围为 $-20 \sim 2000℃$。它反应速度极快，能在截齿开始接触顶板的瞬时给出指示，适用于各种坚硬顶板条件。美国匹茨堡研究中心研制了用热成像红外摄像机探测开采煤层和临近岩层的温度变化的煤层界面红外线探测装置。此装置的视频探测装置在发现煤

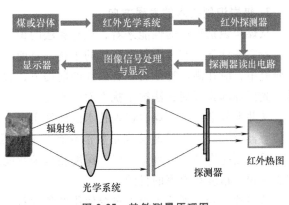

图 2-25 热敏测量原理图

层或岩层的温度出现变化后，立即发出信号报警。无源红外探测技术能以各种坚硬顶板为工作对象，这是它的显著优点，且能使所采煤层全部采至顶板。它反应敏捷，能在开始接触顶板的瞬时采取正确的措施。红外线具有较强的穿透性，能穿透尘埃和水雾，而且衰减率较小。

（4）图像识别技术 煤的种类主要有褐煤、烟煤、无烟煤，烟煤又分为贫煤、贫瘦煤、瘦煤、焦煤、肥煤、1/3 焦煤、气肥煤、气煤、1/2 中黏煤、弱黏煤、不黏煤、长焰煤等。煤层的顶底板岩石主要有泥岩、页岩和砂岩。煤的颜色、光泽、纹理、断口形状等与顶、底板岩石明显不同。并且同一煤层（或岩层）的颜色、光泽、纹理、断口形状等特征基本相同。因此，可以通过图像识别实现煤岩界面分割。

图像识别技术包括传统图像处理识别技术和基于深度学习的图像处理识别技术。传统图像处理技术主要包括图像变换、图像分割、图像特征提取等。此外，基于深度学习的图像处

理技术利用深度学习方法提取图像深层及浅层特征，被广泛用于识别煤岩图像。图像变换包括几何变换、尺度变换及空间域与频域间变换。图像分割算法包括阈值分割、边界分割和区域分割算法等。其中，灰度阈值法是常用的阈值分割算法，通过计算煤岩图像灰度特征并设定阈值，根据像素点灰度值与阈值的比较结果进行煤岩分类。灰度阈值法适用于采煤工况简单的环境，其最大困难在于合适阈值的选取。高斯混合聚类是基于概率分布的聚类算法，通过调整单高斯模型数量和权值，可更好地适应不同类别的数据分布，提高分类准确性。

图像识别技术可以在光线较差的采煤工作面，或是在粉尘、电磁干扰等密布的恶劣环境下进行图像采集，且能够获得较好的煤岩图像。

目前，煤岩图像识别技术还处于研究和实验阶段。传统图像处理识别技术依赖于人工设计，每种方法只可有针对性地解决某一问题。但在实际应用中，不同采煤工作面的煤岩类别和特性不尽相同，这导致传统图像处理识别技术在煤岩识别过程中的鲁棒性及泛化能力差。基于深度学习的图像处理识别技术依靠数据驱动来提取特征。在大量数据样本的支持下，深度学习可提取更加抽象和深层的煤岩图像特征。这使得深度学习在应对井下复杂环境时具有强大的抗噪能力、鲁棒性，且能够很好地泛化到新的情况下。但深度学习算法通常需大量的标注数据来进行训练，以获得良好的性能。然而在煤矿环境中，获取大规模、高质量的煤岩界面图像数据并进行准确的标注具有一定困难，且不同类别的煤岩界面样本可能存在不平衡的情况，某些类别的样本数量较少，这些都可能影响识别结果。

3. 煤岩识别技术的发展方向

从煤岩识别算法的性能来看，现有算法的识别精度已经足够，但识别速度尚有不足。同时，特定条件下没有考虑复杂环境的干扰，目前距离井下实际开采的需求还有一定差距。未来研究中，应在满足特征提取有效性的前提下，大幅度提高算法的实时性，并针对粉尘、水雾、光照等因素开展算法抗干扰方面的研究。

从井下复杂环境下煤岩识别技术的硬件实现方面来看，需加强各种复杂信号干扰下的矿用传感器研究，以确保能够满足智能化矿山检测层传感器防潮、防湿、防粉尘等要求。同时，采用更先进的双目视觉相机、深度相机等智能设备，与各种矿用传感器结合使用，以达到提高识别精度和效率的目的。

从多种煤岩识别技术交叉融合使用的角度看，目前尚未有完全满足煤岩普适性要求的技术。因此，针对煤、岩硬度相差大的情况，可以采用过程信号监测识别及多传感器相融合的识别技术；针对硬度接近情况，可考虑将图像识别及电磁波识别技术相融合，通过图像识别技术判别煤岩界面，通过雷达探测识别及超声探测识别技术探测煤层厚度。

2.4.2 环境感知技术

煤炭行业的环境感知技术主要指的是利用激光雷达、毫米波雷达、摄像头等设备来实时准确地感知矿井环境，以支持煤矿巡检机器人、视觉测量系统等智能化设备的运行。环境感知技术在煤炭行业中的广泛应用具有深远的意义，它不仅显著提升了矿井作业的安全性，有效预防了瓦斯泄漏、顶板塌落等潜在风险，保障了矿工的生命安全，而且通过优化采煤过程，提高了开采效率和煤炭质量，进而降低了生产成本。环境感知技术的引入促进了物联网、大数据和人工智能等新一代信息计算科技与采矿业的深度融合，推动了煤炭行业的技术创新和转型升级，使传统煤炭行业向智能化、绿化化和高效化方向发展，为煤炭企业竞争力的提升和市场优势的确立提供了重要支撑。环境感知技术主要包括瓦斯浓度感知技术、空间障碍感知与避障等。

1. 瓦斯浓度感知技术

瓦斯浓度感知技术是一种用于实时监测矿井中瓦斯（甲烷）浓度的技术，它在煤矿安全生产中扮演着至关重要的角色，它能够实时监测和预警瓦斯浓度水平，从而有效预防矿难事故的发生。

监测是瓦斯浓度感知的基础，常规的瓦斯检测仪已被用于检测矿井中的瓦斯浓度。随着技术的发展，现代的瓦斯监测系统可能包括多种传感器和设备，它们能够实时收集矿井内的瓦斯浓度数据，然后将收集到的数据经过预处理，以确保数据的质量和准确性。数据预处理可能包括滤波、去噪、归一化等步骤，以便为后续的分析和模型应用做好准备。

2. 空间障碍感知与避障

采煤中空间障碍感知与避障技术是指利用机器视觉感知技术来识别和避免采煤机在运行过程中可能遇到的障碍物，以确保其安全高效运行。

采煤中空间障碍感知与避障技术的实现过程和技术细节涉及感知技术的选择、数据处理、系统集成和执行响应等多个方面。根据不同的环境和需求，选择合适的空间障碍感知技术。常用的技术包括毫米波雷达、激光雷达，以及图像识别、机器视觉感知技术等，感知设备收集到的数据需要通过算法进行处理，以识别出障碍物的位置、形状和距离。然后将感知技术与采煤机的控制系统相集成，确保感知系统的数据能够被正确解读并用于指导采煤机的行动，根据处理后的数据，采煤机需要做出相应的动作来避开障碍物，可能包括改变行进路线、调整工作装置的位置等。

采煤中空间障碍感知与避障技术能够通过实时监测采煤机周围的环境，有效识别和避开障碍物，降低事故发生的风险，保障矿工的生命安全和矿井的安全生产，并且可以优化采煤机的运行路径，避免无效作业和重复作业，从而提高煤炭开采的效率，并可避免因碰撞障碍物导致的设备损坏，延长采煤机的使用寿命，降低设备维护和更换的成本。同时，具备空间障碍感知与避障能力的采煤机可以实现更高程度的自动化和自主化作业，减少对人工操作的依赖。此外，该技术的发展和应用将推动整个煤炭开采行业向智能化、信息化方向发展，提升其行业竞争力。

2.4.3　采煤机远程集控技术

采煤机远程集控技术是煤矿自动化控制技术的重要组成部分，它通过集成多项先进技术实现对采煤机高效安全的远程操作和监控。采煤机远程集控系统主要包括远程监控系统和自动化控制系统。

远程监控系统和自动化控制系统之间存在紧密联系，远程监控系统可以为自动化控制系统提供关键的操作界面和决策支持，监控数据和信息可以供自动化控制系统分析使用，以优化控制策略和提高系统性能。自动化控制系统的高效执行能力确保了远程监控指令得到快速准确的响应，并且自动化控制系统生成的数据也可以反馈给远程监控系统，用于进一步的分析和决策制订。

1. 远程监控系统

采煤机远程监控系统是现代煤矿自动化和智能化的重要组成部分，它通过集成各种传感器、通信设备和软件平台，实现对采煤机运行状态的实时监测和控制，"监控"以通过网络获得信息为主；"控制"是通过网络对远程计算机进行操作的方法，对远程计算机进行重新启动、关机等操作，还包括对远端计算机进行日常设置的工作。该系统通常由传感器、数据传输设备、控制中心、监控软件、视频监控系统、通信网络、用户终端等部分构成。安装在采煤机上的各种传感器用于实时采集机器的运行数据，如位置、速度、温度、压力、电流等参数。数据传输设备包括电缆、无线通信模块等，用于将传感器采集的数据实时传输到控制中心。控制中心由服务器、监控计算机和大屏幕组成，负责接收、处理和存储来自采煤机的实时数据。在控制中心的计算机上运行的监控软件能够展示采煤机的运行状态，生成报警信息，并提供操作界面供操作人员进行远程控制。视频监控系统由摄像头和显示器组成，用于实时监控采煤机的工作环境和煤炭输送情况。通信网络连接传感器、数据传输设备和控制中心。用户终端允许操作人员通过 PC、平板或智能手机等设备远程访问监控系统，实现移动监控。

采煤机远程监控系统通过实时监测功能，能够全面掌控采煤机的运行状态，包括电动机电流、转矩、牵引速度等内部参数，以及瓦斯浓度、油箱油温等环境参数。系统不仅能够实时监测，还能实现远程控制，使操作人员能够根据实时数据调整采煤机的工作参数，以适应不同的采矿条件。此外，系统具备自动报警功能，一旦检测到异常数据，便会通过微信、短信、邮件等方式通知管理人员，确保矿井工作面处的人员安全。系统还支持故障诊断，可以帮助工程师快速进行设备维护，并生成维护记录，为事后经验总结提供有效支持。这些功能的集成使得采煤机远程监控系统成为提升煤矿安全生产水平、提高采煤效率和管理水平的重要工具。随着技术的不断进步，未来这些系统有望变得更加智能化，进一步促进煤炭行业的高效和安全开采。

2. 自动化控制系统

构建自动化控制系统的目的是提高采煤机对恶劣工况的适应能力，减少故障，提高开机率，进而实现全工作面自动化的无人工作面采煤。采煤机自动化包括恒功率自动调速系统、自动调高系统、工况监视系统和故障诊断等主要内容。

恒功率自动调速系统是依据作用在截割滚筒上的外界负载自动调节牵引速度，使截割电动机（主电动机）的实际平均功率始终保持在额定值附近，以获得机器能力最大限度发挥的系统，是包括负载环节在内的闭环控制系统。从截割电动机测取负载信号并将它与额定值比较后，经控制器调节牵引速度。牵引速度的变化使截割滚筒上的负载发生相应变化，把负载功率限制在额定值的 95%~105% 之间。该系统还具有人为限定最高牵引速度的功能，操作人员可根据采煤工艺和配套设备工序衔接的要求，预先调定最高牵引速度。

自动调高系统是按顶板和底板起伏变化规律自动调节滚筒工作高度，使滚筒保持沿顶、底板截割的系统。采煤工作面的工作环境煤尘多、能见度低、噪声大，操作人员很难准确判断滚筒的截割状态，因此，经常会发生连续截割顶底板岩石而造成截齿损坏或其他机件故障，也可能因产生火花而引起工作面爆炸。过厚的顶煤和底煤会使采高降低，推移输送机和支架困难，进而导致回采率下降。自动调高技术是实现操作人员离开工作面的关键技术，由于煤层厚度及顶、底板的岩性和赋存条件复杂多变、工作环境恶劣，因此，虽然世界各国都在探索各种技术途径，但大多处于试验阶段。

工况监视系统又称为运行状态监视系统，是在线检测主要运行参数和运行姿态，使综采装备各系统不偏离正常功能的系统。当出现故障，即系统偏离正常功能时，控制系统将调整某些运行参数，使其恢复正常功能或发出报警信号，由人工停止系统运行、排除故障。采煤机工况监视用机载计算机实现，其系统由传感器及相应的变换器、数据采集及传输装置、数据处理、显示器、报警装置及键盘组成。传感器信号多数为模拟量信号，部分为数字量和开关量信号，传感器及其变换器均设计成本安电路，由模数（A/D）变换器、数模（D/A）变换器和 I/O 接口组成的信号输入、输出系统，用于采集和变换数据、输出控制和报警信号。操作输入系统是人与机器进行联系、监视装备运行状态及设定装备运行参数极限值的设备，包括通信接口、LCD 液晶显示器、操作键盘及外存储器。采煤机机载计算机具有良好的抗干扰和抗振性能，能适应采煤工作面工作环境。

故障诊断指通过分析工况监视所获得的信息，确定采煤机故障的部位、性质、程度、类别、原因、发展趋势和影响等，以便做出控制和维修决策。目的是防患于未然、提高采煤机可靠性和开机率。采煤机故障诊断过程包括特征信号分析、特征量选择、状态识别、故障分类及决策等基本环节。

2.5　采煤机自主导航截割技术

煤矿智能化无人开采是煤炭开采技术变革的方向，是煤矿实现安全高效生产的核心技术。采煤机作为煤矿开采工作的引领部分，其智能化程度很大程度上决定了煤矿智能化发展的下限，而自适应截割能力是决定采煤机自动化和智能化水平的关键要素。采煤机截割调控技术经历了人工目测截割、机载探测截割、示教记忆截割 3 个发展阶段，目前正在朝着自主导航截割方向快速发展。

2014 年，中国矿业大学的葛世荣院士首次提出了基于煤层地理信息系统的自主导航截割的新构想并获得了发明专利。自主导航截割是以煤层精细探测地图作为截割规划路径，引导和控制采煤机根据规划进行无人驾驶操作，合理规避褶皱煤层变化，并实时修正截割路径，实现采煤机对煤层截割作业的自主运行。葛世荣院士所提出的适用于深部煤层采煤机自动驾驶的导航截割理论与技术框架，包括了导航地图、位姿感知、路径规划、姿态控制 4 项技术内涵，以及精细化煤层截割定位地图、精准化煤层截割导航地图、动态化煤层截割导控地图、采煤机融合定位方法、定位精度提升、智采机组全位姿参数矩阵建立、物理-虚拟模型驱动与交互、无人驾驶防冲撞路径规划、截割作业智能调高调直 9 项关键技术。

采煤机自主导航截割技术框架中技术内涵与关键技术的对应关系如图 2-26 所示。其中，导航地图部分对应精细化煤层截割定位地图、精准化煤层截割导航地图、动态化煤层截割导控地图 3 项关键技术；位姿感知部分对应采煤机融合定位方法、定位精度提升、智采机组全位姿参数矩阵建立、物理-虚拟模型驱动与交互 4 项关键技术；路径规划部分对应无人驾驶防冲撞路径规划技术；姿态控制部分对应截割作业智能调高调直技术。

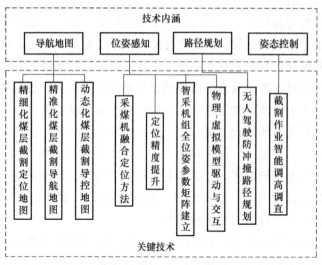

图 2-26　技术内涵与关键技术的对应关系

2.5.1　煤层导航地图构建与更新技术

导航地图是自主导航截割的基础与前提，高精度的导航地图为采煤机的自主截割提供准确的目标与参考。它能帮助无人驾驶采煤机对煤层及作业环境进行探测和建模，并从中提取相关信息，从而形成导航截割场景理解的能力，例如，识别煤层变化及异构体的位置、行走轨道检测、采煤机周围障碍检测等数据的语义分类。定位也是环境感知的一部分，是采煤机确定其在煤层环境截割位置的关键能力。

精细化煤层截割定位地图是在采用钻探、物探等数据建立的初始三维煤层数据体模型的基础上，利用精细三维数据体时深转换技术，根据地震反演成果数据体建立的煤层地图。在此过程中基于 MCMC（Markov Chain Monte Carlo，马尔科夫链蒙特卡洛方法）原理的地质统计学反演，能够得到高分辨率的多个等概率属性体，并进行差异分析和初步优选，为三维数据体精细时深转换的三维数据体对初始模型的修正提供参考依据。依据煤系地层岩性反演结果所建立的三维岩性精细地质模型，较传统的钻孔差值建模，能详细刻画薄煤层空间分布形态及顶底板岩性，提高反演分辨率。

精准化煤层截割导航地图是在截割定位地图基础上进一步提高煤层分布坐标精度得到的。此过程可以通过 C-SLAM（Cooperative Simultaneous Localization and Mapping，协作同步定位和建图）技术实现，C-SLAM 技术采用非接触式雷达探测工作面煤层局部结构，将探测天线与工作面煤壁保持 300~400mm 间距，沿着工作面煤壁连续扫描并精准定位，即可获得局部煤层构造和起伏形态的三维精准信息，探测精度达到 50mm。将采集数据进行自动实时处理，通过无线通信方式传输给采煤机，可为采煤机截割煤层提供精准化导航地图。煤岩层位探测技术如图 2-27 所示。获得精准化煤层截割导航地图后，通过与采煤机控制系统及集控中心的数据交互，能够有效地制订滚筒调高策略，实现采煤机导航截割。

动态化煤层截割导控地图是指通过声波识别、振动识别、温升识别等多种方式进行多信

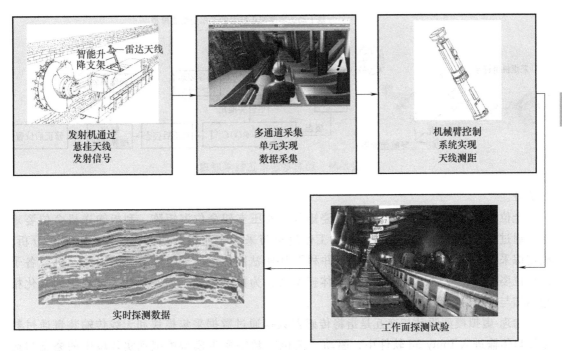

图 2-27　煤岩层位探测技术

息融合监测，对采煤机截割煤岩状态进行实时感知，并实现截割滚筒高度自适应调控，此过程中记录的追踪轨迹即为动态化煤层截割导控地图，用于为采煤机下一个截割循环导航。

2.5.2　智能导航截割控制技术

智能导航截割控制包含了位姿感知、路径规划与姿态控制 3 部分内容。

1）位姿感知是采煤机自主控制的前提。位姿感知的目的是自动检测采煤机在工作面的位置及作业姿态，从而确定准确的截割坐标，为采煤机自主截割提供方位控制参数，由于井下工作面空间狭窄、环境恶劣，采煤机自主精准定位技术是一个难点。

采煤机融合定位方法指的是以捷联惯性导航系统为主，融合其他传感器数据对井下各种恶劣环境中的采煤机机身位姿进行精确监测的方法。定位系统根据姿态解算公式和位置解算公式将传感器数据实时解算并获得采煤机在"东北天"坐标系下的运行轨迹和滚筒截割轨迹。然后，将采煤机运行轨迹和滚筒截割轨迹传输至综采工作面回采巷道的数据存储与处理系统。数据存储与处理系统将采煤机运行轨迹和滚筒截割轨迹数据点与工作面煤层三维模型顶、底板数据绘制在同一个"东北天"坐标系里，进而可以直观地观察采煤机与工作面煤层的相对位置关系。

定位精度的提升方法主要是为了解决由惯性元件本身的测量特性导致的惯性导航系统姿态漂移造成采煤机定位精度下降的问题。根据采煤机运行特点，使用动态零速修正算法可以显著提高采煤机定位精度。该算法利用载体停车时惯性导航的速度输出作为误差的观测量，进而对其他各项误差进行修正，其技术原理如图 2-28 所示。

智采机组全位姿参数矩阵和物理-虚拟模型驱动与交互都属于导航截割数字孪生系统的

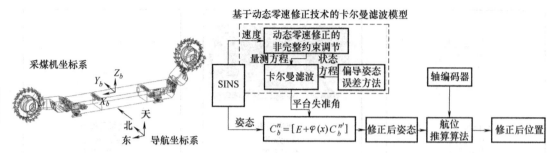

图 2-28　动态零速修正技术原理

一部分。

全位姿参数矩阵包括采煤机全位姿矩阵、液压支架全位姿矩阵、刮板输送机全位姿矩阵，通过对采煤工作面"三机"联动工作过程与采煤作业姿态动作完全表达的需求分析，确定综采"三机"的全位姿矩阵维数并利用 D-H 法刚体运动学矩阵解算综采"三机"各子部件位姿状态，将"三机"从物理实体模型转化为数字模型，为实现开采过程中无人化精确感知与控制提供数学模型。

物理-虚拟模型驱动与交互是指将传感器数据通过数据采集模块和无线传输装置通过数据接口传输进入 Unity 3d 软件中，驱动"三机"数字孪生模型模拟现实环境中的姿态与运动特征，通过虚实交互与虚拟仿真对装备运行状况进行优化并预测潜在问题的发生。物理-虚拟模型驱动与交互主要包括三部分内容：物理空间信息感知与融合、虚拟空间与虚拟样机构建、数据交互与数字孪生。

其中，物理空间信息感知与融合是准确描绘综采工作面物理空间的关键，通过对"三机"运动约束分析，求出确定"三机"准确物理空间位置与姿态所需测量的数据信息。虚拟空间与虚拟样机构建是通过参数化建模软件、动画与渲染软件、三维场景编辑器等工具，构建综采工作面虚拟环境与"三机"虚拟样机，使用物理引擎的方式模拟物理场景的约束关系，为模型和环境添加虚拟约束。建立"三机"的运动学模型，编写由数据驱动的"三机"运动算法及相应数据接口。数据交互与数字孪生是通过数据接口与数据传输通道，实现基于装备真实运行数据的优化决策，解算出装备的最佳运行模式，并将指令实时传输给控制器，实现装备的实时优化控制运行。

2）路径规划是采煤机为了实现优化开采而做出决策的过程，对于导航截割的采煤机而言，决策目标主要是控制截割滚筒能够跟踪煤层起伏变化边界，同时合理规避煤层中的异构障碍物，不断优化截割轨迹以保证最大的资源采出率。

无人驾驶防冲撞路径规划技术包含对采煤机进行行为决策与运动轨迹规划，通过在虚拟环境中对综采"三机"的相对位置进行读取，计算得出各装备之间的协同配合运行参数，设置预警值并通过控制支架动作与采煤机牵引速度和滚筒高度实现"三机"防碰撞。再结合数据接口和高速传输网络，实时输出至设备的控制上位机，实现"三机"无人驾驶状态下的防干涉、防冲撞与路径规划。

3）姿态控制是根据环境感知和路径规划坐标，对采煤机的行进速度、截割高度、切割力度进行实时准确控制，在线检测截割路径的合理性并做出优化修正，并实现采煤机与刮板输送机、液压支架之间的智能协同控制，形成煤层截割与顶板支护和煤流运输之间的信息交互和智能协作过程。

姿态控制内容包含截割滚筒自适应调高控制与行走路径自动调直控制两个关键部分。实现采煤机滚筒自适应调高的关键是控制采煤机姿态使其横滚角与煤层倾角保持一致。根据已获得的煤层导航地图中的底板数据，可以建立煤层底板分段线性表示方法，获得煤层底板分段直线的斜率，即煤层倾角。基于煤层导航地图的采煤机自主调高过程如图 2-29 所示，利用采煤机摇臂角度参数和采煤机定位定姿系统，计算获得采煤机当前刀的截割轨迹，结合煤层倾角，得到下一刀采煤机卧底调整量。导航截割轨迹结合下一刀顶底板曲线得到导航截割轨迹修正量，将该修正量和采煤机卧底调整量求和之后，提供给采煤机调高控制器作为下一次导航截割的调高控制参数。

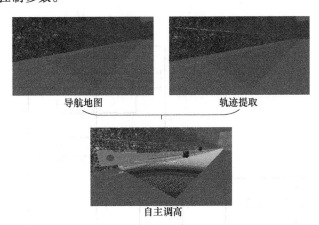

图 2-29　基于煤层导航地图的采煤机自主调高过程示意图

采煤机行走路径自动调直的基本原理是根据采煤机与刮板输送机之间的几何约束关系，利用采煤机运行轨迹反演解算刮板输送机排列曲线形状，然后根据工作面目标直线，在刮板输送机推移过程中进行纠偏调直。依据工作面方向确定刮板输送机调直参考目标轨迹，然后根据刮板输送机测量轨迹与参考目标轨迹解算并控制液压支架的推移距离，从而在液压支架推溜过程中将刮板输送机调整为与工作面方向平行的直线状态。

思考题

2-1　请说明"MG1100/3050-WD"采煤机型号的含义。

2-2　采煤机截深和滚筒直径分别指什么？

2-3　请简述采煤机无链牵引过程。

2-4　采煤机牵引部工作要求有哪些？

2-5　简述采煤机无链牵引的优缺点。

2-6　采煤机电控系统主要功能是什么？由哪几部分组成？

2-7　采煤机常见的故障类型有哪几种？每种举 1~2 个例子。

2-8　简述采煤机选型的基本要求。

2-9　采煤机定位定姿技术主要有哪几种？

2-10 MG300/720-AWD 型采煤机的截割部传动简图如图 2-30 所示，各齿轮标号分别为 $Z_1 \sim Z_{14}$。截割部传动系统齿轮参数见表 2-3。其中，二级行星齿轮作为传动部分，太阳轮作为输入组件，行星架作为被动件带动行星轮并作为下一级太阳轮输入，固定件为齿圈。请回答以下问题：

1）请分别说明此采煤机截割部的动力元件和执行元件。

2）指出图 2-30 所示系统中有几个惰轮，请写出其标号。惰轮的功能是什么？

3）此传动方案为何包括二级行星齿轮传动方式？请说明原因。

4）计算采煤机截割部传动部分的传动比。

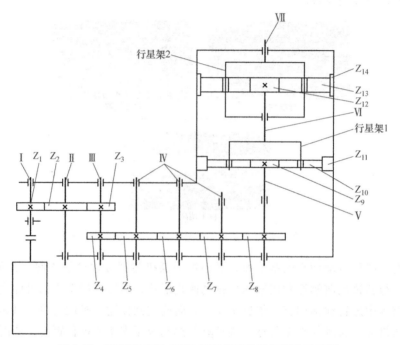

图 2-30 MG300/720-AWD 型采煤机的截割部传动简图

表 2-3 截割部传动系统齿轮参数

齿轮标号	Z_1	Z_2	Z_3	Z_4	Z_5	Z_6	Z_7	Z_8	Z_9	Z_{10}	Z_{11}	Z_{12}	Z_{13}	Z_{14}
齿数	26	37	29	25	37	37	37	41	21	25	71	19	23	65
模数/mm	7	7	7	8	8	8	8	8	6	6	6	8	8	8

参考文献

［1］ 葛世荣. 采煤机技术发展历程（一）：截煤机、刨煤机、钻煤机［J］. 中国煤炭，2020，46（6）：1-15.

［2］ 葛世荣. 采煤机技术发展历程（五）：自动化技术［J］. 中国煤炭，2020，46（10）：1-15.

［3］ 葛世荣. 采煤机技术发展历程（六）：煤岩界面探测［J］. 中国煤炭，2020，46（11）：10-24.

［4］　葛世荣. 采煤机技术发展历程（九）：环境感知技术［J］. 中国煤炭，2021，47（2）：1-17.

［5］　李昌熙，沈立山，高荣. 采煤机［M］. 北京：煤炭工业出版社，1988.

［6］　吕海军. 采煤机 PLC 电控系统设计［J］. 能源技术与管理，2015，40（6）：184-186.

［7］　郑江涛，李四海，刘士明，等. 基于惯导和激光雷达的采煤机定位方法［J］. 中国惯性技术学报，2020，28（5）：595-602.

［8］　崔宇. 采煤机采区定位定姿技术［J］. 机械管理开发，2018，33（9）：53-55.

［9］　任予鑫，康向南，杜昭，等. 采煤机记忆截割系统的研究与应用［J］. 中国煤炭，2020，46（5）：41-46.

［10］　葛世荣，郝雪弟，田凯，等. 采煤机自主导航截割原理及关键技术［J］. 煤炭学报，2021，46（3）：774-788.

［11］　李福固. 矿井运输与提升［M］. 徐州：中国矿业大学出版社，2007.

［12］　员创治. 采掘机械［M］. 北京：高等教育出版社，2009.

第3章 | 刮板输送机及其智能化技术

3.1 概述

1905 年，英国在长壁式采煤工作面首先使用了刮板输送机。20 世纪 40 年代初，联邦德国首先研制并使用了可弯曲刮板输送机。20 世纪 50 年代初，英国研制了浅截式滚筒采煤机和自移式液压支架，使采煤工作面的采、装、运、支等全部作业实现了综合机械化。经过多年的改进和发展，目前，煤矿综采装备中的刮板输送机除了运煤之外，还有四种功能：用作采煤机的运行轨道；用作拉移液压支架伸缩液压缸的固定点；清理工作面的浮煤；悬挂电缆、水管、乳化液管。综采工作面配套机械如图 3-1 所示。

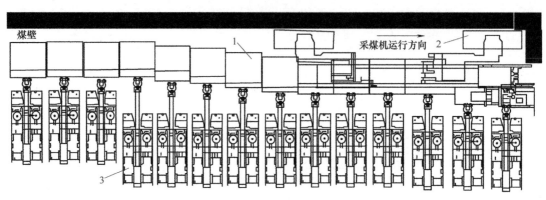

图 3-1 综采工作面配套机械

1—刮板输送机 2—滚筒采煤机 3—液压支架

刮板输送机属于链啮合传动输送机，是为采煤工作面和采区巷道运煤布置的机械，主要用于缓倾斜工作面运煤，也可以用于其他场合（如采区顺槽、上下山等）。不同类型的刮板输送机的组成部分和布置方式也不尽相同，但是其主要结构和基本组成部件是相同的。图 3-2 所示为 SGWD-250 型刮板输送机。

一般的刮板输送机能在煤炭工作面倾角为 25°以下的采煤工作面下使用，但对于以兼作采煤机运行轨道与机组配合工作的刮板输送机，当工作面倾角大于 10°时，要采取防滑措施。刮板输送机在使用中要受拉、压、弯曲、冲击、摩擦和腐蚀等多种作用，因此，必须有足够的强度、刚度、耐磨和耐腐蚀性。由于它的运输方式是物料和刮板链都在槽内滑行，在运行过程中要克服溜槽与刮板链及煤炭之间的滑动摩擦阻力，因此消耗功率很大。此外，运输效率低、运输中货载破碎性大也是刮板输送机的不足之处。但是刮板输送机特殊的结构和工作环境，让它具有其他输送机没有的优点。例如，刮板输送机机身低矮，占空间小；可以水平弯曲，随采煤机的移动而推移，减小了控顶距；能够垂直弯曲，可以减弱底板高低不平的影响；结构强度高，能适应采煤机工作面恶劣的工作条件，并可以作为采煤机的运行轨道，有时还作为移置液压支架的支点；推移刮板输送机时，铲煤板可以自动清扫机道浮煤；挡煤板可以增加装煤断面面积，防止煤被抛到采空区，同时其后面还有安装电缆、水管的槽架，并对电缆、水管起保护作用。所以，刮板输送机迄今为止仍然是缓斜长壁式采煤工作面唯一的煤炭运输设备。

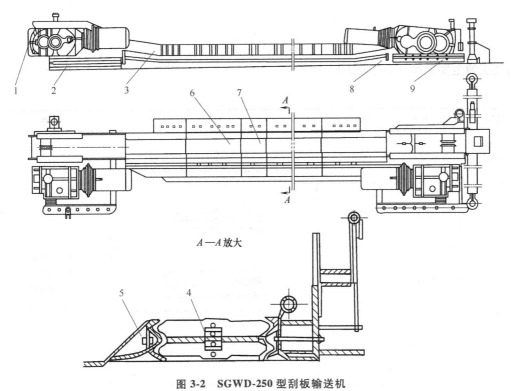

图 3-2　SGWD-250 型刮板输送机
1—机头　2—机头支撑推移装置　3—机头过渡槽　4—刮板链　5—铲煤板
6—中部槽　7—调节槽　8—机尾过渡槽　9—机尾

　　刮板输送机的传动系统如图 3-3 所示。作为一种连续运输设备，其工作原理是由绕过机头链轮和机尾链轮的无极循环刮板链作为牵引机构，以溜槽作为承载机构，电动机、液力偶合器、减速器带动链轮旋转，从而带动刮板链连续旋转，将装在溜槽中的货载从机尾运到机头处卸载转运。上部溜槽是输送机的重载工作槽，下部溜槽是刮板链的回空槽。

　　国内外生产和使用的刮板输送机类型有很多，其分类方法也各不相同。按溜槽的布置方式，可以分为并列式和重叠式刮板输送机；按结构，可以分为敞底溜槽式和封底溜槽式刮板输送机；按牵引链的结构，可以分为片式套筒链、可拆模锻链及焊接圆环链刮板输送机；按链条数，可分为单链、边双链、双中心链及三链刮板输送机；根据刮板与链条的连接布置形式，可分为悬壁式、对称式、中间式刮板输送机；按传动方式可以分为电力传动和液压传动刮板输送机。各种类型的刮板输送机因其运输能力和结构特点而适用于不同的工作条件。刮

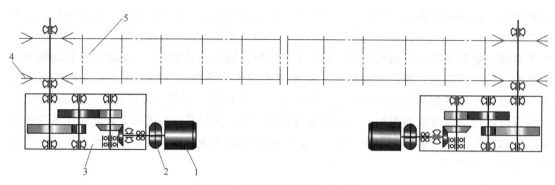

图 3-3 刮板输送机的传动系统

1—电动机　2—液力偶合器　3—减速器　4—链轮　5—刮板链

板输送机的主要布置类型见表 3-1。

表 3-1 刮板输送机的主要布置类型

类型	链条数	刮板位置	图例	说明
并列式	单链	悬臂式		
重叠式	单链	对称式		1—重载槽 2—刮板 3—重载链 4—回空链 5—回空槽
	边双链	中间式		
	双中心链	对称式		
	三链	对称式		

　　刮板输送机在煤矿是使用量大、消耗多的重要设备。多年来，我国制造的刮板输送机有几十种型号，为使刮板输送机的生产达到标准化、系列化和通用化，提高产品和制造质量，我国已经制定并发布了《矿用刮板输送机型式与参数》（MT/T 15—2002）、《刮板输送机通用技术条件》（MT/T 105—2006），其中，《刮板输送机型式与参数》属于产品系列规划，是设计制造新产品的依据，《刮板输送机通用技术条件》规定了刮板输送机的主要质量标准和技术要求，以提高产品质量。

　　根据《矿用刮板输送机型式与参数》（MT/T 15—2002）的规定，刮板输送机的型号编制方法如下。

　　1）轧制槽帮和冷压槽帮的刮板输送机的型号编制方法，其示例为

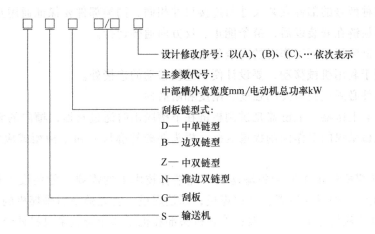

中部槽外宽宽度为 530mm，配用电动机总功率为 150kW，第三次修改设计的边双链型刮板输送机表示为 SGB630/150（C）。

2）铸造槽帮刮板输送机的型号编制方法，其示例为

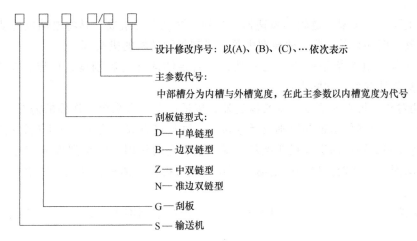

中部槽内宽宽度为 880mm，配用双速电动机总功率为 1400kW，第一次修改设计的中双链型刮板输送机表示为 SGZ880/1400（A）。

3.2　刮板输送机结构与设计计算

3.2.1　结构

刮板输送机由机头部、机尾部、中部槽、刮板链等组成。

对于煤矿用刮板输送机，根据工作情况需要，其结构设计有如下要求。

1）既能用于左工作面，又能用于右工作面。

2）各部组在井下拆装和运输时尽可能方便。

3）保证同种型号的部件安装尺寸与连接尺寸相同，同类部件要保证通用互换性。

4）保证刮板链在安装以后，链条能正、反方向通畅运行。

5）设置紧链装置保证工作时的安全稳定。

6）为了便于利用机械移动，要设计便于连接移动的连接处。

7）机械部件必须达到需要的强度、刚度和耐磨性。

8）一般应有上链器，上链器是供刮板链在下槽脱出时通过它返回槽内的装置。

9）用于机械采煤的工作面刮板输送机，机头架的外廓尺寸和结构型式应便于采煤机自切开口。

10）用于采煤机的工作面刮板输送机，应结合技术上的需要，能装设下列部分或全部附属部件：①采煤机的导向装置；②铲煤板；③挡煤板；④无链牵引采煤机的齿轨；⑤放置电缆、水管、乳化液管路的槽或支架；⑥在机头部和机尾部能安装采煤机外牵引的传动部装置、牵引链的固定装置或刨煤机机构传动装置和控制保护装置；⑦用于综采工作面的刮板输送机，相关的外廓尺寸应与采煤机和液压支架相配；⑧铺设刮板输送机时，一般有倾斜面，为防止工作中有下滑可能，应设置防滑锚固装置。

1. 机头部

机头部主要由机头架、链轮、减速器、盲轴、联轴器等组成，是将电动机的动力传递给刮板链的装置。图 3-4 所示是一种轻型中单链式刮板输送机的机头部。

（1）机头架 机头架是机头部的骨架，应有足够的强度和刚度，由厚钢板焊接制成。各种型号机头部具有如下共同点：

1）两侧对称，可在两侧壁上安装减速器，以适应左、右采煤工作面的需要。

2）链轮由减速器伸出轴和盲轴支承连接，这种连接方式，便于在井下进行拆装。

3）拨链器和护轴板固定在机头架的前横梁上，它的作用是防止刮板链与链轮在分离点处被轮齿带动而卷入链轮，护轴板是易损部位，用可拆换的活板，既便于链轮和拨链器的拆装，又可更换。

4）机头架的易磨损部位采取耐磨措施，如加焊高锰钢堆焊层或局部采用耐磨材料的可更换零件。

（2）链轮 链轮是一个组件，由链轮和连接筒组成。链轮是传力部件，也是易损件，运转中除受静载荷外，还受脉动、冲击载荷等。

图 3-5 所示为中双链用的链轮连接筒用组件，它采用剖分式连接筒，连接筒两端有环槽与链轮的环槽相接，内孔用平键分别与减速器伸出轴及盲轴连接，部分用螺栓连接固定。链轮用螺栓与减速器的伸出轴和盲轴连接。安装时必须保证两个链轮的轮齿在相同的相位角上。这种结构的优点是链轮磨损后可以只更换链轮。

（3）减速器 减速器的主要作用是在机械系统中匹配转速和传递转矩，它通常位于原动机（如电动机）和工作机或执行机构之间，具有耐用性强、变速比范围大、安装方便等优点。为适应不同的需要，三级传动的圆锥圆柱齿轮减速器有三种装配形式，如图 3-6 所示。

Ⅰ型减速器的第二轴端装紧链装置，第四轴（或第一轴）装断销过载保护装置，这种形式用于 30kW 以下的减速器；Ⅱ型减速器的第二轴端装紧链装置，利用液力偶合器实现过载保护，单机功率为 40~75kW 的减速器多采用这种形式；Ⅲ型减速器的第一轴装紧链装置，

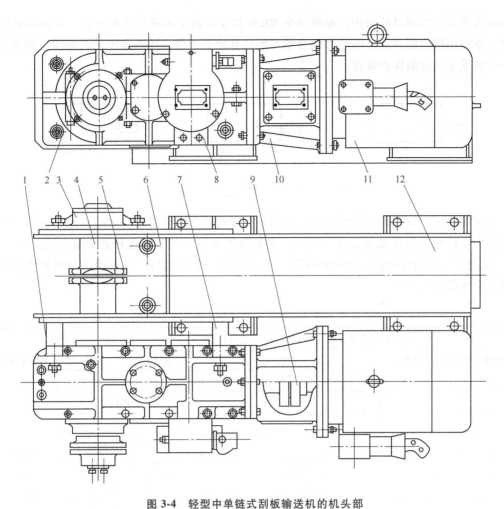

图 3-4　轻型中单链式刮板输送机的机头部

1—垫块　2—减速器　3—盲轴　4—链轮　5—拨链器　6—护轴板　7—垫块

8—紧链装置　9—联轴器　10—连接筒　11—电动机　12—机头架

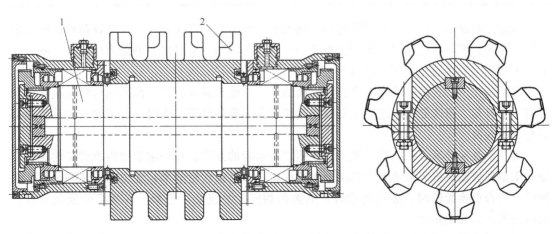

图 3-5　中双链用的链轮连接筒用组件

1—链轮体　2—轮齿

利用液力偶合器实现过载保护，单机功率90kW以上的减速器采用这种形式。采用双速电动机时，不能用液力偶合器，因液力偶合器不能在低速下工作。用双速电动机驱动，应采用适当的机械或电气过载保护装置。

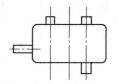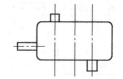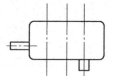

图3-6　减速器装配形式

我国目前生产的刮板输送机减速器多为平行布置式、三级传动的圆柱齿轮减速器。其适用条件为：齿轮圆周速度不大于18m/s，安装角度为0°~5°，高速轴的转速不大于1500r/min，减速器工作的环境温度为-20~25℃，适用于正、反向运转。几种国产刮板输送机减速器的技术参数见表3-2。

表3-2　几种国产刮板输送机减速器的技术参数

刮板输送机型号	第一级（圆弧锥齿轮）			第二级（斜齿圆柱齿轮）			第三级			减速比 r
	模数 m_a /mm	齿数 z_1	z_2	模数 m_a /mm	齿数 z_1	z_2	模数 m_a /mm	齿数 z_1	z_2	
SGW-44A	6.1	13	43	6	16	42	直齿圆柱齿轮			29.6
							7	17	58	
SGW-80T	7.75	11	29	6	14	45	直齿圆柱齿轮			24.86
							7	15	44	
SGW-150	8.6	12	35	7	16	53	直齿圆柱齿轮			24.43
							9	17	43	
SGW-250	8.3	14	47	8	17	55	斜齿圆柱齿轮			30.67
							10	17	48	

减速器的轴端形式按配套需要选用。输入轴端有圆头平键和渐开线外花键两种；输出轴有矩形花键、渐开线内花键和渐开线外花键三种。为使同一型号减速器能通用互换，我国制定并颁布了《刮板输送机用减速器》（MT/T 148—1997）。

为使其在左、右两种采煤工作面和在机头部、机尾部都能通用，刮板输送机减速器的箱体应上下对称。箱体的结构还应使刮板输送机在大倾角条件下工作时，各齿轮和轴承都能得到充分的润滑。

为便于改变链速，减速器应能用更换第二对齿轮的办法，在一定范围内改变传动比。中型和重型刮板输送机的减速器都采用圆弧锥齿轮。圆弧锥齿轮的承载能力大、传动平稳、噪声低。检修更换齿轮时，必须注意齿形的齿制相同，并应成对更换。SGW-250型刮板输送机减速器如图3-7所示。

第一对为圆弧锥齿轮，其具有传动平稳、承载能力大、噪声小等优点，特别适合于高速重载传动。第二对和第三对齿轮均为斜齿圆柱齿轮。根据需要更换第二对齿轮，可使刮板链

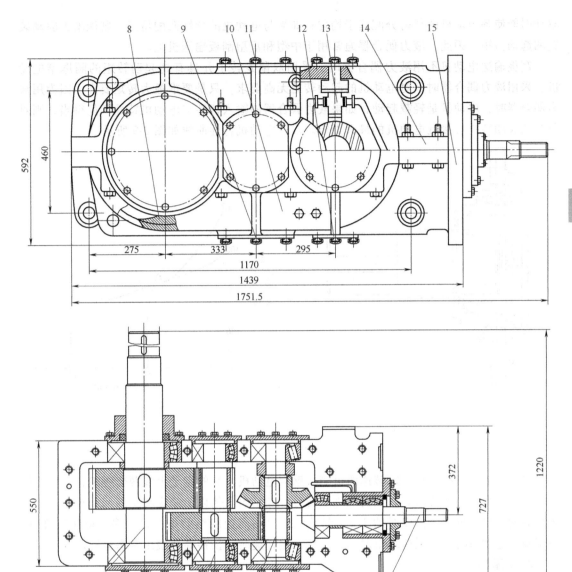

图 3-7　SGW-250 型刮板输送机减速器

1—第一轴　2—轴承盖　3—第二轴　4—轴承盖　5—第三轴　6—轴承盖　7—第四轴　8—水冷装置
9—油塞　10—盖　11—透气塞　12—方盖　13—润滑泵　14—上箱体　15—下箱体

获得两种不同的链速。减速器所有零部件都安装在球墨铸铁的减速箱壳体内，上、下箱体结构对称，以适应左、右工作面和机头、机尾使用需求。

（4）盲轴　盲轴是装在机头架的不装减速器的一侧、支承链轮的一个组件，如图 3-8 所示，轴承座装在机头架侧板的座孔内，用螺栓固定。

（5）联轴器　电动机与减速器的连接有弹性联轴器和液力偶合器两种。用液力偶合器有以下优点：使电动机轻载起动；有过载保护功能；减缓传动系统的冲击和振动；多电动机驱动时能使各电动机的载荷分配趋于均匀；如果与电动机的特性匹配得当，则能增大驱动装置的起动力矩。因此，液力偶合器通常用于中型和重型刮板输送机上。

刮板输送电动机不用液力偶合器时，采用双鼠笼转子并具有高起动转矩的隔爆型电动机。采用液力偶合器时，对电动机的起动转矩无高要求，只是要求最大转矩要高。因为用液力偶合器时，电动机是轻载起动，如果液力偶合器的输入特性与电动机特性匹配得当，则对负载的起动转矩可接近电动机的最大力矩。双速电动机特性曲线如图3-9所示。

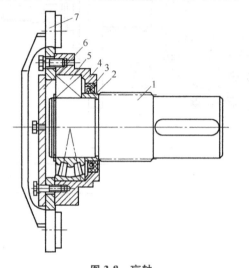

图 3-8　盲轴

1—花键轴　2—轴套　3—油封　4—轴承座
5—轴承　6—盖板　7—轴承托板

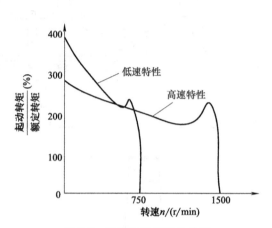

图 3-9　双速电动机特性曲线

双速电动机是有两种额定转速的鼠笼式感应电动机，它的定子上装两套绕组，一套低转速绕组，一套高转速绕组。以低速绕组运转时，能给出3倍以上额定转矩的起动转矩。低速运行时的输出功率约为高速时的1/2，起动电流比用高速绕组的电流低得多，电压有降低。使用双速电动机时，以低速绕组起动，达到一定转速时，换接高速绕组常态运转。

2. 机尾部

机尾部有驱动装置和无驱动装置两种。有驱动装置的机尾部因机尾不需卸载高度，除了机尾架与机头架有所不同外，其他部件与机头部相同。无驱动装置的机尾部，尾架上只有使刮板链改向用的机尾轴部件，如图3-10所示。

3. 中部槽

中部槽是刮板输送机的机身，由槽帮钢和中板焊接而成，如图3-11所示。上槽是装运物料的承载槽。下槽底部敞开，供刮板链返程用。为了减小刮板链返程的阻力，以及防止在底板松软条件下使用时发生槽体下陷，在槽帮钢下加焊底板构成封底槽。使用封底槽安装下股刮板链和处理下股链事故较困难，故可以间隔几节封底槽，采用一节有可拆中板的封底槽的办法，以减小困难。

中部槽有单链型、边双链型、中双链型三种型式，其尺寸系列在《刮板输送机中部槽》（MT/T 183—1988）中有规定。中部槽除了标准长度外，为适应采煤工作面长度变化的需要，设有500mm和1000mm的调节槽。机头过渡槽和机尾过渡槽是和机头架与机尾架连接

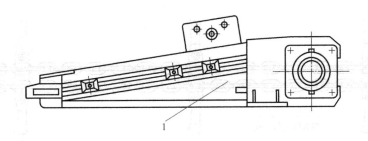

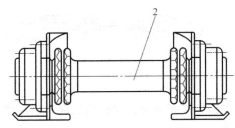

图 3-10　无驱动装置的机尾部

1—机尾架　2—机尾轴部件

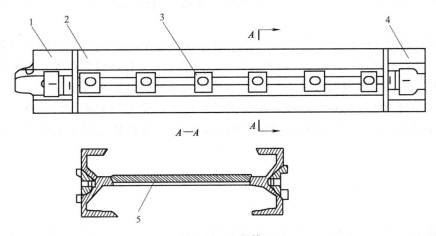

图 3-11　中部槽

1—高锰钢凸端头　2—槽帮钢　3—支座　4—高锰钢凹端头　5—中板

的特殊槽，它的一端与中部槽连接，另一端与机头架或机尾架连接。

由于中部槽受煤和刮板链的剧烈摩擦，所以它是使用量和消耗量最大的部件。中部槽的井下使用寿命，目前是按过煤量衡量的。为延长中部槽的使用寿命，采用的方法有多种。例如：将两端进行淬火处理或加焊高锰钢铸造端头，中板两端链道处用等离子喷焊耐磨合金；易磨损处堆焊硬质合金；加大中板厚度；改进槽帮钢的断面以增加强度和刚度。

4. 刮板链

刮板链由链条和刮板组成，是刮板输送机的牵引构件。刮板的作用是刮推槽内的物料。目前使用的有单链、中双链、边双链和三链。中双链式刮板链如图 3-12 所示。

刮板链使用的链条早期用板片链和可拆模锻链，现在都用圆环链。链条在运行中不仅要承受很大的静载荷和动载荷，在受滑动摩擦条件下运行，还要受矿水的浸蚀。因此，目前使

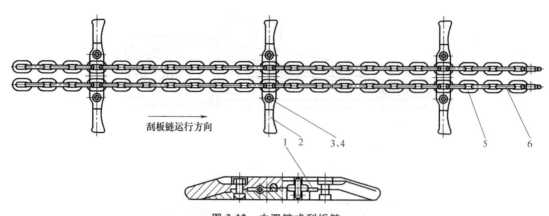

图 3-12　中双链式刮板链

1—卡链横梁　2—刮板　3—螺栓　4—螺母　5—圆环链　6—接链环

用的圆环链都是用优质合金钢焊接而成的，并经热处理和预拉伸处理，使之具有强度高、韧性大、耐磨、耐腐蚀的特性。

圆环链规格是以链环棒料直径和链节距的尺寸（单位为 mm）表示，有多个标准规格，按强度划分为 B、C、D 三个等级，不同规格尺寸的各级强度的圆环链，其破断载荷也不相同。

对目前使用的几种刮板链可做如下比较：边双链的拉煤能力强，特别对于大块较多的硬煤，但其两条链子受力不均，特别是中部槽在弯曲状态下运行时更为严重；单链没有受力不均的情况，但其整体破断强度不高，限制其在大功率刮板输送机上应用；中双链能吸取边双链与单链的各自优点，既较好地解决了在弯曲段受力分配不均的矛盾，又解决了整个强度不高的问题；三链刮板链整体破断强度较高，故特别适用于大功率的刮板输送机选用。

3.2.2　设计计算

刮板输送机厂家说明书给出的输送机的铺设长度一般是指水平铺设长度，而现场的工作面的倾角、长度是千变万化的，这就使得现场的实际情况不一定完全、恰好符合输送机的技术特征，为此就需要通过计算来确定其运输能力、电动机的功率及链子的强度等是否满足要求。刮板输送机的选型计算和设计计算的计算内容都相同，区别在于前者按照具体使用条件计算，而后者按照通用条件计算。

刮板输送机的设计计算主要内容如下。

1. 运输能力的计算

刮板输送机是连续式运输设备，其每秒钟的运输能力 Q_s（单位为 kg/s）为

$$Q_s = qv \tag{3-1}$$

式中　v——刮板输送机运行速度（m/s）；

q——输送机上单位长度货载质量（kg/m）。

每小时的运输能力 Q_h（单位为 t/h）为

$$Q_{\mathrm{h}} = 3.6qv \qquad (3\text{-}2)$$

刮板输送机工作时，货载沿溜槽连续均匀分布，被刮板链拖带而沿溜槽移动，所以 q 值与溜槽中货载断面积有关，即

$$q = 1000F_0\gamma \qquad (3\text{-}3)$$

式中　F_0——刮板输送机溜槽中货载断面积（m^2）；

　　　γ——货载的散集容重，对于煤炭，$\gamma = 0.85 \sim 1.0$（$\mathrm{t/m}^3$）。

刮板输送机装运货载的最大横断面积与溜槽的结构型式及结构尺寸有关，还与松散煤的堆积角（安息角）有关。

考虑上述因素后，刮板输送机的小时运输能力为

$$Q_{\mathrm{h}} = 3600F\varphi\gamma v \qquad (3\text{-}4)$$

式中　F——货载最大横断面积（m^2）；

　　　φ——货载的装满系数，其值见表 3-3。

表 3-3　装满系数 φ 的值

输送情况	水平及向下运输	向上运输		
		5	10	15
装满系数 φ	0.9~1	0.8	0.6	0.5

2. 运行阻力

刮板输送机运行阻力按直线段和曲线段分别计算。

沿倾斜运行的刮板输送机的重段直线段的总阻力如图 3-13 所示。运行时除了要克服煤和刮板链重力引起的阻力外，还需克服煤和刮板链重力引起的下滑力，通常将它们一起计为总运行阻力。

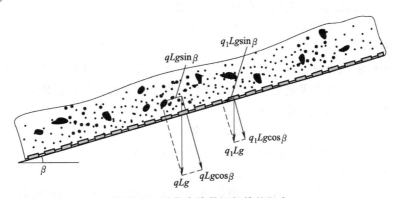

图 3-13　重段直线段运行的总阻力

从图 3-13 可以看出来，作为牵引机构的刮板链，在重段直线段运行的总阻力为

$$W_{\mathrm{zh}} = (q\omega + q_1\omega_1)Lg\cos\beta \pm (q + q_1)Lg\sin\beta \qquad (3\text{-}5)$$

式中　W_{zh}——重段直线段的总阻力（N）；

　　　q——单位长度上的装煤量（$\mathrm{kg/m}$）；

　　　q_1——刮板链单位长度的质量（$\mathrm{kg/m}$）；

　　　L——刮板输送机的长度（m）；

ω——煤在槽内运行的阻力系数；

ω_1——刮板链在槽内运行的阻力系数；

g——重力加速度（m/s²）；

β——刮板输送机的铺设倾角（°）。

刮板链在空段直线段的运行总阻力为

$$W_k = q_1 Lg(\omega_1 \cos\beta \mp \sin\beta) \tag{3-6}$$

式中 W_k——空段直线段的总阻力（N）。

"+""−"号的选取规则：该段向上运行时取"+"，向下运行时取"−"。

阻力系数的数值与煤的性质、刮板链形式、中部槽形式、安装条件等许多因素有关，准确值需由实验得到，计算时通常参考表3-4做近似选用。

表3-4 阻力系数

链子种类	阻力系数	
	ω	ω_1
单链	0.4~0.6	0.3~0.4
双链	0.6~0.8	0.3~0.4

刮板链绕经链轮时产生的阻力称为曲线阻力，它主要是由牵引机构的刚性阻力、滑动与滚动阻力、回转体的轴承阻力、链条和链轮轮齿间的摩擦阻力等组成，这些阻力计算起来相当繁琐，故在计算时通常都采用经验公式计算。

刮板链绕经链轮时的曲线阻力 W_{qu}（单位为N）为

$$W_{qu} = (0.03 \sim 0.06)S_y \tag{3-7}$$

式中 S_y——在链轮相遇点处刮板链的张力（N）。

对于可弯曲刮板输送机，刮板链在弯曲的溜槽中运行时弯曲段将产生附加阻力，弯曲段的附加阻力可按直线段运行阻力的10%做近似计算。

3. 刮板链张力

在计算刮板链的张力时可以采用逐点张力法。逐点张力法是计算牵引构件在运行时各点张力的方法。逐点张力法的规则是：牵引构件某一点上的张力，等于沿其运行方向后一点的张力与这两点间的运行阻力之和，即

$$S_i = S_{i-1} + W_{(i-1)\sim i} \tag{3-8}$$

式中 S_i，S_{i-1}——分别为牵引构件上前后两点的张力（N）；

$W_{(i-1)\sim i}$——前后两点间的运行阻力（N）。

（1）最小张力点的位置及最小张力值的确定 对于单端驱动的刮板输送机，在电动机运转状态下，当 $W_k > 0$ 时，主动链轮的分离点处为最小张力点，即 $S_1 = S_{min}$；当 $W_k < 0$ 时，从动链轮的相遇点处为最小张力点，即 $S_2 = S_{min}$。

对于两端驱动的刮板输送机，其刮板链上最小张力点的位置，要根据不同情况进行分析，如图3-14所示，当重段阻力 W_{zh} 为正值时，每一传动装置主动链轮相遇点的张力均大于其分离点的张力。因此，可能的最小张力点是主轮分离点1或点3，这需由两端传动装置的功率比值及重段、空段阻力的大小而定。

设上部驱动端电动机台数为 n_A 台，下端电动机台数为 n_B 台，总电动机台数为 $n = n_A +$

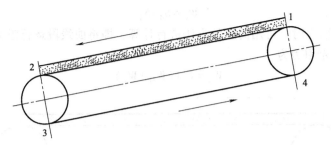

图 3-14　最小张力点的位置

n_B，各台电动机的技术参数都相同，牵引机构总牵引力为 W_0，则上端牵引力为 $W_a = W_0 n_A / n$，下端牵引力为 $W_b = W_0 n_B / n$。

由逐点张力法得各点引力值 S（单位为 N），即

$$S_2 = S_1 + W_{zh} \tag{3-9}$$

$$S_2 - S_3 = W_b = \frac{W_0}{n} n_B \tag{3-10}$$

$$S_1 + W_{zh} - S_3 = \frac{W_0}{n} n_B \tag{3-11}$$

即得

$$S_1 = S_3 + \frac{W_0}{n} n_B - W_{zh} \tag{3-12}$$

对于可弯曲刮板输送机有

$$W_0 = 1.2 (W_{zh} + W_k) \tag{3-13}$$

故得

$$S_1 = S_3 + \left[\frac{1.2 n_B}{n} W_k - \left(1 - \frac{1.2 n_B}{n} \right) W_{zh} \right] \tag{3-14}$$

由式（3-14）可以看出：

1）当 $\frac{1.2 n_B}{n} W_k - \left(1 - \frac{1.2 n_B}{n} \right) W_{zh} > 0$ 时，即 $S_1 > S_3$ 时，最小张力点在点 3，即 $S_3 > S_{\min}$。

2）当 $\frac{1.2 n_B}{n} W_k - \left(1 - \frac{1.2 n_B}{n} \right) W_{zh} < 0$ 时，即 $S_1 < S_3$ 时，最小张力点在点 1，即 $S_3 = S_{\min}$。

为了限制刮板链的垂度，保证链条与链轮正常啮合、平稳运行，刮板链每条链子最小张力点的张力一般可取为 2000～3000N，可由拉紧装置（紧链装置）来提供。

（2）刮板链张力计算　图 3-15 所示的双链刮板输送机，其主动链轮的分离点 1 为最小张力点，由逐点张力法得

$$S_1 = S_{\min} = 2 \times (2000 \sim 3000) \tag{3-15}$$

$$S_2 = S_1 + W_k \tag{3-16}$$

$$S_3 = S_2 + W_{2 \sim 3} = S_2 + (0.05 \sim 0.06) S_2 = (1.05 \sim 1.06) S_2 \tag{3-17}$$

$$S_4 = S_3 + W_{zh} = (1.05 \sim 1.06) S_2 + W_{zh} \tag{3-18}$$

主动链轮的牵引力为

$$W_0 = S_4 - S_1 \tag{3-19}$$

当仅需计算牵引力时，可用简便的方法进行计算，即将曲线段运行阻力按直线段运行阻力的 10% 考虑，则牵引力为

$$W_0 = 1.1(W_{zh} + W_k) \tag{3-20}$$

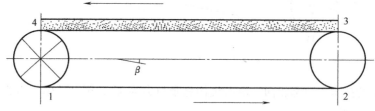

图 3-15 双链刮板输送机

4. 电动机功率

根据上述方法算出了刮板输送机的运行阻力和主动链轮的牵引力，就可以计算出电动机的功率 N_d（单位为 kW）为

$$N_d = \frac{W_0}{1000\eta} \tag{3-21}$$

式中　W_0——刮板输送机总牵引力（N）；

　　　η——传动装置效率（包括减速器及液力偶合器），$\eta = 0.8 \sim 0.85$。

对于用于机械化采煤工作面与采煤机配合工作的可弯曲刮板输送机，其货载（煤）的装载长度随采煤机的移动而变化。在这种情况下，输送机电动机功率应按等效功率来计算，并应验算电动机的起动能力与过载能力，则可以计算出电动机的功率为

$$N_d = \sqrt{\frac{\int_0^T N_t^2 \, dt}{T}} \approx 0.6\sqrt{N_{max}^2 + N_{max}N_{min} + N_{min}^2} \tag{3-22}$$

式中　N_{max}——刮板输送机满载荷时，电动机的最大功率，按式（3-21）计算；

　　　N_{min}——刮板输送机空载时（即 $q = 0$ 时），电动机的最小功率（kW），可按式（3-23）计算。

$$N_{min} = \frac{1.1 \times 2q_1 L\omega_1 gv\cos\beta}{100\eta} \tag{3-23}$$

刮板输送机电动机容量为

$$N_0 = k_d N_d \tag{3-24}$$

式中　k_d——备用系数，一般取 $k_d = 1.15 \sim 1.20$。

5. 刮板链强度验算

验算刮板链强度时，需先算出链条最大张力点的张力值，此张力值的确定按逐点张力法进行计算。

得到刮板链的最大静张力 S_{max} 后，为了保证刮板链工作的可靠性，必须以链条在工作中所承受的最大张力验算其强度。最大张力为最大静张力与动张力之和，动张力可按最大静张力的 15% ~ 20% 计算。

刮板链的抗拉强度以安全系数 K 表示。

对于单链刮板输送机，应满足

$$K = \frac{S_p}{1.2S_{max}} \geqslant 3.5 \tag{3-25}$$

对于双链刮板输送机，应满足

$$K = \frac{2S_p\lambda}{1.2S_{max}} \geqslant 3.5 \tag{3-26}$$

式中　K——刮板链抗拉强度安全系数；

　　　S_p——一条刮板链子的破断拉力（N）；

　　　λ——双链载荷不均匀系数，模锻链的 $\lambda = 0.65$，圆环链的 $\lambda = 0.85$。

3.3　刮板输送机驱动与传动技术

　　综采工作面工作环境恶劣，刮板输送机运行过程常出现片帮、链条卡死等状况，造成严重冲击和链轮卡死事故，进而引起过载和意外停机。此外，刮板输送机是典型的长距链传动系统，有明显的多边形效应，其轨道起伏弯曲不定，易造成载荷的波动剧烈，使其具有频繁起停、起动转矩大、冲击大等复杂多变的运行特点，对驱动系统和传动系统提出了较高的要求，配置适应刮板输送机负载特性的驱动系统，将极大提升整机性能，促进综采工作面效率的提高。

　　根据运量和工作面长度不同，刮板输送机分单电动机驱动、机头机尾双电动机驱动、三电动机驱动（机头双电动机、机尾单电动机）和四电动机驱动（机头机尾均双电动机）四种。

　　中小型刮板输送机主要采用双速电动机和软起动器起动。

　　（1）双速电动机　双速电动机以低速起动，达到一定转速时接高速常态运转。双速电动机低速运转时能给出 3 倍以上额定转矩的起动转矩，可实现链条刮板检查及过载强力起动，输出功率约为高速时的一半，且起动电流小。但它存在明显的缺点：由于使用两条输出电缆，所以投资高，且现场布置不方便，电缆故障难处理；起动时对电网冲击及设备机械冲击大；无法实现动态功率平衡，有电动机过载损坏风险；为避免起动困难，需增加前级供电变压器容量和加大供电电缆截面；双速电动机比单速电动机造价高、体积大、可靠性低；系统功率因数低。

　　（2）软起动器　软起动器具有矿用真空磁力起动器和交流电压软起动的功能，通过预先设定的用户程序，调整输出电压、频率，使驱动电动机实现软起动，具有调速精度高、变化灵活的优点，主要用于 400kW 以下的异步电动机重载荷软起动。该技术电动机和减速器直连，占地少，并消除了动载冲击，降低了刮板输送机的故障率，消除了起动过程大电流对电网的冲击，但存在谐波污染，对其他电气控制设备影响较大。

　　随着煤炭开采向着大功率、大采高、长距离运输和重载运输的方向发展，综采设备向着超重型、大运量、高效和长寿命的方向发展。目前，重型刮板输送机主要应用软起动技术，且多采用多电动机驱动方式，对于异步电动机，需要配置与之匹配的软起动装置等，以实现对大功率刮板输送机的驱动。

3.3.1 软起动技术及装置

长距运输、大运量的大功率刮板输送机普遍采用多电动机驱动技术，目前，应用于大功率刮板输送机的机械软起动装置主要包括可控起动传动装置（CST）和阀控充液式液力偶合器。根据软起动装置的不同，驱动系统可分为"异步电动机+液力偶合器+减速器"和"异步电动机+可控软起动装置"。

1. 可控起动传动装置

（1）功能　可控起动传动装置是一个带有电液反馈控制的行星齿轮减速器，且在其输出端装有液黏离合器的机电液一体化传动系统，是专门用于煤矿和矿山中实现大功率输送机的平稳起动与运输大惯量负载传动装置。可以实现对大功率、大惯量负载的软起动和过载保护，并通过负载均衡调节器实现负载均衡。

（2）工作原理　可控起动传动装置系统包括：行星减速齿轮箱、输入模块和专门的可编程控制器（PMC）。其中，输入模块内部安装有离心式低压冷却泵、径向柱塞式高压泵和热交换器等，减速齿轮箱是 CST 减速器的核心部分。输出级内齿圈为活动内齿圈，其上装有摩擦片、环形活塞等。

可控起动传动装置的工作过程：当刮板输送机的电动机起动时，控制器首先接收电动机的起动信号，使电动机在空载工况下起动；当电动机达到额定转速时，其转矩在特性曲线上进入稳定运行区域，此时可以接入负载并实现软起动过程。具体过程为：电动机转矩通过输入轴传递给太阳轮，经过行星齿轮减速器后，带动液黏离合器的动摩擦片旋转。当电动机达到额定转速时，控制器开始对环形活塞增加液压压力，使液黏离合器摩擦片和对偶钢片逐渐接近并相互作用，进而带动减速器的输出轴旋转。

液黏离合器是可控起动传动装置高效工作最核心的重要部件，由摩擦片及对偶钢片交错排布、有序排列构成，会对设备的工作效率产生较大影响。CST摩擦副结构如图 3-16 所示。动摩擦片通过键槽固定在内齿圈上，并随同内齿圈一起旋转，对偶钢片则是由内齿花键与缸套相连接，由环形活塞压紧动摩擦片与对偶钢片，以此实现转矩传递。离合器正常运转时，摩擦副间隙充满润滑油，可通过调节控制油压实现摩擦副间隙的调整，从而控制摩擦副的滑动摩擦与摩擦转矩的传递。

可控起动传动装置的液压系统分为离合器控制回路和冷却润滑回路。离合

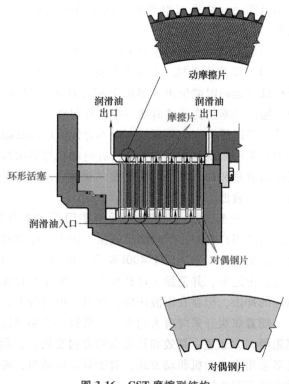

图 3-16　CST 摩擦副结构

68

器控制回路的作用是通过电液伺服阀对离合器环形活塞按控制规律进行加压和卸压。冷却润滑回路既可以保证摩擦片间形成油膜，具有剪切力矩，又能够带走因动摩擦片与对偶钢片滑动摩擦产生的热量，保证润滑油处于规定工作温度下，同时保持其正常的黏度值。

（3）可控起动传动装置的优点

1）空载起动，起动电流小，无瞬时冲击电流。刮板输送机的电动机起动时，使电动机在空载工况下起动。当电动机达到额定转速后接入负载实现电动机的空载起动，起动时无瞬时大电流冲击，因而对供电系统要求很低，可有效保证供电设备及其他用电设备安全运行。电动机与其他元部件可按正常工作载荷选择，不受起动条件影响，配套电动机功率可以降到最小，降低了设备成本。

2）可控起动，或称为软起动。在电动机起动后再接入负载，并通过控制离合器液压缸的压力及压力作用时间，可以精确控制输送机的起动速度，实现刮板输送机软起动。在刮板输送机短时间停机时，电动机可继续运转，以减少起动次数，从而延长电动机的工作寿命。

3）动态响应快，负载加速度可控。离合器安装在输出轴上，动态响应速度快，可对负载进行精确控制。起动过程通过控制起动过程中负载加速度的斜率，可使刮板链的瞬态峰值张力减小到最低，传动装置在低速、低载下获得正常运转条件，防止或减少传动系统的冲击负载，可避免满载条件下起动引起的冲击载荷导致的刮板链断链事故发生。

4）过载保护功能。刮板输送机发生卡链故障、出现过大冲击载荷时，可控起动传动装置的电液控制器能很快发出指令，减小离合器的液压压力，限制最大传递力矩，避免刮板输送机承受过大驱动力矩。

5）实现多机高精度负载平衡，充分利用安装功率。通过 PID 控制技术分摊各电动机的负载，基于两个载荷极限值将刮板输送机的全部载荷范围分为低载范围、中载范围及重载荷范围。在不同的载荷范围，采用不同的载荷评价因子进行均衡。

（4）可控起动传动装置的缺点

1）可频繁起动，但起动次数受冷却系统能力限制。

2）在起动和调速过程中发热量大，传动效率低。

3）液压控制系统复杂，对油液的清洁度要求很高，动摩擦片、对偶钢片及控制阀易受油液污染而发生故障。

4）油液泄漏会对环境造成污染。

5）可控起动传动装置价格昂贵，且维护成本高。

2. 阀控充液式液力偶合器

（1）功能　阀控充液式液力偶合器是专门为煤矿井下重载设备研制的一种新型调速液力偶合器，是液力偶合器的一种特殊形式，在大功率刮板输送机上应用较多。阀控充液式液力偶合器是通过调整充液率从而改变传递特性的液力传动装置，作为连接动力机与负载的桥梁，避免了电动机直接起动负载时冲击作用过大而对设备造成损坏。偶合器泵轮端与电动机相连，泵轮随着电动机旋转，其内部的流体介质随之旋转，流体介质到达泵轮出口处输出给涡轮，在涡轮中冲击涡轮叶片带动涡轮旋转，完成能量的传递。由于其传动特性的特殊性，所以液力偶合器具有无级调速、隔离扭振、过载保护等功能。

（2）工作原理　阀控充液式液力偶合器主要由两个叶轮（泵轮和涡轮）形成环形工作腔，以充液量的大小实现扭矩大小的传递。阀控充液式液力偶合器的工作原理：电动机输出轴将转矩传递给泵轮，泵轮旋转带动工作液冲击涡轮，实现转矩输出。

在使用过程中是利用电液控制系统实现容腔内液体的变化，当监测到所有电动机电流降至空载电流且速度达到同步转速的90%时，则认为电动机起动完毕；根据需要的输出转速与负载要求的输出转矩确定液力偶合器流道内的充液率；此时离心阀关闭，液体持续进入工作腔进行充液，电动机逐步加载，带动链轮缓慢转动，拉紧链条，达到负载转矩后输送机开始缓慢起动，偶合器继续充液，工作腔充满后再充入的流体介质将由排液泵管自动排出，以确保不过充；压力开关做出响应，工作腔停止充液，实现不同负载工况下刮板输送机的软起动。

由于偶合器的零速工况转矩设定值接近但低于电动机的最大转矩（也称为颠覆转矩）值，当刮板输送机突然发生卡链时，依靠泵轮和涡轮间的打滑可以实现对传动元件的保护，因此这样既能保证充分利用电动机的起动能力，又能在一定程度上保护电动机和传动系统，同时保证系统的带载能力。

阀控充液式液力偶合器有闭环回路和开环回路两种工作回路。其中，闭环回路以装置中的循环阀为开关，可以实现工作介质的重复利用、节省大量水资源，从而避免工作面大量积水，但在使用过程中需要冷却器对回路液体降温，且超温后需关闭循环阀，由排液阀直接泄液，同时补充冷水，以对冷却器进行冷却；闭环回路实际应用中容易结垢，导致系统中的细小孔被结垢堵塞，引起控制阀故障。开环回路取消了循环阀和排液阀，且不再需要冷却器，因此开环回路结构简单，且开环回路因结垢和堵塞引起的故障数量明显减少，提高了偶合器的可靠性，但耗水量略大。

（3）阀控充液式液力偶合器的优点

1）可频繁起动而没有温度问题，没有起动次数限制。

2）软起动，带载起动能力强。液力偶合器可以改善电动机的起动性能。输送机在起动时，由于液力偶合器的作用，可使电动机轻载或空载起动，再使负载逐渐增加，有效缩短了电动机的起动时间，降低了起动电流。

3）具有多机功率平衡作用。一方面起动过程对机头、机尾电动机电流监测，当机头电动机电流超过机尾电动机电流的35%时，机头偶合器停止充液。当二者电流小于这个界限时机头才开始继续充液，直至液位开关做出响应。另一方面由于偶合器的自然特性，所以通过调节充液量可使各电动机的输出功率趋于平衡。

4）可柔性传动、可隔离振动与冲击。由于叶轮与泵轮间以液体传递扭矩，使得作用于输入、输出轴上的冲击载荷大大降低，延长了电动机和传动机构的使用寿命。

5）具有过载保护作用。当刮板输送机突然发生卡链时，依靠泵轮和涡轮间的打滑便可以实现对传动元件的保护。

（4）阀控充液式液力偶合器的缺点

1）比其他联轴器结构复杂、成本高、效率低、使用与维护要求高。

2）为防止工作液喷液、人员烧伤和火灾等事故，需采用难燃工作液和水质工作液。

3.3.2 变频调速技术

可控起动传动装置和液力偶合器具备一定的软启功能，但传动链较长导致效率低、耗能高，液压油需要定期更换且需要专用油，且后期维护成本高，基本没有节能功效，无法实现自动调速，在功率平衡方面效果不佳。电动机硬起动不仅会对电网造成严重的冲击，而且对电网容量要求过高，起动时产生的大电流和振动对挡板和阀门的损害极大，对设备、管路的使用寿命极为不利。

电力电子技术的发展带动了变频技术的快速发展，变频技术的井喷式发展使其在工程上广泛应用，重型煤矿装备也逐步应用变频技术。2010 年，重型和超重型的刮板输送机驱动系统逐步开始使用矿用防爆变频器实现驱动系统的拖动。目前 3300V 高压变频器已研制成功并得到应用。变频技术能实现刮板输送机的软起动兼调速，迅速发展成为重型刮板输送机驱动主流。目前，综采中多采用交-直-交类型的变频调速系统，主要方式为"异步电动机+变频装置+减速器"形式，其示意图如图 3-17 所示。

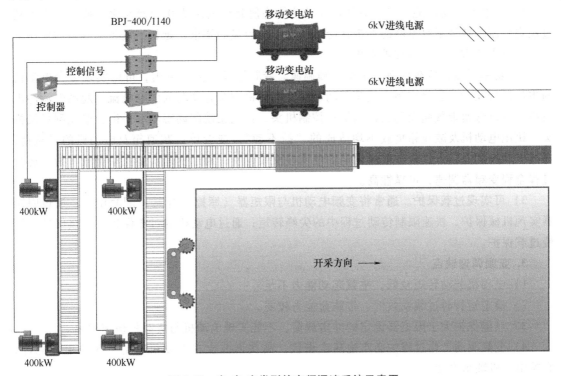

图 3-17　交-直-交类型的变频调速系统示意图

矿用变频器按防爆类型分隔爆型或隔爆兼本质安全型变频器；按结构型式分一体式变频器和分体式变频器，一体式变频器各组成部分均安装在同一壳体内，也有外壳通过法兰连接在一起的型式，分体式变频器由 2 个及 2 个以上具有独立外壳的各部分组成，任何单独部分均不能独立运行；按储能方式分为电流源型和电压源型。按照电压等级分类低压变频器、中压变频器、高压变频器；按运行特性分为两象限变频器和四象限变频器。

1. 工作原理

变频器是一种电力控制设备，它的主要作用是根据电动机的实际需要调整电源电压和频率，以达到节能和调速的目的。变频器的工作原理主要基于变频技术，通过控制电力半导体器件的通断来调整电源频率。其主要组成部分包括整流器、滤波器、逆变器和控制电路。

1）整流器：将交流电转换成直流电，为逆变器提供电源。

2）滤波器：去除直流电信号中的脉动和波纹，确保输出电压的稳定性。

3）逆变器：将直流电转换回交流电，实现电动机速度的调节。

4）控制电路：监测输入和输出电流及频率，通过控制逆变器的开关元件来调整输出频率。

刮板输送机起动过程：电动机和负载不脱离接触，通过改变频率的方法使电动机的转速从 0 开始逐步增加，刮板输送机负载经传动系统直接作用于电动机上。如果拖动转矩大于输送机的负载转矩，输送机开始起动，按设定的速度曲线加速到满速，否则起动失败。刮板输送机链条张力上升极为迅速，类似于给电动机增加一个陡峭的斜坡激励，对传动系统有一个明显的冲击。

2. 变频调速的优点

1）具有软起动功能。变频器的软起动功能将使起动电流从 0 开始变化，最大值也不超过额定电流，减轻了对电网的冲击并降低了对供电容量的要求，延长了设备和阀门的使用寿命，同时也节省了设备的维护费用。

2）功率平衡，负载均衡，全程变频调速。变频器具有独立输出，可以实现多台电动机的主从运行及单独起停控制，变频起动避免了电动机空载起动时的尖峰电流，起动电流冲击较小，可以低速带载起动刮板输送机；控制机头、机尾驱动部动态功率平衡，避免刮板机机头、机尾电动机及减速箱负载不均造成的"拉不动"，或者单一减速箱及电动机的过载荷，通过主动控制，运行过程中依靠设定的电流差反馈控制，通过变速实施主动负载平衡，运行过程全程变频器调速，可靠性高。

3）可实现过载保护。通常将变频电动机与限矩器（摩擦离合器）配套使用，通过限矩器实现机械保护，快速限制传动过程中的尖峰转矩；通过电动机的过流保护、过热保护进行慢过载保护。

3. 变频调速缺点

1）电动机起动转矩较低，重载起动能力不足。

2）稳定运行时过载系数低，带载荷能力较弱。

3）只能保护大于限矩器设定的冲击载荷，不能实现电动机与负载的快速脱离。

4）变频驱动工作过程中会产生高次谐波，高次谐波会在电动机轴上产生轴电流脉冲，影响电动机轴承寿命。

3.3.3 永磁驱动技术

1. 永磁电动机结构

永磁电动机的结构如图 3-18 所示，其工作原理为：永磁电动机的定子绕组中通入三相电流后，就会在定子绕组中形成旋转的磁场，由于在转子上安装了永磁体，根据磁极的同性相斥、异性相吸的原理，在定子中产生的旋转磁场会带动转子同步旋转。

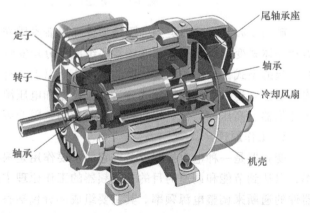

图 3-18 永磁电动机的结构

永磁电动机不同的转子结构，导致其特性也不同，各类型永磁电动机特性见表 3-5。根据永磁电动机各类型可知不同转子结构的永磁电动机各有所长，这决定了其应用场合不同。刮板输送机具有低速、大扭矩的特点，因此需要该驱动装置容易实现、控制方便、运行平稳、动态性能良好，故选用表贴式的永磁电动机。

表 3-5　各类型永磁电动机特性

永磁电动机类型	交、直轴电感	基本特性
表贴式	相等	结构简单，成本低，动态性能良好，易于优化设计
插入式	不相等	功率密度较高，但电动机存在一定的凸极性，且漏磁系数和制造成本较大
内嵌式	不相等	定转子气隙狭窄，电动机机械强度较大，电动机的过载性能较强，特别适用于弱磁控制的高速运行场合

永磁电动机按照永磁体在转子位置而被分为三大类：表贴式、插入式及内嵌式，如图 3-19 所示。

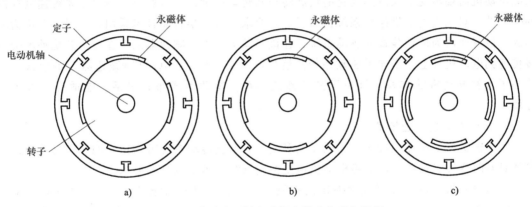

图 3-19　表贴式、插入式和内嵌式永磁电动机
a）表贴式　b）插入式　c）内嵌式

2. 永磁电动机的主要特点和应用

永磁电动机具有结构简单、效率高、功率因数高、功率密度高、体积小、转矩电流比高、转动惯量低、易于散热及维护保养等优点，尤其是伴随着电力电子技术、微电子技术、微型计算机技术、传感器技术、稀土永磁材料与电动机控制理论的发展，永磁电动机控制系统的研究和推广应用普遍受到重视。目前永磁电动机功率从几毫瓦到几千千瓦，在国民经济、日常生活、军事工业、航空航天、风力发电、船舶、矿井等各方面得到广泛应用。

随着对煤炭资源开采效率和综合利用率要求的不断提升，工业节能减排的呼声也越来越强。以异步电动机为驱动源的驱动方式传动路线较长，在长距离、大功率的发展方向下更容易出现诸多故障，且异步电动机不利于实现高效节能减排的目标。传动系统中机械减速装置的存在不仅增加了传动系统的总体能耗和运行噪声，而且降低了传动系统的运行平稳性和可靠性。

与异步电动机比，永磁电动机具有诸多优势。永磁电动机不需要励磁绕组和直流励磁电源，取消了易出问题的集电环和电刷装置，因此，其结构简单，运行更加可靠；采用稀土永磁材料增大了气隙磁密，把电动机转速提高至最佳值，缩小了电动机体积，减轻了质量，提高了功率质量比，同等体积下永磁电动机较异步电动机能输出更大转矩；永磁电动机不需要从电网吸收无功电流，转子上既无铜耗又无铁耗，所以永磁电动机在很宽的负载范围内能保持功率因数接近于1，具有功率因数高的特点；效率上，在100%~120%额定负载范围内效率高，相比异步电动机提高了额定点，且在低负载、低速条件下，更是优势明显。永磁电动机与异步电动机的效率与速度百分比曲线如图3-20所示。

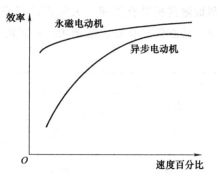

图3-20　永磁电动机与异步电动机
的效率与速度百分比曲线

永磁驱动技术可分为永磁直驱技术和永磁半直驱技术。永磁直驱技术摒弃了所有传动链，采用永磁电动机直连负载的形式；由于没有传动机构，在实际工作中，负载扰动将会直接传递到电动机轴上，此时，永磁电动机需要承受着大范围变化的负载转矩和转动惯量，严重影响永磁直驱系统速度控制的平稳性，对永磁电动机控制系统提出了更高要求。永磁半直驱技术采用以永磁电动机为驱动源、以减速器为传动装置的驱动系统，在该驱动形式下，减速器的存在使负载扰动不会直接传递到电动机轴上，增加了驱动系统速度控制的平稳性；"电动机+减速器"的形式大大缩小了永磁电动机的体积，且由于减速器的存在，驱动形式布置灵活，能适应各种工况环境。

3. 永磁电动机调速技术

刮板输送机工作环境特殊，工况复杂多变，典型链传动系统带来链轮的多边形效应，各参数具有时变性，这些都对永磁电动机速度控制系统提出了较高的要求。

永磁电动机高性能交流调速系统的控制方法可以分为矢量控制（Vector Control，VC）和直接转矩控制（Direct Torque Control，DTC）。其中，矢量控制具有更优良的低速稳态性能和更宽的调速范围，直接转矩控制可以获得更快的动态转矩响应。针对刮板输送机这种大负载型机械，永磁驱动系统一般需要高动态性能的响应，但是直接转矩控制在低速时仍容易产生转矩脉动，而且该控制电流不闭环容易产生过流，不能满足刮板输送机的频繁起停、低速和负载易突变工况下的稳定大转矩输出的要求，同时由于转矩脉动大易造成电动机温升较大，因而无法满足矿用刮板输送机永磁直驱系统的控制要求。

永磁电动机速度控制策略有比例积分控制、滞环控制、滑模变结构控制、自适应控制、组合非线性反馈控制和智能控制等几大类。

1）比例积分控制是最早发展起来的控制策略之一，是一种基于误差的反馈控制策略，由于其算法简单、易于工程实现、鲁棒性好且可靠性高，所以被广泛地应用到实际的永磁电动机速度控制中。

2）滞环控制是一种非线性闭环控制策略，其原理是将参考电流值与检测的实际电流值相比较得到误差量，当误差量超过设定的误差带时，控制系统根据误差量的正负来改变逆变器中功率器件的开通与关断。

3）滑模变结构控制是一种非线性的控制方法，该控制策略可以根据系统当前的状态（如偏差及其各阶导数等），有目的地不断变化，通过控制量的切换迫使系统按照预定"滑动模态"的状态轨迹运动。

4）自适应控制技术是指在已知被控系统一定的数学模型和确定算法的情况下，根据系统运行情况不断提取有关模型的信息，使模型逐渐完善，进而改善控制系统在被控对象和运行条件发生变化时的控制性能。其基本思想是基于得到的信号，对被控对象不确定的控制器参数进行在线估计，并将其置入控制器，从而克服系统干扰或参数变化的影响，维持控制系统性能的最优或次优。

5）组合非线性反馈控制（Composite Nonlinear Feedback Control，CNF）同时具有线性反馈和非线性反馈两部分，其中，线性反馈部分被设计成小阻尼的闭环系统以实现系统的快速响应，非线性反馈部分被设计用来动态地改变闭环极点的阻尼，以小阻尼实现系统的快速响应、大阻尼实现系统的低超调特性。

6）智能控制是一种不依赖或不完全依赖于被控对象数学模型，且能够模仿人的智能行为的控制策略。目前，在永磁电动机控制系统中应用较多的有模糊控制、神经网络控制和专家系统等，主要被应用于结合传统控制方法来改进传统控制中的控制策略，以自学习能力应对被控系统中参数时变与非线性等不利因素，从而提高永磁电动机速度控制系统对参数偏差及系统测量噪声等的稳定性。

3.3.4　限矩技术及装置

1. 限矩技术应用现状

由于煤井开采工作环境十分恶劣，因此刮板输送机经常出现刮卡现象，从而造成冲击破坏等问题，而刮板输送机频繁起停、重载起动和卡链冲击不仅对机械装备产生极大的冲击破坏，而且对电网造成污染，这使得驱动系统、传动系统、链轮、刮板链等设备受损，导致它们的使用寿命减短，甚至出现矿井突发事故造成人员伤亡。无法保证煤矿开采的可靠性、安全性和运行效率，将给煤矿开采企业带来巨大的经济损失和社会代价。

目前，刮板输送机的过载保护装置多种多样。以可控起动传动装置、液力偶合器为软起动装置的驱动系统中，软启动装置本身具有一定的限矩保护作用。可控起动传动装置内置式液黏离合器除实现软起动外，还是一种可靠的过载保护机构，可以实现主动式和被动式保护；液力偶合器可以通过易熔塞熔化及防爆片爆破来实现过载保护。但可控起动传动装置在低速端提供过载保护功能时摩擦副体积较大；工作过程中可控起动传动装置发热量极大，传动效率低；可控起动传动装置对润滑油的质量要求高，价格昂贵，使其难以单独作为限矩保护装置。液力偶合器的保护能力有限，且易熔塞熔化及防爆片爆破需要更换装备和重新充液，降低生产率。同时，这两种装置在使用过程中本身都具有较高的故障率。

以变频器为软起动装置的驱动系统中，变频器能够自动判断断链工况并实现停机保护，但电气监测过载保护具有一定延时，仍会导致设备发生一定程度损毁，不能达到快速、准确、高效的过载保护效果。在以变频器为软起动装置的系统中，一般配有专门的机械保护装置——限矩器，以便当刮板输送机出现瞬时过载或发生刮卡时，通过限矩器过滤掉尖峰载荷，达到保护电动机、减速器等综采设备的作用。

2. 限矩装置

摩擦限矩器工作原理如图 3-21 所示，正常工况下，摩擦限矩器相当于刚性联轴器，连接传动系统输入与输出轴且与其同步转动,不发生打滑,不损耗能量。当刮板输送机发生卡链、飘链等故障而造成瞬时工作力矩超过限矩器最大打滑力矩时,限矩器与传动系统输出轴发生打滑,隔离短时尖峰载荷。

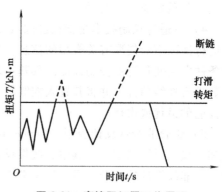

图 3-21　摩擦限矩器工作原理

目前,刮板输送机传动系统中主要使用的限矩装置为可控起动传动装置、片式摩擦限矩器,柱面摩擦限矩器、永磁涡流摩擦限矩器为新的研究方向,应用较少。可控起动传动装置在上文已经介绍,故不再赘述。

1）片式摩擦限矩器又称为限矩摩擦离合器,其结构如图 3-22 所示。在弹簧组件提供的预定正压力作用下产生预定的摩擦力,依靠摩擦力实现工作力矩的传递,使限矩摩擦离合器满足设计转矩下的传动需求。正常运行状态下摩擦片组不打滑,当工作力矩大于预定的摩擦力时,限矩器主动摩擦片、从动摩擦片之间产生相对滑动,从而降低瞬间冲击载荷的幅值,起到短时隔离过载荷的作用。在滑动过程中,输出摩擦转矩始终保持不变,从而实现过载保护的功能。限矩摩擦离合器在摩擦片寿命期间无须维护。

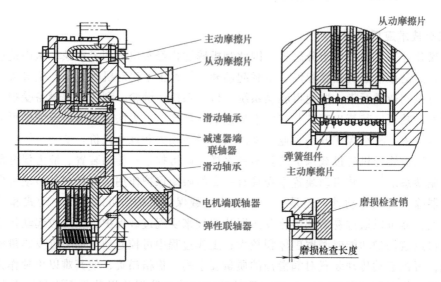

图 3-22　片式摩擦限矩器

2）柱面摩擦限矩器的结构如图 3-23 所示。扭矩由空心套筒输入,经适配器传递给与之相连的安全环。安全环与花键轴套为横向过盈连接,并通过安全环的注油口使安全环与轴套压紧,通过调节油腔压力能精确调整限矩值。当刮板输送机载荷超过限矩值时,安全环与轴套发生相对滑动,限矩器输出打滑转矩,起到过载保护作用,当过载荷消失,安全环和轴套迅速恢复到同步转动。

3）永磁涡流摩擦限矩器的结构如图 3-24 所示,主要由主动端转子和从动端转子组成,当系统工作载荷正常时,永磁体盘组件与导体盘组件同步运行,没有滑差。

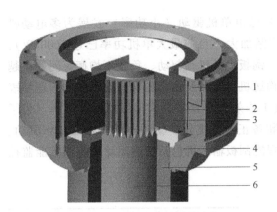

图 3-23　柱面摩擦限矩器的结构

1—安全环　2—空心油腔　3—花键轴套
4—适配器　5—空心套筒　6—太阳轴

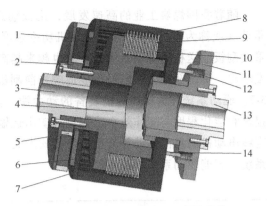

图 3-24　永磁涡流摩擦限矩器的结构

1—永磁体盘　2—主动端背铁　3—输入轴　4—花
键轴　5—扼铁　6—导体盘　7—从动端背铁
8—外壳　9—内摩擦片　10—外摩擦片　11—轴套
12—缓冲弹簧　13—输出轴　14—导向杆

永磁涡流摩擦限矩器中永磁体盘与铜导体盘之间的静态磁场引力对摩擦离合器的摩擦片施加轴向压力，形成摩擦限矩器的扭矩传输。当传动系统过载时，永磁体盘与导体盘之间产生相对滑动，导体盘内产生反抗永磁体磁场的反向磁场，永磁体与反向磁场之间产生斥力，滑差越大，斥力越大，并通过相对滑差控制导体盘和永磁体盘间的轴向斥力，使摩擦片脱离并快速切断传动系统。当切断电动机电源后，电动机减速，永磁体盘组件转速也下降，主、从端滑差逐渐减小，当引力大于斥力时，摩擦片组被逐渐压紧，离合器产生的摩擦力继续制动永磁体盘组件，使电动机进一步减速，并使永磁体盘与导体盘之间的滑差减小，最终使永磁体盘和导体盘同步，为下一次运行做好准备。过载打滑过程是一个正反馈过程，因此可以迅速脱离，有效减少摩擦片的打滑时间和滑动摩擦做功，延长了摩擦片的使用寿命。

3.4　刮板输送机驱动系统智能化技术

刮板运输系统是煤矿企业的重要组成部分，高效率的煤炭开采和运输离不开刮板运输机。驱动系统是刮板输送机中唯一可能实现动态调节的部分，实现其智能化是解决重载刮板输送机关键部件寿命短、故障发生率高等问题的根本途径。刮板输送机常用驱动系统见表 3-6。

表 3-6　刮板输送机常用驱动系统

序号	驱动系统组成描述
1	电动机+可控起动传动装置+减速器（+刮板链条+物料）
2	电动机+液力偶合器+减速器（+刮板链条+物料）
3	电动机+变频器+减速器（+刮板链条+物料）
4	电动机+摩擦限矩器+减速器（+刮板链条+物料）
5	电动机+减速器（+摩擦限矩器）（+刮板链条+物料）

随着我国煤炭工业的高速发展，刮板输送机已由单机驱动（小功率）发展为多电动机驱动（或称为多机驱动），而且装机功率也在不断加大（目前最大单机功率已达 1600kW），重型刮板输送机对驱动系统的要求也越来越高，刮板输送机难起动、负载不均衡等问题也越发凸出，传统驱动方式已经不能适应当前刮板输送机的驱动及运行要求，它存在的问题见表3-7。驱动系统作为矿山运输装备的动力源，其工作效率将直接影响整机的运行效率。为了提高智能化程度与工作效率，固定式矿山运输装备正由传统异步驱动逐渐向永磁变频驱动、直线电动机磁悬浮驱动等新型驱动方式发展。智能刮板输送机包括智能驱动系统和智能监控系统，智能驱动系统如图 3-25 所示。

表 3-7　传统驱动方式存在的问题

存在问题	问题的详细描述
难起动	生产实践中刮板输送机易发生意外停机，经常出现带载起动困难现象，会导致：①起动载荷大，形成冲击负载，易使链条、齿轮等传动元件损坏和早期失效；②起动电流大，对电网产生冲击；③电动机因起动过热而极易被烧毁
强大的机械冲击	一般情况下，电动机满载起动时间为 4~6s，起动加速度为 0.2~0.3m/s²。起动刮板输送机时，电动机将处于松弛状态、链节间存在间隙的刮板链条拉紧，并在瞬间形成可使刮板输送机运行的张力，对整个传动系统造成了强大的机械冲击
大电流对电网的冲击	带载起动时，电动机电流可达到 6~8 倍的额定电流（有时甚至更大），直接导致电网电压下降，不仅影响刮板输送机的起动，而且同时也影响电网上其他设备的正常运行，经常引起其他设备做欠压保护误动作，间接导致电动机绕组发热、加速绝缘老化，影响电动机寿命
频繁过载及振动冲击	由于地质和煤质差异、链条或刮板卡住、配套采煤机作业过程有时不可控等多重因素影响，输送机上的载荷具有随机性，经常导致电动机软过载（指允许过载），甚至超载。链传动的多边形效应、链道的纵向起伏和水平弯曲等，都极易造成刮板链条运行中的刮卡、偏斜、振动与冲击等现象，导致传动元件（如链轮、链条、齿轮等）疲劳破坏，严重时会发生电动机闷车、烧毁电动机
多电动机驱动功率不均衡	功率不均衡问题存在于刮板输送机起动、运行的全过程，加剧了难起动及过载问题。多电动机驱动时，电动机额定参数存在差异、输送机负载分布存在变化和链条张力及磨损等都会引起链条节距变化，导致刮板输送机配置的各电动机功率严重不平衡，驱动效率大打折扣。井下测试结果表明：机头、机尾两部位电动机的输出功率呈交替变化，输送机总输入功率远低于输送机的配置功率，但单台电动机存在短时频繁超载现象，超载倍数有时可达额定功率的 1.6 倍
急需响应特性好的刮板链条自动拉紧系统	可移动机尾自动拉紧系统与智能驱动系统是刮板输送机智能化不可或缺的重要组成部分，也是智能驱动系统发挥作用的前提。如果不能保证链条在驱动链轮分离点处的张力，刮板链条可能在该处松弛或堆积，而导致断链、卡链或断齿等事故发生。刮板输送机链条张力大、伸长量不一样，具有大载荷、存在死区、随机、强耦合等非线性特点，现有可移动机尾自动拉紧系统普遍不能实时智能跟踪张力的变化进而施以合适的张紧力，故工作不可靠

图中刮板输送机驱动装置为 BPJV-2×1250/3.3 型高压变频器，移动变电站为其提供电力供应，变频器具有 2 个独立的输出回路，能够带 1250kW 及以下功率的电动机，变频器能够实现对电动机起、停的控制，调节电动机的工作。变频器采用的通信方式为 CAN 总线通信，能够实现从运行到动态的平衡控制。

高压变频驱动装置能够实现漏电、欠电、短路等各种异常保护，保证电力系统能够正常工作。电路中出现的故障能够通过显示器显示出来，帮助工作人员及时发现问题、排除故

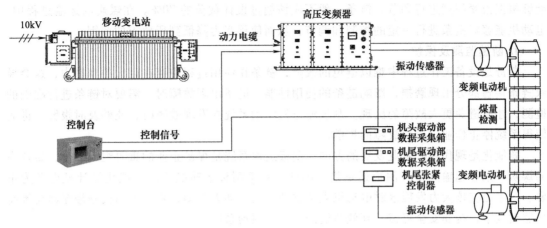

图 3-25　智能刮板输送机的智能驱动系统

障，保证变频驱动装置不受干扰，从而实现刮板输送机的正常工作。刮板输送机智能驱动系统的关键技术和主要功能有以下 4 种：

1. 起停控制功能

（1）起动控制　在驱动系统将要起动时，操作箱输出信号，信号被传递到变频器，变频器准备后开始起动，频率从 0Hz 开始加速，变频器能够适应一定时间内的变频调节，加、减速在 0~1800s 时间范围内能够调节。

（2）停止和急停　在操作箱工作过程中，如果需要停止，则变频器在收到信号后能够输出停止信号。当特殊情况发生时，需要对电动机或刮板输送机采取急停措施，变频器发出信号，显示器显示故障信息，变频器出现停止动作。

2. 机头机尾动态功率平衡

对于刮板输送机来说，机头和机尾容易出现负载分配不均匀的情况，需要针对这种情况进行处理，寻找一个功率平衡位置，使得刮板输送机能够保持一个稳定的工作状态，有利于煤矿企业生产正常和保证煤矿开采的效率。动态平衡的过程需要变频器与 CAN 总线维持一个稳定的状态。主机可以将刮板输送机的信号传递出去，操作箱根据信号情况对刮板输送机做出调节，进而实现动态平衡。在整个动态平衡的过程中，负载主要集中在机头部和机尾部，这些部位有时候产生过载，需要采用刮板输送机驱动系统进行控制。机尾部的负载主要包括刮板输送机需要承受的负载，以备刮板输送机需要时能够承担，不至于出现过载现象，影响刮板输送机的工作。

3. 链条保护功能

链条保护能够通过张紧系统对链条进行一定的保护，获得链条工作时的数据，对数据进行统计和分析，进而实现张紧力的控制。刮板输送机的张力是能够根据使用的不同情况进行调节的，调节的过程如下。

1）刮板输送机张力调节需要在一定的范围内，超过一定的范围则不能进行调节。

2）停机后刮板输送机自动调整链条张紧力，刮板输送机停止工作后，链条的张紧力能够进行调节，起动时间的长短对于调节具有一定的影响。链条具有一定的过载调节机制，能够适应起动和停止时的力突变，不至于出现故障，调节张紧力是链条的一种保护机制。刮板能够根据松紧程度进行调节，链条一般不应该超过设计载荷的 70%。在煤炭的运输过程中，电动机能够对链条进行一定的控制和调节，从而使预张力降低到所要求的范围。

4. 断链监测及保护

断链是设备工作过程中难以避免的故障，链条在使用过程中存在巨大的摩擦力，这会导致链条接触部分出现磨损，影响链条的使用性能。链条出现故障时，需要对链条进行准确的检测，才能避免更大故障的出现。刮板输送机驱动系统在发现故障时，能够及时报警，进而使得系统停止作业，避免故障的扩散。

智能化是现代煤矿企业发展的方向，刮板运输系统是煤矿企业的重要组成部分，高效率的煤炭开采和运输离不开刮板运输机，因此，对于刮板运输机开展智能化设计显得尤为重要。未来更应该大力发展永磁电动机直接驱动、混合动力驱动、直线电动机磁悬浮驱动等新型驱动技术，构建安全可靠、高效节能的智能型驱动系统。

3.5 刮板链自动张紧及故障诊断

1. 刮板链张紧的目的及作用

刮板输送机作为典型链传动系统，依靠刮板链，采煤机便可连续不断地运输截割下来的煤炭，且运输轨道长；刮板链的圆环链具有典型的黏弹性特性，在运输过程中，多方原因造成刮板链的张紧程度不断变化。刮板链张紧力过小，易造成链条与链轮的啮合松动，从而导致掉链、飘链等故障；刮板链张紧力过大，链条与链轮的摩擦阻力增大，加大了圆环链和链轮的磨损，增加了设备的运行功率，并且在重载运输时还可能造成刮板链的断裂。刮板链张紧力过大和过小都会造成运行故障，影响生产率，因此在刮板输送机运行过程中，通过实时调节张紧力的大小，改变机尾链轮和机头链轮的中心距，使链条处于适度的张紧状态，并改善链传动系统的啮合状态，能够有效发挥刮板输送机的运行价值，提高刮板输送机的运行效率，减少跳链、卡链和断链等故障发生，提高链条使用寿命和整机生产率。停机时链条张力自动释放，能有效减小因应力腐蚀造成的链条损伤，延长了零部件的使用寿命。

2. 张紧系统的应用现状

刮板输送机的张紧方式主要有手动张紧和自动张紧两种方式。其中，手动张紧主要包括闸盘紧链、液压马达紧链和液压缸紧链三种方式。闸盘紧链方式依靠人工，手动操作进行反转点动刮板输送机电动机，并与闸盘制动配合实现刮板输送机的张紧。该过程存在一定的危险性，但成本较低、操作简单，目前使用较少。液压马达紧链方式靠液压马达带动链轮及链条动作实现制动，该过程中电动机不工作，安全性能够得到保障。液压缸紧链方式通常是在刮板链处于闭合时使用，通过调节液压缸的伸缩实现刮板链松紧状态的快速调节，且液压缸紧链方式一般需要与闸盘紧链方式、液压马达紧链方式配套使用。手动张紧操作只能在刮板输送机起动前进行，无法实现刮板输送机不停机状态的实时调节，因此，该方式常用于铺设长度较短、运载量较小的中型及小型刮板输送机。长运距、大运量的重载刮板输送机铺设长度较长，且负载变化显著，使得链条在工作过程中的伸长量变化较大。为保证链传动系统在运行过程中总处于最佳状态，自动伸缩机尾链张紧方式得以发展。

目前，国内主要采用基于对电动机电流、采机位置、伸缩机尾液压缸压力及行程等的多参数控制策略的刮板机链条监测及自动控制技术，其中，伸缩机尾自动链张紧系统主要包括可自由伸缩的机尾、张紧液压缸、监测传感器、控制单元和液压系统等几个部分，其结构布置如图 3-26 所示。

为保证刮板输送机工作过程中的链张力处于合理范围，在起动初期首先需要对刮板输送机进行预紧，运行时通过检测传感器反馈信号，通过控制单元处理，实现运行过程中的自动张紧，其主要工作过程如图 3-27 所示。

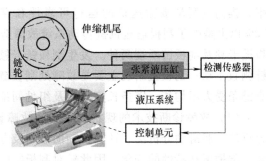

图 3-26　伸缩机尾自动张紧系统结构布置

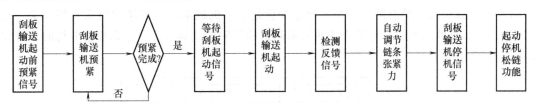

图 3-27　运行过程中的自动张紧的主要工作过程

以检测的反馈信号种类区分，自动链张紧系统的调节方式主要有：压力反馈系统、悬垂量反馈系统、功率反馈系统、张力反馈系统。

（1）压力反馈系统　通过监测张紧液压缸活塞两侧的压力差间接反应链张紧力；刮板输送机正常运行时，系统实时控制比例伺服阀，以使液压缸活塞两侧压差达到期望值，实现链条自动张紧。该系统在实际应用中最为广泛。

（2）悬垂量反馈系统　根据理论研究，链条的悬垂量可以间接反应刮板链张紧力大小，可以通过监测该特征物理量，达到监测链张紧力大小的目的。

（3）功率反馈系统　借助张紧力与所耗功率之间的特定关系实现链张紧力的实时监测与自动控制，并调节输出功率与链轮支撑力的比例，实现理想的张紧状态，但链轮受力监测的难度较大，故该系统并未有得到很好的推广。

（4）张力反馈系统　在刮板输送机正常运行过程中，载荷传感器通过压链板与机尾上链相接触，将链条张力信号转化为 4～20mA 的电流传递给控制系统，实现链条的张力信号反馈，并驱动电磁阀控制伸缩液压缸调节张紧力。

重载刮板输送机的自动链张紧系统调节方式众多，但受综采面复杂工况环境的影响，仍然以采集张紧液压缸状态反馈信号的调节方式为主。近年，行业又探索开发了一种新型的基于智能链环及传动链的张力自适应控制系统，以实现对链条张力的直接测量和自动调节。

3. 刮板链故障诊断技术

在生产实践中，刮板输送机，特别是重型刮板输送机，在运行过程中需承受拉压、局部弯曲、时变载荷与冲击载荷等作用，恶劣的工作环境使其关键部件磨损腐蚀严重，导致关键部件寿命短、故障发生概率高。而利用故障诊断技术，可以及时发现故障位置和类型，在设备发生故障时，系统发出报警，工作人员可以及时检修处理，以保证综采成套装备的开机率，提高重型刮板输送机的运行可靠性和煤矿生产率。据统计，刮板输送机的故障中有70%以上是由于刮板输送机链传动系统故障造成的。刮板输送机链传动系统的故障主要有刮板链卡顿及刮板链断裂两种。发生刮板链卡顿通常表现为驱动系统、传动系统、链轮及刮板链绷直不动；刮板链断裂主要是故障处刮板链断开，未保持连接状态。产生故障的原因主要有链条受力不均衡、链条长度过长及组件间配合较差等。

（1）故障诊断技术的现状　常用的故障诊断技术包括振动分析法、声学分析法、红外分析法、润滑油分析法、计算机辅助诊断及专家系统法等。链传动系统故障的发生往往伴随着中部槽振动特性的变化，因此针对刮板链的故障诊断多基于振动分析法。

振动分析法可通过对振动信号特征进行分析，对机械设备运行状况进行预判，主要技术手段有：基于振动模型的有限元分析及基于振动数据的信号处理分析。

1）基于振动模型的有限元分析：模态分析是基于机械阻抗与导纳的概念发展而来，是采用基于振动模型的有限元分析方法进行故障诊断研究的基础内容。振动模态分析的步骤如图 3-28 所示。

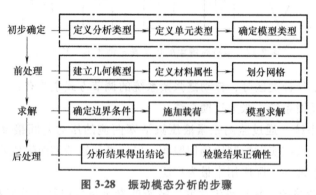

图 3-28　振动模态分析的步骤

2）基于振动数据的信号处理分析：振动数据的信号处理分析包括时域分析法、频域分析法和时频域分析法。时域分析法多应用于对确定性信号和平稳随机信号进行处理，是状态监测和故障诊断最简单和最直接的方法。频域分析法可以实现特定频率成分的识别和分离，多适用于平稳信号的分析处理，可通过振动信号的频谱分析来解释振动过程和频率结构，是进行故障诊断的重要手段。时频域分析法规避了时域分析和频域分析的缺陷，适用于对具有非平稳特性的设备故障振动信号进行分析，能够捕捉由设备故障引起的瞬变，在机械设备状态监测与诊断研究中具有明显的优势。不同的分析方法各有优劣，并被广泛应用于不同机械系统装备的状态监测、故障诊断及损伤探测等。

刮板输送机的有限元分析法是将中部槽模拟成为由多个离散体组成，且由多个节点连接成的模型，然后对模型中的各单元进行插值及微分计算，再运用加权余量法及变分法得出中部槽的振动特性。根据刮板输送机振动信号特性选择合适的信号处理方式，单独采用时域分析法可判断刮板链处于正常状态还是故障状态，但无法准确获取故障类型，因此，在对刮板输送机中部槽振动信号处理分析时，一般采用时频域分析方法。基于有限元分析得到的振动信号，通过时频域分析可判断出刮板链故障为断裂故障还是卡顿故障。

（2）基于在线监测的故障诊断技术　近年，随着煤矿开采自动化和智能化技术的发展，不少学者结合在线监测系统研究出了新的刮板链故障诊断技术，具体如下。

1）基于图像处理与磁探伤技术的刮板链故障诊断技术，如图 3-29 所示，它主要分为感知层、传输层及应用层 3 部分。感知层的主要作用是实现对链条的识别以及对断链、偏移的监测，并使用磁探伤传感器技术完成对刮板机链条磨损的监测。传输层需要将感知层采集到的各类不同的数据实时、高效地传输至应用层。最终，通过应用层实现对传输层传来的数据进行智能地管理、分析和处理，并向用户提供监测、预警等平台化服务。

2）基于无线传感器的链条状态在线监测系统，主要由销锁无线传感器、无线收发器、监控主机组成。该系统以无线传感器为核心，并结合芯片作为核心控制器件，将无线传感器安装在链环上，压电陶瓷传感器内置于连接销锁的中心孔内，实时检测接链环销锁受力情况，实现对刮板输送机链条状态的实时检测及故障预警，变断链事后报警为断链前预警停机，及时排查隐患。

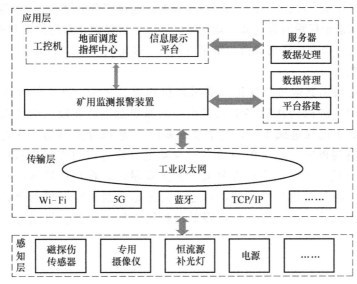

图 3-29　基于图像处理与磁探伤技术的刮板链故障诊断技术

3.6 刮板输送机煤量检测及智能调速

刮板输送机是煤矿井下综采工作面的核心设备，与综采工作面的安全、高效生产息息相关。刮板输送机在实际运行过程中存在长时间空载、轻载现象，无法满足智能煤矿节能降耗的要求。刮板输送机采用煤量检测和智能调速控制后，在保证设备工作能力满足使用要求的前提下，可以实现煤量增加时加速、煤量减少时减速、空载时低速运行的功能，进而能够减少刮板输送机的运转里程，降低电量消耗，减少回转次数，减少设备磨损，延长设备使用寿命。智能调速控制技术也减轻了部分井下劳动者的工作强度，实现部分岗位少人或无人值守，减少了煤矿开采实际的井下作业人数。

刮板输送机带载后，采用多参数混合逻辑控制方式进行煤量检测与智能调速。调速时采用分级调速策略，避免因负载波动而频繁调速，控制系统综合多路信息，按照权重关系、优先级及影响度进行综合计算做出调速指令，具体如下：

1）精准掌握刮板输送机实时装载量是调速控制的前提和基础，目前普遍设置激光扫描雷达，激光雷达采用飞行时间法（TOF）测距。以非接触式检测的方式对通过的煤量进行检测计量计算分析。激光雷达不断扫描获取测量角度范围内的距离信息，重建测量目标物体的三维形貌。

2）通过对电动机输出力矩的检测，判断刮板输送机上煤量的增减。

3）根据工作面煤层的参数，结合采煤机的位置、牵引速度、截割电流等判断刮板输送机的装载量（采煤机提供必要的信息）。刮板输送机运煤量采用激光扫描传感器来检测，在刮板输送机头部或转载机上安装激光扫描传感器。激光扫描传感器先对下方的刮板输送机进行扫描，当煤通过监测装置时，激光扫描通过的煤流，煤量监测装置自动计算过煤断面，并结合煤流通过的速度计算出单位时间内的运煤量。

在刮板输送机煤量实时扫描技术的研究基础上，通过综合采煤机、刮板输送机的相关参数，可以确定刮板输送机瞬时煤量和平均煤量。同时，智能调速系统根据刮板输送机实际装载量及后级设备的输送煤量得出载荷与链速的关系，确定调速策略，实现刮板输送机、转载机的高效智能控制。

刮板输送机能根据其运量的变化（受采煤机割煤、片帮、推溜等因素影响）调整链速，使刮板链以最少的回转次数将综采工作面的原煤运走。在较大的负载范围内，刮板输送机的链速与其上的煤量成正比，整个过程采用比例-积分控制的方法对刮板输送机的速度进行调节，将刮板输送机上的当前煤量与额定负载对应的煤量进行比较，根据两者之差调节刮板输送机的速度，当前煤量大于额定煤量时，将刮板输送机提速，当前煤量小于额定煤量时，将刮板输送机降速。调速的目标是将刮板输送机的负载控制在额定值左右，使电动机的无功功率最低，从而降低刮板输送机的能耗。煤量与刮板链链速的关系如图 3-30 所示。

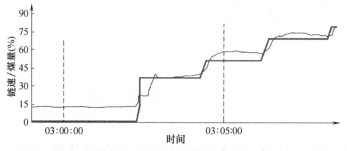

图 3-30　煤量与刮板链链速的关系

智能调速系统可完成相对准确的调速控制。目前，控制器可实现 5 档调速控制，调速控制更加精细化。通过对多套智能刮板输送机进行应用总结，发现：前期在不控制采煤机速度的情况下，根据刮板输送机平均采煤量，结合采煤机不同位置及自身负载判断，实际刮板输送机智能运行的调速范围为额定速度的 50%~100%，可降低刮板输送机 20%~30% 的自身机械损耗。另外，通过调速控制可使刮板输送机实现物料少时慢运转，物料多时快运转；通过转矩、加速度控制可降低刮板链受到的载荷，尤其是冲击载荷；通过调速控制可有效减少刮板输送机磨损和降低断链故障概率，据统计，通过智能调速控制后，刮板输送机使用寿命将延长 20%~35%，首年度配件使用量降低 50% 以上。

3.7　刮板输送机状态实时监测与远程控制

随着国内煤矿工作面自动化技术的不断发展，实现无人化、智能化工作面的需求越来越迫切，因此，对刮板输送机的远程在线监测和控制必不可少。在线监控的主要目的在于随时监控设备的运行状态，对装置的有关参数进行收集，进而及时掌握其运行状态并预防突发故障。

1. 监控系统的现状及发展趋势

状态监控技术基本是依靠传感器来进行的，通过各类传感器监测和采集温度参数、声波信号、振动信号等，实现对设备运行状态的监测。目前，大部分刮板输送机监测系统采用的是有线传输的方式，通过总线对刮板输送机各部位进行单个控制并传输监测到的各项信号，这种监测方式虽然能够完成诸多常规监测，但由于现场总线存在不兼容的情况，所以监测数据无法实现对等传输，易形成"自动化孤岛"，并且无法进行远程监控，同时，存在有线布置难、对线路依赖性比较高的缺点。

随着矿井设备自动化水平不断提高，现代化的生产和管理技术在煤矿行业中不断推广，刮板输送机的监测系统正在朝着综合化、网络化、智能化的方向发展。

（1）综合化　监测参数类型多，系统容量大，生产、环境和安全监测集成为一体，实行综合化管理。针对通信协议不规范和传输设备物理层协议不规范，寻找一种解决系统兼容性的途径或制定相应的专业技术标准，对促进矿井监测技术发展和系统的推广应用具有十分重要的意义。

（2）网络化　随着工业以太网技术的迅速发展，监测系统也融入到了网络的发展当中，局域网的发展使整个监测系统实现了网络化。刮板输送机的在线监测系统将和采煤机、液压支架的监测系统一起形成一个大的实时在线监测系统。将现场监控层、信息传输层和信息管理层连成一个监控网络。实现对整个煤矿的监测、控制和管理。

（3）智能化　智能化是煤矿监测系统的又一发展趋势。突发灾害、生产设备故障是影响煤矿安全与生产的两个主要因素。当故障发生后，监测系统监测出故障源，控制系统及时进行断电报警等保护措施，在人还没有赶到现场之前就做好必要的急救措施，减少事故造成的损失。

随着无线传感器网络技术、计算机技术、通信技术、微电子技术的进一步发展，开始研究并应用以工业以太网为核心技术的远程实时监测系统。该系统可以克服有线传感器存在的缺陷和不足，为煤矿安全生产的远程在线监测提供方法，保证煤矿设备的安全监测质量。

2. 远程状态监控系统组成

无线传感器网络是由众多微型智能传感器节点构成的，通过无线通信构成一种新的网络应用系统。传感器节点能够实时监测和采集网络部署区域的多种数据信息，并借助无线通道将采集的数据信息发送到网关节点，具有快速部署、抗毁性强、实时性等特点。

在工业以太网的基础上，根据监控要求将各类无线传感器安置于监控位置，将各传感器上的无线通信信号集成，形成总线通信节点，再将总线通信节点通过无线网与工业以太网对接，使传感器监测所得信息和数据被实时传输到系统终端处，由终端智能化软件对信息和数据进行处理与分析，最终通过计算机等可视化界面进行展示，便于人工观测。另外，控制终端位于地面，同样可以通过工业以太网向地下环境发送信号（此处信号为控制指令）。在地下环境中设置总线控制器，可接收终端发出的信号，随后将信号发送给总线系统，促使刮板输送机受控，实现输送机远程控制。

监控系统主要功能：①实时采集各监测点信号；②实现数据的实时传输；③采集的数据在上位机界面上实时显示，并能够进行数据存储和历史数据查询；④实现自诊断和报警功能；⑤能够在地面控制端实现对刮板输送机的远程控制。

刮板输送机远程监控系统的总体架构如图 3-31 所示。

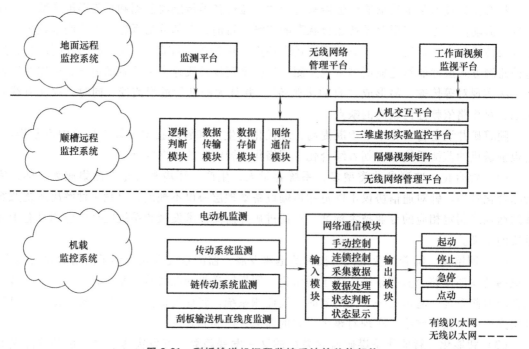

图 3-31 刮板输送机远程监控系统的总体架构

刮板输送机远程监控系统主要由机载监控系统、顺槽远程监控系统、地面远程监控系统组成，各系统分别具有以下作用。

1）机载监控系统：主要作用为采集刮板输送机各设备的传感数据，并分析判断刮板输送机的运行状况，同时可以通过工业以太网络将采集的数据向刮板输送机顺槽远程监控系统传输。

2）顺槽远程监控系统：接收机载监控系统传输来的刮板输送机实时运行状况及运行参数。工作人员可以通过远程监控系统的监控界面实时掌握刮板输送机的运行情况，同时可以通过操作面板操控刮板输送机的起停。

3）地面远程监控系统：接收顺槽远程监控系统传输的数据，并通过监控平台监控刮板输送机的运行状态及运行参数，同时，该系统设置数字化平台，以重新再现刮板输送机的实际运转状况。工作人员可以在地面上实现对刮板输送机的远程监控，远程控制刮板输送机的起停，对可能产生的故障进行及时预警和处理。

3. 机载监控系统

刮板输送机机载监控系统可分为驱动系统监控、传动系统监控、链传动系统监控。

（1）驱动系统监控　刮板输送机的可靠稳定运行与煤矿开采效率及企业的经济效益直接相关。刮板输送机运行期间，驱动装置若出现故障则会直接影响原煤运输。

刮板输送机中的电动机是其动力来源，其稳定性和可靠性至关重要。电动机常见的故障主要包括转子轴承和绕组温度过高、烧坏，以及电动机的不起动等问题。通过建立刮板输送机的监控系统，利用传感器对设备的运行状态进行实时监控，可以及时发现设备运行中存在的故障问题和安全隐患，进而采取措施规避这些问题。

根据刮板输送机的工作特点，综合无线通信、传感器技术构建刮板输送机运行参数监控系统，刮板输送机驱动系统监控的主要内容包括电动机电压、电流、转速、机体内温度等，减速器输入、输出轴温度，减速器内液压油温、油量等，冷却液温度、流量等。选用的各传感器类型及功能如下。

1）温度传感器：用以实现对刮板输送机电动机温度、周边温度等的监控，当发现温度异常时采用减速或停车方式，避免持续异常高温。

2）转速传感器：利用转速传感器可以对电动机的输出转速进行实时监控，一方面可以判断电动机是否起动，另外可以作为监控系统的反馈，实现电动机输出转速的闭环控制，提升监控系统的运行效果，另外，还要对电动机的电流和电压等进行监控。

（2）传动系统监控　目前，国内应用得最多的驱动形式为"电动机+变频器+减速器"，因此，针对传动系统的监控主要为监控减速器的运行状况，而对减速器监控的主要目的是预防设备故障的发生。影响减速器运行状况的因素如下。

1）轴承影响。减速器高速轴是动力输入轴，与轴承之间有较高的相对转速，摩擦产生的热量导致轴承的温度上升，因此，高速轴是减速器温度较高的位置之一。减速器的低速轴与链轮组件相连并输出较大的转矩。因此，低速轴也是温度较高的位置之一，如果轴承出现疲劳、磨损、刮伤、胶合、剥落等失效情况时，摩擦加剧，会导致高速轴承、低速轴承温度超出正常工作温度。

2）油温和油位影响。减速器内的油温、油位也是反映减速器工况的两个重要参数。油温升高使油的黏度降低，使油液经小孔或隙缝漏出，同时，黏度降低会使相对运动表面间的润滑油膜变薄，机械磨损加剧；油温升高会加速油液氧化，使油液变质，油中析出的沉淀可能还会堵塞减速器上的小孔，影响系统正常工作；油温过高会使密封装置加速老化变质，丧失密封性能。油位过低会造成润滑能力下降，影响减速器运转，且冷却作用降低，会造成整体温度升高；油位过低，不能起到很好的清洁作用，会使杂质沉淀，形成油泥，从而影响减速器运转，同时，不能对减速器内零部件起到防锈保护作用，使金属表面受到腐蚀。而油位过高，会影响减速机的热功率容量，通气量不足会致使高温高压，内部零件膨胀，传动效率下降。

因此，对减速器的监控对象主要包括高速轴和低速轴的轴温、大小油池油温及大小油池油位，做到及时了解减速器的运行状况，进而实施合理的检修维护，以保证设备能持久良好运转。

（3）链传动系统监控

1）刮板链监控。刮板输送机的核心功能是运输井下开采的煤炭，对运输煤量进行监控，进而调节刮板输送机的运行速度，能够提升刮板输送机的运行效率。刮板输送机上可能会因为片帮等原因，出现体积较大的大块煤掉落在刮板链上的现象，若不及时发现并粉碎这些大块煤，会引起刮板运输机堵塞，导致卡链和断链故障。为避免大块煤对刮板输送机造成影响，应对刮板输送机运煤过程进行监控，实现大块煤的标注并根据其外接矩形的尺寸大小是否超过阈值判断其是否会影响刮板输送机正常运行，若出现大块煤则发出提醒并及时进行破碎。同时，井下开采过程会出现矸石、铁质异物等，在工作时很易发生因铁器杂质造成的刮板破碎、链条磨损或折断等重大事故，维修成本高。在进行大块煤监控的同时利用图形处理方法识别异物，并联动井下声光报警器，实现大块煤拥堵刮板输送机、异物识别处理的自动处置。

2）链轮监控。链轮与链条直接接触产生的摩擦会加速链轮的失效，过度磨损成为链轮最主要的失效形式。链轮轮齿会严重磨损，若未及时更换链轮，则会导致刮板输送机链条在与轮齿啮合时发生跳牙，存在链轮轮齿断裂的风险。因此，运用图像处理方法解析磨损机理、计算被磨损表面特征、分析并测量磨损量，实现对链轮的监控，及时感知链轮的使用状况。

3）直线度感知。综采工作面的"三机"系统需要保持"三直两平"。作为采煤机的运行轨道，采煤机在运行过程中需使刮板输送机相对煤壁保持直线，采煤机远程调姿、割煤、行走等功能依赖于对刮板输送机直线度的精准感知。液压支架需要保持顶板、底板平直，液压支架拉架后的支架直线度同样依赖于刮板输送机的直线度。因此，利用监测和远程控制刮板输送机直线度的技术手段，实现对刮板输送机直线度的精准感知，是实现智能工作面"三机"系统"三直两平"控制的前提条件与关键所在。

思考题

3-1 刮板输送机一般在煤炭倾角多大的采煤工作面使用，什么情况下需要采取防滑措施？

3-2 刮板输送机的运行阻力包括哪些？

3-3 刮板链的布置有几种形式？不同布置的优缺点是什么？

3-4 刮板输送机的选型计算基本步骤是什么？

3-5 试列举刮板输送机的几种软起动技术及其优缺点。

3-6 试分别阐述变频调速技术和永磁驱动技术的特点。

3-7 刮板输送机为什么需要安装限矩器，其原理和作用分别是什么？

3-8 刮板输送机可控起动装置的关键技术和主要功能是什么？

3-9 链条的张紧系统有哪些，其主要作用是什么？

3-10 刮板链预紧力和张紧力有何不同？

3-11 远程监控系统的组成及主要作用分别是什么？并思考监控系统与故障诊断的关系。

参考文献

[1] 王国法. 综采成套技术与装备系统集成 [M]. 北京：煤炭工业出版社，2016.

[2] 洪晓华，陈军. 矿井运输提升 [M]. 徐州：中国矿业大学出版社，2005.

[3] 陈维建，齐秀丽. 矿井运输及提升设备 [M]. 徐州：中国矿业大学出版社，1989.

[4] 程居山. 矿山机械 [M]. 徐州：中国矿业大学出版社，1997.

[5] 赵巧芝. 我国刮板输送机发展现状、趋势及关键技术 [J]. 煤炭工程，2020，52（8）：183-187.

[6] 王誉廷，张宏. 新型大功率分断式永磁涡流摩擦限矩器的轴向力-滑差特性研究 [J]. 煤炭科学技术，2023，51（4）：198-208.

[7] 董晓芳. 刮板输送机机尾自动伸缩系统设计 [J]. 机械工程师，2019（8）：112-113；116.

[8] 王尧. 综采重型刮板输送机驱动系统动力学特性与智能控制方法研究 [D]. 太原：太原科技大学，2018.

[9] 鲍久圣，刘琴，葛世荣，等. 矿山运输装备智能化技术研究现状及发展趋势 [J]. 智能矿山，2020，1（1）：78-88.

[10] 李隆. 基于液黏传动的机电液耦合系统动态匹配特性及控制策略研究 [D]. 太原：太原理工大学，2019.

[11] 王其良. 液黏离合器软启动瞬态热机耦合特性及热屈曲变形规律研究 [D]. 太原：太原理工大学，2019.

[12] 李攀. 自动张紧系统在井下刮板运输机中的应用 [J]. 矿业装备，2023（9）：190-191.

[13] 乔一军，崔红伟，廉自生，等. 矿用液压安全联轴器的接触及转矩特性 [J]. 液压与气动，2020（1）：142-147.

[14] 张行. 重型刮板输送机链传动系统监测及诊断方法研究 [D]. 徐州：中国矿业大学，2019.

[15] 王鹏飞. 刮板输送机状态监测及故障诊断系统研究 [D]. 太原：太原理工大学，2022.

[16] 花义廉. 重型刮板输送机刮板链系统健康监测研究 [D]. 徐州：中国矿业大学，2022.

[17] 戴开宇. 重载刮板输送机链张紧系统自适应控制方法研究 [D]. 徐州：中国矿业大学，2022.

[18] 崔红伟，李隆，刘伟. 启动时间对双机驱动刮板输送机功率平衡影响 [J]. 机械设计与制造，2020（3）：194-197；202.

[19] 胡而已. 基于激光扫描的综放工作面放煤量智能监测技术 [J]. 煤炭科学技术，2022，50（2）：244-251.

[20] 刘庆华，马柯峰. 刮板输送机智能控制技术现状与展望 [J]. 智能矿山，2022，3（3）：10-16.

[21] 张强，王禹，王海舰，等. 双端驱动刮板输送机机电耦合模型及动力学仿真分析 [J]. 煤炭科学技术，2019，47（1）：159-165.

[22] 李莉，崔红伟，王国强，等. 阀控充液式液力偶合器瞬态充液流场及转矩特性预测 [J]. 液压与气动，2022，46（11）：42-50.

[23] 郭晓霞. 现代煤矿井下刮板输送机智能化监控系统设计 [J]. 现代制造技术与装备，2020，56（10）：52-53.

[24] 张洁. 刮板输送机减速器非接触在线监测系统研究 [D]. 西安：西安科技大学，2013.

[25] 许联航，高捷，叶壮，等. 基于图像处理与磁探伤技术的工作面刮板输送机在线监测系统 [J]. 煤炭科学技术，2023，51（S1）：390-395.

[26] 张帅. 基于 ZigBee 技术的刮板输送机链条状态在线监测系统研究与设计 [J]. 煤矿机械，2024，45

（3）：197-200.

［27］ 郭卫，刘俊，郑高祥. 基于 MVC 模式的刮板输送机状态监测系统 ［J］. 煤矿安全，2018，49（12）：128-131.

［28］ 王宇飞. 基于机器视觉的综采工作面异常状态智能识别方法研究 ［D］. 西安：西安科技大学，2022.

［29］ 杨文斌. 基于 Faster-RCNN 算法的刮板输送机异物识别技术研究 ［J］. 煤矿机械，2022，43（11）：54-56.

［30］ 刘银川. 基于聚焦形貌恢复的刮板输送机链轮轮齿磨损测量 ［D］. 太原：太原理工大学，2020.

［31］ 宋扬. 智能工作面刮板输送机形态高精度光纤感测机制研究 ［D］. 徐州：中国矿业大学，2023.

［32］ 王洋洋，鲍久圣，葛世荣，等. 刮板输送机永磁直驱系统机-电耦合模型仿真与试验 ［J］. 煤炭学报，2020，45（6）：2127-2139.

第 4 章　顺槽转载系统及其智能化技术

4.1　概述

在综采及综放煤炭开采过程中，工作面输送机需要将采煤机截割下的原煤卸载至顺槽转载系统中，然后经带式输送机传送到煤仓。转载机机尾正处于工作面刮板输送机与顺槽转载机交汇的位置，顺槽转载系统与刮板输送机结合部的组成如图 4-1 所示。为此，转载机的选型在满足输送能力及与带式输送机和刮板输送机相匹配的要求之外，还需满足其在结构上与带式输送机和刮板输送机匹配的要求。

在综采综放工作面中，顺槽转载系统的配套形式一般为"转载机机尾+转载机主体+破碎机+迈步自移+带式输送机自移机尾（或行走小车）"。另外，传统转载输送机仅中

图 4-1　顺槽转载系统与刮板输送机结合部的组成

1—机尾伸缩组件　2—端头支架　3—伸缩盖板　4—转载机槽体
5—伸缩挡板　6—前部输送机　7—后部输送机

部段封闭，其他段是敞开结构。由于采煤工作面与顺槽巷道成一定的角度，所以当顶板条件欠佳或顶板压力过大，采煤机在此割煤时，在输送机机头与转载机机尾交接处极易发生片帮进而产生大块煤炭，而此处又恰好是端头支架与过渡支架的结合部位，为更好地对顶板进行管理，部分全封闭装置的转载机开始广泛应用。

4.2　顺槽转载系统的组成、结构与原理

顺槽转载系统的组成构件较多，主要包括转载机、破碎机及带式输送机自移机尾等，如图 4-2 所示。其中，转载机主要由机头传动部、输煤槽、刮板链、机尾等部件组成。转载机的架桥段和爬坡段溜槽之间采用螺栓连接，而落地段溜槽更多的是采用与工作面刮板输送机相一致的哑铃销连接，以提高转载机对平巷底板的适应性。为便于带式输送机运煤，转载机的落地段要配置破碎机，对输送的物料进行破碎，如煤炭、岩石。另外，

图 4-2　顺槽转载系统

为实现转载机与带式输送机高效、可靠的连接，顺槽转载系统必须配有带式输送机的自移机尾装置。

4.2.1　转载机

转载机是综采工作面的关键配套设备，是一种特殊的刮板输送机。它可利用自身的架桥机构，对工作面刮板输送机机头卸载的煤炭进行转运并通过架桥段举升、卸载到带式输送机胶带，运出综采工作面，其长度一般为 30~50m。

为保证将工作面刮板输送机卸载的煤炭及时运出、减少底链道回煤，转载机的输送能力应大于配套刮板输送机的输送能力。为此，转载机的技术性能与工作面刮板输送机存在以下区别。

1）转载机的槽宽应大于工作面刮板输送机的槽宽。

2）转载机的刮板链速应大于工作面刮板输送机的链速。

3）转载机刮板的安装密度应大于工作面刮板输送机刮板的安装密度。

1. 型号与含义

参照相关标准，转载机的型号编制方法为

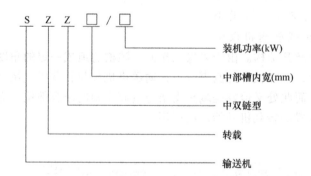

2. 结构与组成

（1）机头传动部　转载机的机头传动部的基本结构有两种：普通机头和可伸缩机头。

普通机头采用无伸缩功能机头，常用于 $\phi 26mm \times 92mm$ 及以下规格圆环链。采用普通机头的转载机功率小，刮板链刚度低，用普通紧链装置（如闸盘紧链器）即可进行紧链、接链操作。普通机头结构型式与工作面刮板输送机机头相似，仅机架区别较大。

对于采用大规格圆环链（大于 $\phi 30mm \times 108mm$）的转载机，链条刚度较大，传统闸盘紧链操作困难，很难将链条预紧到合理状态。因此，对于采用大规格圆环链的转载机应具备可伸缩机构，以达到方便调节链张力的目的。

可伸缩机头由伸缩式机头架、传动装置、链轮组件等组成。

1）伸缩式机头架。伸缩式机头架由前机架和后机架组成，前、后机架相互插接，在伸缩液压缸作用下实现伸缩功能。伸缩式机头架完成伸缩行程调节后，多采用定位销定位。

2）传动装置。转载机的传动装置与工作面输送机的传动装置基本相同，一般通过工作面输送机的传动装置改型设计，以便于工作面的设备管理和维修。近年来，为了满足工作面总体配套、提高设备可靠性、减轻转载机机头的重量、减缓转载机机头偏沉的不利影响，部分科研人员还专门设计了专用于转载机、具有较小传动比的行星减速器。转载机用行星减速器为两级齿轮加一级行星传动，具备体积小、重量轻、适合与转载机机头的配套的优点，如图 4-3 所示。

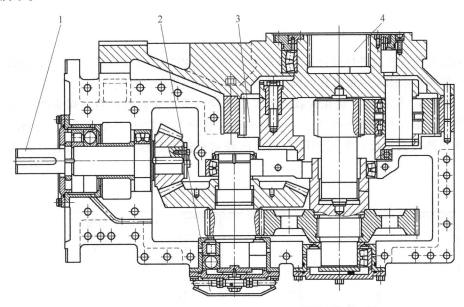

图 4-3　转载机用行星减速器

1—输入轴　2—润滑液压泵　3—行星架组件　4—输出轴

3）链轮组件。为便于设备配件供应，转载机链轮组件的结构与刮板输送机的链轮组件结构基本相同。转载机机尾链轮如图 4-4 所示。

（2）输煤槽　转载机配置了多种不同功能的输煤槽，有架桥槽、凸槽、凹槽、铰接槽、调节槽、卸料槽、高挡板输煤槽等。输煤槽的主要结构类型有两种：一种是以轧制槽帮中部槽为基础件的用螺栓连接的组合槽，另一种是整体组焊箱式输煤槽。

早期转载机均以输送机中部槽作为输煤槽，以轧制槽帮中部槽为基础件，并采用螺栓连接。将挡板、底板、盖板与中部槽连接成一个整体。这种结构安装、维护工作量大，架桥槽易塌腰，寿命较短，仅在较小功率转载机上应用。

整体组焊箱式输煤槽安装方便，在运行期间可做到免维护。由于可以对整体组焊箱式输

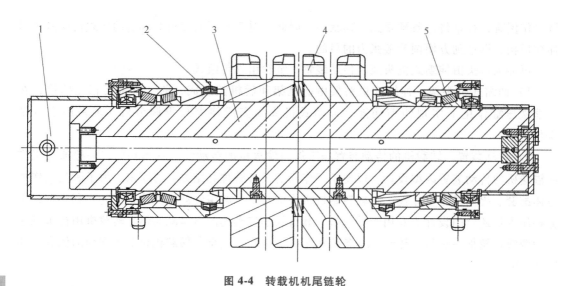

图 4-4 转载机机尾链轮

1—注油孔 2—浮动密封 3—链轮轴 4—链轮体 5—轴承

煤槽各部分有针对性地进行设计，所以其寿命可达到 400 万~1500 万 t 以上。转载机落地段输煤槽的槽间多采用哑铃销连接，爬坡段和架桥段采用螺栓刚性连接。

1）架桥槽。架桥槽安装在转载机的架桥部位，通常安装有盖板，煤炭物料在封闭的通道内输送，其结构如图 4-5 所示。大运量的架桥槽悬空段采用厚度大于 110mm 的厚板连接，采用圆柱销定位，并用 M72 及以上的特制高强度螺栓连接，可杜绝"塌腰"现象的发生。

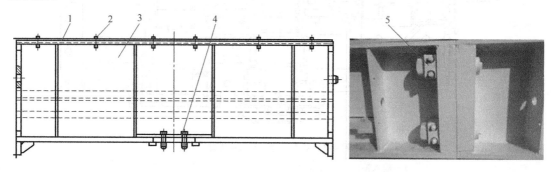

图 4-5 架桥槽结构

1—盖板 2—盖板螺栓 3—架桥槽体 4—联接板 5—高强度螺栓

2）凸槽、凹槽。凸槽、凹槽是为了适应转载机物料的提升和转向而专门设计的。凸槽中板为凸型，凹槽中板为凹型。为了提高凸槽、凹槽的耐损能力，大功率转载机的凸槽、凹槽的中板往往采用耐磨钢板或采用耐磨材料喷焊的中板，凸槽采用大圆弧设计、中板耐磨处理、底板加厚等凹槽与凸槽组件，如图 4-6 所示。

3）铰接槽。铰接槽由两节输煤槽组成，如图 4-7 所示。中间用圆柱销铰接，两节输煤槽可绕圆柱销摆动。铰接槽安装在转载机的爬坡段。设置铰接槽可显著改善转载机对于起伏底板的适应性，有利于转载机设备的安装和运行。

4）调节槽。与架桥槽同样结构的调节槽用于调节转载机的长度或高度。

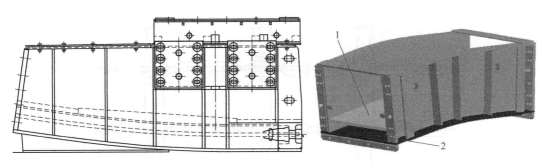

图 4-6　凹槽与凸槽组件

1—中板　2—底板

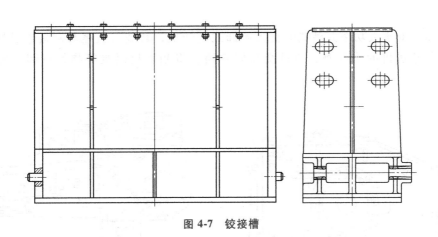

图 4-7　铰接槽

5）卸料槽与高挡板输煤槽。卸料槽一侧为低挡板，另一侧为高挡板，安装在端卸输送机的机头下方，用于接收工作面输送机卸载的煤炭，如图 4-8 所示。分体的加高挡板可以根据运量要求和巷道条件调整。高挡板输煤槽与破碎机、卸料槽相连接，作为待破碎物料的缓冲仓，通常配置数量较多，利于待破碎物料的存储。高挡板输煤槽槽间采用哑铃销连接，比刚性连接具有更好的底板适应性。

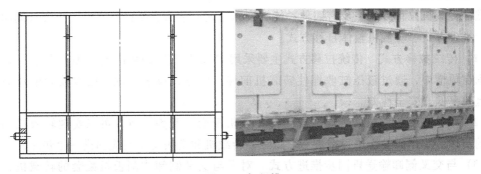

图 4-8　卸料槽

（3）刮板链　转载机用刮板链与工作面输送机用刮板链基本结构相同，刮板的安装密度大于刮板输送机，如图 4-9 所示。刮板采用锻造件可以延长刮板的使用寿命。

（4）机尾　普通转载机的机尾通常将机槽与链轮组合成一体，为无驱动机尾，如

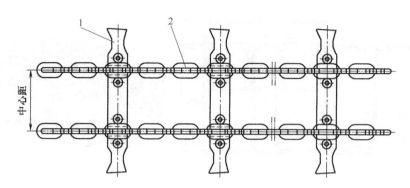

图 4-9　转载机用刮板链

1—刮板　2—圆环链

图 4-10 所示。对于大功率大槽宽的交叉侧卸式输送机，转载机机尾与刮板输送机的机头组合安装在输送机的采空侧，通过交叉侧卸挡板将刮板机煤炭等物料侧卸到转载机槽体上。

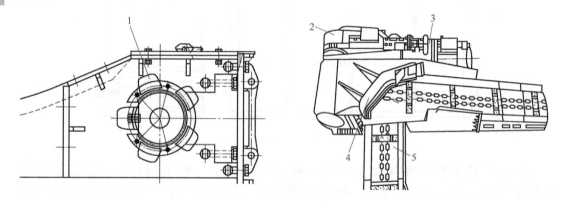

图 4-10　普通转载机的机尾

1—普通机尾　2—减速器　3—传动装置　4—交叉侧卸挡板　5—输煤槽

3. 转载机拉移方式

顺槽转载机拉移方式主要有四种：传统拉移方式、端头支架推移方式、与交叉侧卸输送机同步推进方式、转载机整体自移方式。

（1）传统拉移方式　传统拉移方式主要采用"戗柱锚固-圆环链-液压缸"结构。戗柱超前锚固在顺槽中，通过液压缸收缩使转载机前移。该方式仅适合顶、底板较为坚硬的工作面，且效率低，安全性差。

（2）端头支架推移方式　端头支架与转载机配套、互为支点，可以实现转载机和端头支架的前移。工作面输送机每推进一个步距，转载机和端头支架相应前进一个步距。

（3）与交叉侧卸输送机同步推进方式　对于与交叉侧卸式刮板机配套的转载机，由于刮板机机头和转载机机尾为整体结构，因此当液压支架推移刮板机时，转载机也会被同步推进。

（4）转载机整体自移方式　转载机整体自移方式由抬高、推移液压缸、铰接导轨与滚轮等组成，如图 4-11 所示。推移转载机时，抬高液压缸伸出，破碎机和转载机的部分落地

图 4-11　转载机整体自移方式

1—破碎机　2—推移液压缸　3—抬高液压缸　4—铰接导轨　5—滚轮

段被抬起，推移液压缸伸出，以铰接导轨为支点推进转载机。铰接导轨前移时抬高液压缸缩回，以落地段为支点，如此反复，实现转载机连续推进。由于推进过程中的滑动摩擦变成滚动摩擦，因此推移阻力明显减小，实现整体快速推移。

4.2.2　破碎机

破碎机安装在平巷转载机的中间落地段，用于对大块物料（如煤炭或矸石）的破碎，以保证平巷转载机运输流畅，避免大块物料对可伸缩皮带机胶带表面的损伤。用于煤矿综采、综放工作面的破碎机主要有两种结构型式，分别为轮锤式破碎机和颚式挤压破碎机，其中轮锤式破碎机占主导，还有部分煤矿采用双齿辊式破碎机。下面主要介绍轮锤式破碎机和双齿辊式破碎机。

1. 轮锤式破碎机

轮锤式破碎机是靠高速旋转的锤轴对物料进行冲击破碎，其结构如图 4-12 所示。破碎主轴质量很大（为 4000~5000kg），回转直径为 800~1000mm，转速为 400r/min 左右，锤头回转线速度大于 20 m/s，相当于一个转动惯量很大的飞轮。当大块煤炭或矸石通过破碎主轴时，破碎主轴即对其进行连续破碎，短时间内破碎主轴释放的能量大于电动机提供的能量。

顺槽用破碎机采用冲击破煤的方式对煤块进行破碎，应用该种锤头传递的作用力是同质量锤头静力载荷的几倍甚至几十倍。在提高能量利用率的同时，还能保证块煤率。轮锤式破碎机中，锤头与锤体的连接方式主要是带内螺纹孔的固定座加螺钉的防松方式，长时间的冲击变载荷作用极易造成螺钉的失效，进而导致锤头的脱落丢失，如图 4-13 所示。

因此，部分生产企业采用以下技术。

1）对称可换向小锤头结构设计，有效延长锤头的使用寿命。

2）锤头采用"碟形弹簧+机械限位"的双重防松结构。

3）分片式锤体结构，全断面布置，可维护性好，打击和破碎能力强。

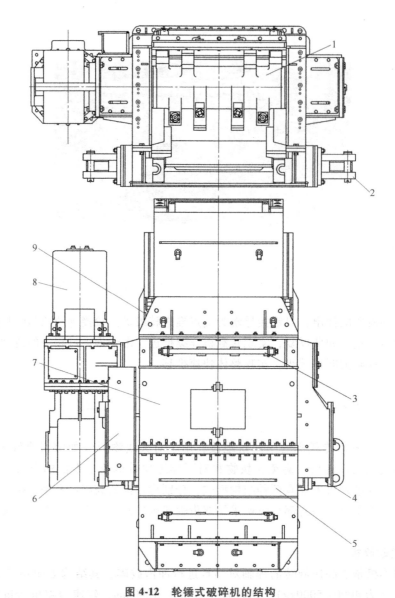

图 4-12 轮锤式破碎机的结构

1—锤轴组件 2—联接座 3—喷雾装置 4—护罩 5—破碎架 6—电缆槽
7—主架体 8—传动部 9—底槽

图 4-13 锤头与锤体的连接

1—主轴 2—锤体 3—锤头 4—螺钉 5—垫圈

（1）型号及含义　根据《顺槽用破碎机》（MT/T 493—2002）的规定，破碎机的型号编制方法如下。

1）轮式破碎机的型号编制方法，其示例为

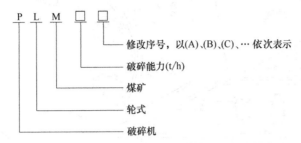

破碎能力为 1500t/h，第二次修改设计的顺槽用轮式破碎机表示为 PLM1500（B）。

2）颚式破碎机的型号编制方法，其示例为

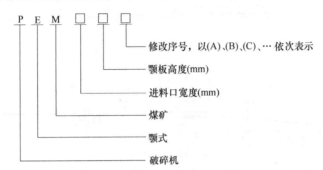

进料口宽度为 980mm，颚板高度为 650mm，第二次修改设计的顺槽用颚式破碎机表示为 PEM980/650（B）。

（2）主要结构与组成

1）传动装置。轮锤式破碎机传动装置有两种：一种是采用 V 带传动，另一种是采用齿轮传动。两种破碎机的破碎主轴结构基本相同，主要由破碎底槽、主架、传动装置、张紧装置与润滑装置所组成。齿轮传动破碎机的功率大，已达 400kW。配置液力偶合器可有效吸收破碎机传动系统的冲击，但宽度尺寸较大，给小断面平巷巷道中的设备安装带来不便。

图 4-14 所示为采用 V 带传动装置的破碎机。动力传递路线是：电动机→弹性联轴器→小带轮→大皮带轮→破碎主轴。采用三角带传动时，需要配备三角带张紧装置，这是三角带传动的前提条件，只有张力足够大才能保证带轮具有足够的摩擦转矩传递动力。张紧装置主要有导轨式丝杠-螺母张力调整机构、导轨式液压缸张力调整机构和铰接式液压缸调整机构三种。

V 带传动的破碎机功率小，传动结构简单，但存在多条带传动带张力难以控制、传动带打滑及易燃着火的潜在危险。

2）破碎底槽。破碎底槽用于与转载机的输煤槽对接，是破碎机的基础。破碎底槽承受来自主轴破碎过程中的磨损和冲击，其运行环境恶劣，在平巷输送设备中磨损最为严重。为了提高破碎底槽的抗冲击能力、延长其使用寿命，破碎底槽的中板厚度已达 60~80mm。

3）调高装置。为控制破碎机的出料粒度，破碎机配置主轴调高装置。通过调整主轴的高度，改变破碎主轴与破碎板之间的距离。破碎主轴的调整高度应以出料粒度能够满足带传

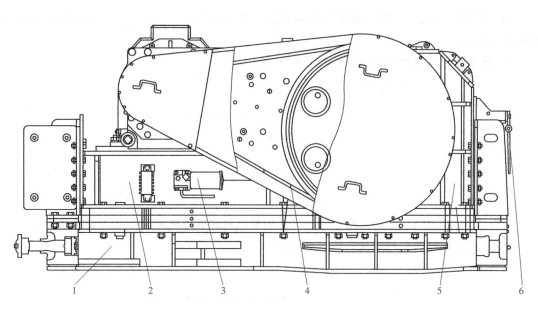

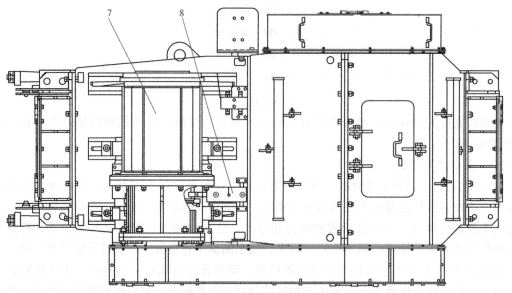

图 4-14　采用 V 带传动装置的破碎机

1—破碎底槽　2—主架　3—润滑装置　4—V 带　5—破碎架　6—挡帘
7—传动装置　8—液压张紧装置

动正常运输为限，主轴下降过低，将有可能造成货载通过断面减小，造成煤流阻塞。破碎主轴调高装置的结构类型有燕尾导轨-丝杠提升调高装置、整体垫板式调高装置、液压缸-垫块式调高装置三种。

燕尾导轨-丝杠提升调高装置：其结构特点是破碎主轴的轴承座采用燕尾槽，可以沿主架体的导槽上下滑动，轴承座上安装丝杠，主架体上安装丝杠螺母。丝杠旋转时，可提升轴承座高度，从而调整破碎主轴的高度。调整到合适高度后，将轴承座锁紧。

整体垫板式调高装置：目前广泛应用的结构之一，整体垫板安装在破碎底槽和主架体之间，通常配置 3 块厚度为 50mm 的整体垫板，通过增减垫板的数量，可以调整破碎主轴的高度，最大高度调整范围为 0~150mm。

液压缸-垫块式调高装置：如图 4-15 所示，近似方形的破碎主轴轴承座安装在矩形导槽内，轴承座的上、下支撑面填充调整垫块，不同调整垫块数量对应不同的高度调整范围。需要调低主轴高度时，操纵液压缸使活塞杆抵住轴承座，并将其稍稍顶起即可拆下轴承座下方的调整垫块，然后将轴承座降下，将拆下的调整垫块放到轴承座上方重新紧固轴承座，即达到主轴调低的目的。

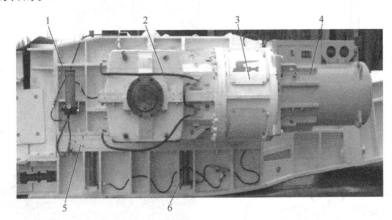

图 4-15　液压缸-垫块式调高装置

1—手动液压泵　2—减速器　3—液力偶合器　4—电动机　5—调整垫块　6—调高液压缸

4）防护装置。破碎机的入料口和出料口装有密集防护链网等。与破碎机出、入料口邻接的转载机输煤槽安装顶封板，防止物料破碎时飞溅可能引起的危险。

5）喷雾装置。为了降低破碎过程中产生的粉尘浓度，破碎腔配备喷雾装置。

6）液压与润滑装置。破碎机的液压源可利用工作面泵站系统，也可使用破碎机自带的或外置的手动液压泵。

润滑部位包括破碎机主轴轴承部位、带传动高速轴的轴承部位，以及齿轮传动破碎机的减速器等。破碎机主轴轴承和带传动高速轴的轴承采用脂润滑。现有破碎机大多采用单独润滑方式，每次注油时，通过油枪分别对各个轴承人工实施润滑。为了保证对破碎机各润滑点的可靠润滑、避免油脂的污染、便于操作、减轻工人的体力消耗，部分破碎机配置了手动润滑泵，如图 4-16 所示。

2. 双齿辊式破碎机

为有效提高煤块破碎、分级效果，转载输送系统另一种配套方法是在抬高槽下部与自移机尾搭接部位加装双齿辊式破碎机。

双齿辊式破碎机的主要工作部件为两个平行安装的齿辊，齿辊沿轴向布置一定数量的齿环，其上均布若干轴向螺旋布置的破碎齿，如图 4-17 所示。破碎过程中，合格粒度级的物料进入机器后很快地被排出，不再进一步破碎；对于大粒度物料，首先进行冲击剪切，接着进行挤压破碎。破碎齿的螺旋布置迫使物料翻转，对物料继续进行破碎，物料从两轮齿间和梳齿间排出，所以煤块粒度大小能够被精确地控制。

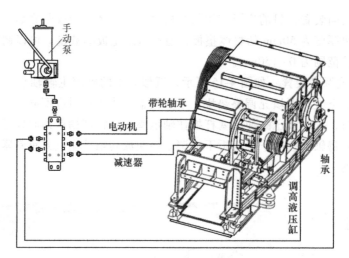

图 4-16　手动润滑泵

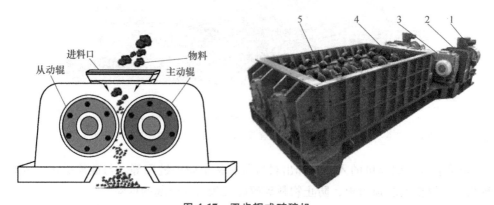

图 4-17　双齿辊式破碎机

1—防爆电动机　2—液力偶合器　3—减速器　4—破碎架　5—双齿辊

由于主要对物料进行剪切和拉伸作用，因而相比其他只依靠挤压破碎的破碎机，双齿辊式破碎机充分利用了脆性材料抗拉应力低的特点，更适合大粒度物料的破碎。破碎后的物料粉末率较低，并能有效控制产品粒度。同时，其运转速度低，工作部件磨损小，运转噪声低，灰尘少，因此，在煤矿中得到越来越广泛的应用。

（1）型号及含义　双齿辊式破碎机的型号编制及各部分含义符合《煤用分级破碎机》（MT/T 951—2005）规定，即

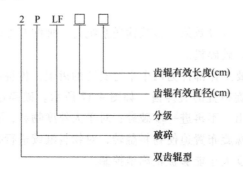

（2）主要结构与组成

1）传动部分由电动机、减速机、齿形联轴器等组成，主要用于传递扭矩。根据电动机数量的不同，可以分为两种：一种是采用单台电动机驱动主动轴，在传动轴的另一侧通过一对惰轮将动力传递到从动轴上；另一种是采用两个电动机分别控制两个辊轮组件。

减速器的高速轴配装限矩型液力偶合器可以提高电动机的起动能力，防止过载，减少冲击和振动，协调多机起动的负荷分配；减速箱低速轴配装柱销联轴器，具有结构简单、传递扭矩较大、安装维护方便、使用寿命长等优点。双齿辊破碎机转速不高，其传动比与刮板输送机基本相同，部分可与刮板输送机减速相匹配。

2）机体部分。两齿辊机体部分的结构完全相同，如图 4-18 所示。辊齿表面为易损部位，磨损后可堆焊耐磨焊条继续使用。破碎齿成螺旋状布置，便于连续均匀的入物料。液压缸用于调整辊距，从而对破碎粒径进行控制。

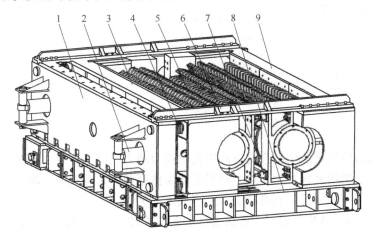

图 4-18　机体部分

1—固定支架　2—液压缸　3—滑动壳体　4—止退垫　5—齿辊
6—上固定板　7—限位块　8—底座　9—固定壳体

3）液压装置与集中润滑系统。液压装置分为手动和自动。手动液压装置是通过手压泵驱动两个液压缸保证辊齿间距，对齿辊与梳齿板间的距离进行调整。自动液压装置利用电气系统完成破碎机两齿辊间隙调整及齿辊轨道的润滑，与手压泵调整相比压力高，操作也更为方便。

双齿辊式破碎机集中润滑系统采用电动润滑脂泵，集中润滑齿辊上的四个轴承，可通过人工控制注油以及润滑。

4）监控系统。双齿辊式破碎机的监控系统主要由组合开关、磁力启动器、电动机、润滑泵等装置组成，图 4-19 所示。自动监控装置按照 Modbus 协议格式发送命

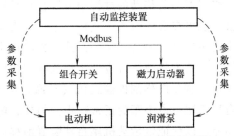

图 4-19　双齿辊式破碎机的监控系统

令至组合开关和磁力启动器，控制其电动机和润滑泵工作，并实时采集电动机和润滑泵的运行参数。

4.2.3　带式输送机自移机尾

带式输送机自移机尾是高产高效工作面必配的设备之一。安装在带式输送机的尾部，有两种基本结构：一种是机尾滚筒安装于底基架的尾端；另一种是机尾滚筒安装于行走小车上。带式输送机自移机尾如图 4-20 所示。

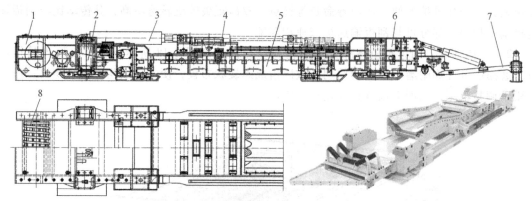

图 4-20　带式输送机自移机尾实体图
1—后端架　2—立缸　3—伸缩套筒缸　4—小车　5—地基架　6—前端架　7—浮动拖辊组　8—滚筒

带式输送机自移机尾的液控系统以高压乳化液为动力，以头端架、尾端架、中间基架为构件，以转载机、顺槽底板互为支点，利用滑动摩擦原理，实现调高、调偏、自行前移等功能，满足工作面"三刀一推"的作业方式。其自移过程如下。

1）转载机与小车铰接。随着工作面输送机向前推移，与其相连的小车也一起按步距在基架轨道上前移，与小车连接一起的推移缸活塞杆被逐渐压入或拉出缸体。采煤机完成一定截深后，当小车在轨道上接近基架导轨前端时，开始向前移动自移装置。

2）操纵四个立缸的收缩，提起滑架，使基架完全落于顺槽底板，完成自移装置的推移准备，同时可以调节尾滚筒的水平姿态。

3）伸缩套筒液压缸以转载机为依托，可以将底基架向前方推进。操纵推移缸，使活塞杆伸出或缩回，推移缸活塞杆和缸体分别与小车和基架相连，可推动基架整体前移。

4）当推移缸活塞杆完全伸出后，即完成基架推移工作。

自移装置向前移动的过程中应停止移动转载机。当胶带向一侧跑偏时，可操作相应的调高立缸，也可在必要时操作侧移水平缸，将基架的相应一侧抬高，直到胶带恢复正常位置。如果带式输送机机尾与交叉侧卸式刮板输送机配套，当工作面刮板输送机推移时，带式输送机自移机尾的推移液压缸应处于释放状态，即推移液压缸的进、出液口应接入管路的回液总管，这样可避免推移刮板输送机（转载机同时被推移）造成推移液压缸损坏，保证带式输送机自移机尾行走小车的正常行走。另外，配置自移机尾装置的带式输送机应具有胶带自动张紧功能，以保证带传动机尾自移装置前移后及时对胶带进行张紧。

1. 型号及含义

带式输送机自移机尾的型号编制方法符合《可伸缩带式输送机自移机尾》（MT/T 1166—2019）规定，即

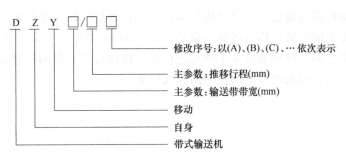

配套的可伸缩带式输送机输送带带宽为 1400mm，推移行程为 2700mm，第三次修改设计的自移机尾表示为 DZY1400/2700（C）。

2. 主要结构与组成

（1）机尾滚筒　机尾滚筒安装于底基架。当转载机推移到极限位置后，需将皮带机尾的底基架前移，尾滚筒同步前移。只要底基架移动，就需要对带式输送机的胶带进行重新张紧，对自移装置的各向姿态进行调整。为了减少自移机尾的调节次数，通常当推移液压缸达到一个行程时才对底基架进行拉移操作。

带式输送机在运输过程中，常有污物和煤粉等吸附到输送带内表面，如不能及时清理，则会造成机尾滚筒附着物过多，发生输送带跑偏和打滑等现象。因此，要求机尾滚筒能自动清理污物。机尾滚筒结构设计成外部螺旋和内部锥体相结合的型式，污物可顺利地从滚筒两侧挤出，如图 4-21 所示。

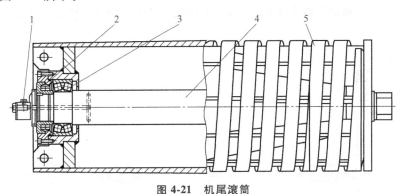

图 4-21　机尾滚筒

1—润滑油进口　2—浮动密封　3—轴承　4—滚筒轴　5—滚筒

（2）可调式托辊支架　为了与带式输送机中间段托辊很好地配套，部分自移机尾的导入端设置了可上下摆动的可调式托辊支架，可以减小胶带的悬空距离，使胶带平缓过渡。浮动托辊组增加了防跑偏立辊，增强了将胶带顺畅导入机尾的功能。

（3）自移机尾的液控部分　带式输送机机尾自移装置的液控系统相对简单，各个液压缸均可以独立进行操作。支撑立缸的无杆腔设置具有自锁功能的液控单向阀，保持高度不变。液控系统由 4 个调高立缸、2 个侧移水平缸、2 个推移套筒缸、2 个浮动（托辊）缸、1组操纵控制阀组、5 个液控单向阀（背压阀）、球型截止阀、高压胶管等组成。用支架乳化液泵站作为动力源，供液压力为 25～31.5MPa。

4 个调高立缸进液回路（升起基架）设有液控单向阀，以保证基架在升起后维持所要求的状态，而不致在自移装置的自重和转载机机头重量作用下下落。侧移水平缸缸体与滑架用压板连接，其活动杆两端通过销轴及滑块与调高立缸相铰接，以实现基架侧向移动，进而带动转载机机头与带式输送机自移机尾侧向移动。2个推移套筒缸以并联同步方式连接布置在行走小车与尾端架之间，分别通过4个销与之相连，构成自移装置的拉移系统。2个浮动缸通过液控单向阀并联，用来调整浮动托辊的高低位置。

4.3 转载输送机与破碎机的监测与智能化控制

4.3.1 链轮大排量智能注油

大排量智能集中润滑是一种新型的脂润滑技术，可有效解决转载输送机高转速工况下链轮润滑不足的问题。利用乳化液驱动定量泵，通过控制电磁阀合理地设置注油时间、等待时间、回程时间等参数，以控制单次循环时间，实现对链轮、破碎机等油脂润滑的轴承组件进行集中式、定时、定点自动注油及润滑，而且能够实现油路各点压力监测、油路堵塞报警，并能实现远程控制，代替以前的手动注油方式，极大减轻了工人的劳动强度，提高了系统润滑的可靠性。

大排量智能集中润滑系统如图4-22所示。当链轮组件运行一段时间后，起动定量泵，关闭球形截止阀10，开通球形截止阀2、4、7，把链轮组件里的润滑油吸出，通过过滤器过滤，

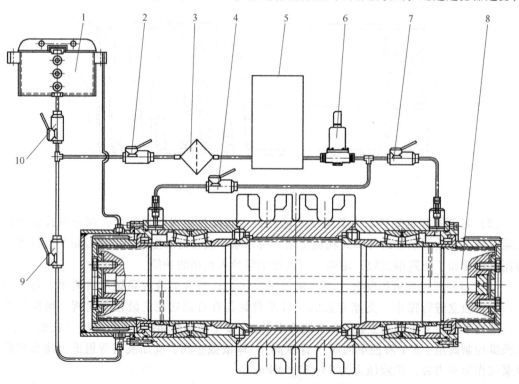

图 4-22　大排量智能集中润滑系统

1—远程注油装置　2、4、7、9、10—球形截止阀　3—过滤器　5—定量泵　6—减压阀　8—链轮组件

经球形减压阀减压后送回链轮体内，通过闭合管路循环，不断地把链轮内旧油吸出、过滤再重新送回，从而达到清理煤灰、铁屑等杂质的目的。供油时关闭球形截止阀 9，开通球形截止阀 10，接通油箱，通过定量泵主动向链轮体内注油，防止链轮组件因为管路堵塞而缺油。通过此系统来改变浮封环组件，轴承在链轮体内运行时有良好的润滑环境，减少煤尘、水等对链轮使用寿命的影响，从而延长链轮组件的使用寿命。

此润滑系统还有另外一个作用，就是将链轮组件的注油方式由被动注油转换为主动注油，可有效解决油路堵塞、油压不足等问题。山西煤机开发的大排量智能化注油系统的监控界面与实物如图 4-23 所示。

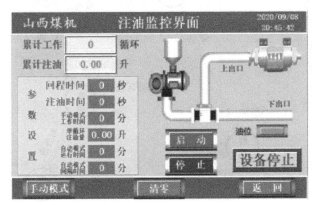

图 4-23　大排量智能化注油系统的监控界面与实物

4.3.2　红外防坠落系统

转载输送机的链速快，往往中间布置有破碎机，工作人员误入后较难脱身，危险极大。综采工作现场工况复杂，布防区域大小、形状各不相同，现场布防更为困难。目前，安全布防装置主要有防护链、安全围栏、标示牌等，主要存在以下问题：①因场地复杂，现场布设围栏、安置警示标志等均较困难；②布防范围随着转载机推进而改变，固定式物理防坠落装置移动困难，易出现布防不到位现象；③在光线不好时，安全遮拦警示效果不明显，检修人员坠落风险大。

为适应不同工作区域布防需求，部分研究人员开发了一种新型红外布防终端，终端集成发射器与接收器。传统安全围栏采用的是"围"和"拦"的方式，智能型红外防坠落装置采取主动实时监测方式，变"被动"为"主动"。

控制系统由 8 个模块组成，如图 4-24 所示。控制模块为装置控制核心，控制各模块完成各项功能；无线模块用于各终端间的组网通信，并及时上传各终端的数据及报警信息；电动机驱动模块用于实现红外对焦电动机的正反转和起停；红外收发模块用于红外线的发射和接收，一旦红外信号接收中断，便及时上送信息至控制模块；声光报警模块

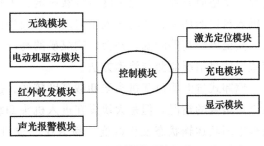

图 4-24　控制系统组成

包含红绿灯、喇叭等报警电路，用于异常时进行声光报警；激光定位模块用于电子围栏的标记，起警示作用；充电模块用外接电源为装置充电；显示模块用于实现红外对射状态、遮挡状态、剩余电量等信息的显示。

发射器与接收器安装在转载机的外沿，分别由不同的电动机控制，可改变发射器与接收器之间的夹角，实现不同终端间的红外对射，形成对射通道，从而实现对布防区域的有效监视。红外防坠落系统的原理如图 4-25 所示。

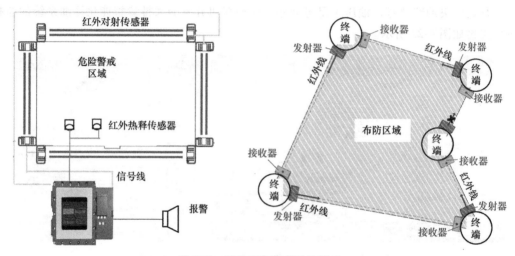

图 4-25   红外防坠落系统的原理

采用 2 组红外热释传感器及 4 组红外对射传感器，构成电子光栅矩阵网，安装在转载机入口处，形成对人员安全的保护，防止人员进入危险区域。该系统采用 PLC 或其他控制器为核心部件，通过对红外对射传感器和红外热释传感器的输入信号进行处理，及时对人员进入危险区域进行准确识别，进而确定报警等级，达到闭锁电动机、保护进入人员安全的目的。

对于不规则形状的布防区域，可通过终端自动调整发射器与接收器之间的夹角，实现布防终端的一一对射，形成对不规则封闭区域的布防。

4.3.3　大块煤监测与预破碎技术

国内外厚、特厚煤层原煤的开采普遍采用一次采全高或综采放顶煤开采工艺。但在开采过程，受地质条件、原煤硬度等因素影响，工作面大块煤较多，极易造成刮板机卸载口与转载机入料口的堵塞，此时需人工采用风镐或爆破的方法将其破碎，此过程存在工人劳动强度大、安全风险高等问题，并会影响煤矿的高产、高效开采。为此，迫切需要一种安全有效的卸载口堵煤情况监测与清理方法。

侧卸式过渡槽由于机头架卸载高度较低，过渡段煤流的爬升角度较小，一般不存在过渡段煤流堵塞的情况。但是大块煤在进入机头卸载口时，需转向 90°卸载到转载机上，在转向过程中因其运输状态发生改变，易卡在卸载口，无法顺利完成卸载，甚至压坏刮板输送机槽。为解决上述问题，部分研究人员在过渡段处装置了如图 4-26 所示的大块煤预破碎装置，利用电动机与减速器直联驱动带有与采煤机类似截齿的滚筒，可对堵塞的大块煤进行破碎清理，解决了厚、特厚煤层开采过程中形成的大块煤阻塞刮板机卸载口而引起的安全生产风险高、生产时间缩减等问题。

大块煤不是长期存在，而大块煤预破碎装置长时间开启会造成过多的电能消耗。因此，对输送机的煤炭物料进行监测，并采用智能化方式控制大块煤预破碎装置的开启与关闭显得尤为必要。

部分研究人员从解决刮板输送机卸载口煤流监测、堵煤监测两个方面建立以摄像机为硬件支撑，采用视频智能分析为基础的卸载口堵煤监测系统。在卸煤的过程中，由于本身的物理性质，大型煤块和石块相对于正常煤流中细碎的煤粒来说反光率较高，反映到图像中，

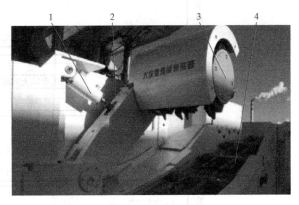

图 4-26　大块煤预破碎装置
1—液压缸　2—摇臂　3—破碎滚筒　4—过渡槽

其特征体现在灰度值上，当实际场景中无煤流经过或者存在大煤块、大石块时，背景模型的灰度值集中分布在较高的部分。为此，部分科研人员开发了以编程语言为基础、通过数据库进行主界面设置、对卸载口煤流及堵煤情况进行实时监控并在发生堵煤时开启输送机机头或转载机机尾的大块煤辅助破碎系统，可有效预防和解决块煤堵塞问题，实现煤流高效转载。

4.3.4　煤量监测技术

随着对煤炭需求量的不断增加，对生产过程中的煤量监测十分重要。煤量监测不仅可以为后续管理提供相应的依据，同时也能够为控制提供反馈物料信息，这些均成为衡量煤矿企业效益的指标。煤量监测系统主要是配合智能煤流协同控制系统进行工作，通过安装在转载机上的红外煤量扫描仪实现对工作面煤量大小的实时监测，为智能协同调速提供一定参考，其架构如图 4-27 所示。

红外线测距的实现主要得益于其穿越其他物质时折射率很小，主要测距方法可分为相位法、三角测距法、时间差测距法等。

1）相位法是通过高频调制发射光，利用相位计比较发射信号与接收信号的相位，得到调制光在往返时引起的相移，从而得到往返时间，再根据光速求出距离。这种方法的测量范围在 300~1000m，其测量精度依赖于频率产生电路与差频测量电路，造价较高。

2）三角测距法是在红外线发射装置、被测物体及红外线接收装置三者之间形成一个三角形的位置关系，通过三角形位置关系中的边、高距离测算方法来推演测量装置距离目标的实际距离。该方法的有效测距级别为 m 级，适合于近距离测量，主要用于机器人障碍识别、汽车避障等。

3）时间差测距法是测量从红外线发射到红外线接收的时间间隔，利用光速求出测量距离。这种方法快速直接，且测量距离与时间呈线性关系，理论上可测出任意范围的距离。但由于光速很大，时间间隔很小，受电子技术及电子器件速度的限制，实际上无法测量电子器

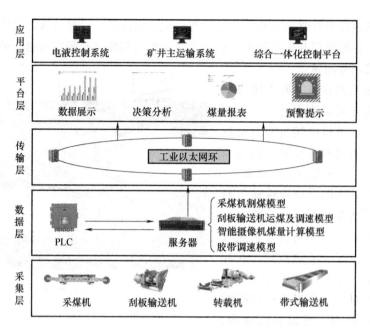

图 4-27　煤量监测系统架构

件无法分辨的时间间隔，故该方法仅适合远距离（大于 1km）测量。

因此，结合上述特点，根据实际工况，在选用红外测距方法上大多选用三角测距法进行测量。转载机的煤量监测装置采用红外线扫描仪的传感方式来对转载机上的煤量进行扫描，如图 4-28 所示。

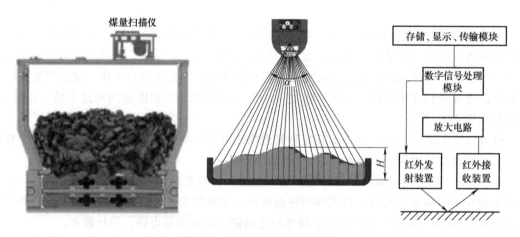

图 4-28　转载机煤量监测装置

该套装置采用 1 台二维红外线测距仪，垂直悬挂在转载机中部槽的上方，红外线发射装置发出的红外线光束，直接投射到综采工作面的转载机上，转载机断面上的不同高度的介质在接收到红外线光束后发生反射作用，红外线接收装置再对反射的光束进行接收，根据发射和接收的时间差值计算红外线传播的距离。

转载机上煤量的负荷与其他系统稍有区别，底层整体为平面，煤量整体覆盖在该平面上，因此煤量也基本均匀分布在转载机中部槽上，在煤量体积计算方面，可将底部设定为标准的平面，煤量的高度为扫描仪扫描到每个点的高度 H，在空载时该点的理论高度为 H_0，二者之差则为该点煤量的高度。通过积分，可以将转载机处的煤量划分为无限个矩形进行计算，计算单个矩形的面积再求和即可获得总的煤量截面积。最后结合转载机速度，即可求得转载机上的煤量总体积。求得单位时间转载机上的运煤量为

$$M = vS\rho$$

式中　M——单位时间转载机上的煤量（kg/s）；

　　　v——转载机速度（m/s）；

　　　S——转载机断面的瞬时煤量（m^2）；

　　　ρ——煤的密度（kg/m^3）。

4.3.5　带式输送机自移机尾的监测与智能化控制

为满足高产、高效智能化工作面采煤需求，带式输送机的自移机尾要求具有自移、调偏和调高等功能，对因地面不平、载荷不均等原因造成的输送带跑偏进行智能化调控。

部分研究者开发了数字自移机尾，其自移、调偏和调高功能均由控制系统控制数字液压缸执行。数字自移机尾控制系统如图 4-29 所示。

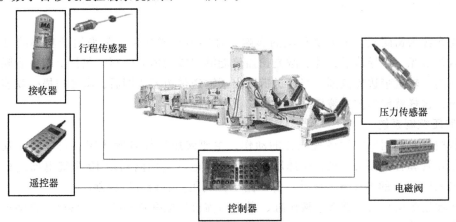

图 4-29　数字自移机尾控制系统

数字自移机尾控制系统的核心控制部件是控制系统，它与电磁阀、数字液压缸、激光扫描仪、遥控器、倾角传感器等外围设备连接，一方面从传感器中读取数据，另一方面利用接收到的数据进行程序计算，再通过电磁阀控制液压缸工作。

1. 数字液压缸绝对编码技术

液压缸行程检测装置是以液压缸为执行元件的电液位置伺服系统的关键部件。数字液压缸与伺服液压系统的最大区别在于数字液压缸的运动特性完全被数字化，即电脉冲的频率与液压缸的运动速度对应、电脉冲的数量与液压缸的行程对应。液压缸行程检测装置的精度、分辨力、可靠性、响应频宽等成为影响电液位置伺服系统跟踪精度和快速性的关键指标。

与液压缸活塞杆配套的行程检测装置是实现液压缸数字化的关键。我国自行研制的绝对

型行程检测装置现已发展到第三代，它具有结构紧凑、体积小等优点，只需直接安装于液压缸的下端盖，且安装、检修非常方便。同时具有高检测精度和高抗干扰性能，保证了开度检测及控制的精确性和设备运行的可靠性。绝对型行程检测装置如图 4-30 所示。

2. 位姿激光扫描技术

激光扫描仪的基本结构包括激光光源及扫描器、受光感测器、控制单元等，其纠偏工作原理如图 4-31 所示。

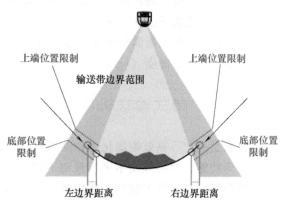

图 4-30　绝对型行程检测装置　　　　图 4-31　激光扫描仪的纠偏工作原理

激光光源为密闭式，不易受环境的影响，且容易形成光束，常采用低功率的可见光激光，如氦氖激光、半导体激光等。激光扫描仪能够扫描物体的轮廓，包括上端位置限制、底部位置限制、输送带边界范围。当输送带跑出了输送带边界范围后，激光扫描仪就能够通知控制系统，这样就能够控制液压缸纠正自移机尾的偏移。

3. 液压控制系统

液压控制系统用来控制各液压缸的动作，主要液压元件有操作阀、安全阀、双向液压锁、高压胶管和各类接头。操作阀选用整体阀组，电磁阀回路利用 10 个继电器进行间接控制，输出采用 12V 的本安电源驱动，每回路单独利用控制器进行控制。

带式输送机运行后根据数字液压缸、激光扫描仪的数据自动控制自移机尾自动推移和纠偏。首先检测的是推移液压缸位移，当位移超过设定值时，降低立缸然后驱动推移液压缸。无论在推移还是正常运行时，带式输送机机尾随时都有可能出现偏移，激光扫描仪一旦检测到机尾偏移量超过设定值，就驱动侧移液压缸进行纠偏。

思考题

4-1　简述转载输送机的组成结构及其功能，以及与刮板输送机的区别。

4-2　传动装置由哪些部件或机构组成？大功率转载输送机传动装置须满足什么要求？

4-3　转载输送机拉移方式有几种？目前主要采用哪种方法？

4-4　破碎机有哪几种驱动形式？它们各自的特点是什么？

4-5　简述带式输送机自移机尾的构成、作用及其推移过程。

参考文献

[1]　王国法. 综采成套技术与装备系统集成 [M]. 北京：煤炭工业出版社，2016.

[2]　杨存灵. 刮板输送机链轮组件润滑油循环过滤系统研究 [J]. 中国设备工程，2023 (21)：21-23.

[3]　孙鹏亮，吴少伟. 基于红外扫描装置的转载机煤量监测技术研究 [J]. 数字通信世界，2022 (8)：63-65.

[4]　李志远，王玉财，李洋，等. 基于红外对射的井坑孔洞智能防坠落装置的设计 [J]. 宁夏电力，2022 (4)：37-43.

[5]　赵建军，张爱锋，王奕，等. 基于视频智能识别的主井卸载口煤流与堵煤监测系统 [J]. 现代矿业，2022，38 (6)：205-208.

[6]　崔卫秀. 刮板运输系统煤流通道堵塞防控技术 [J]. 煤炭科学技术，2021，49 (11)：236-242.

[7]　李敏. 矿用双齿辊破碎机试验机的设计研发 [D]. 济南：山东大学，2020.

[8]　李文越. 锤头刃角对轮式破碎机锤轴组件破碎力学性能的影响 [D]. 太原：太原理工大学，2019.

[9]　朱剑飞，雷志鹏，任锡义，等. 综采工作面双齿辊破碎机自动监控装置设计 [J]. 工矿自动化，2019，45 (7)：17-20；27.

第 5 章　可伸缩带式输送机及其智能化技术

5.1　概述

可伸缩带式输送机是煤矿综采工作面运输物料的重要设备，它的正常运行是保证工作面高效生产的关键。其机身长度可根据工作需要灵活伸长或逐渐缩短，相较于普通带式输送机，可伸缩带式输送机增加了储带装置和收放输送带装置。其工作原理基于挠性体摩擦传动，通过输送带与驱动滚筒之间的摩擦力来推动输送带运行，完成输送作业。

如图 5-1 所示，输送带 10 绕过驱动装置 1 的滚筒，经储带装置 2 的滚筒至机尾架 9 的滚筒形成无级环形带。输送带均支承在托辊 5 上。张紧绞车 4 把工作输送带张紧，使输送带 10 在工作过程中与驱动滚筒产生摩擦力。输送机的伸缩是利用输送带 10 在储带装置 2 内的多次折返和收放来实现的。当张紧绞车 4 拉着储带装置内的活动滚筒向机尾方向移动时，输送带 10 进入储带装置 2 内，此时机尾架 9 在机尾牵引绞车 8 的牵引下回缩，使得整个输送机缩短，反之，则使整个输送机伸长。可伸缩带式输送机还包含清扫装置，因其位置不固定且外形较小，故在图中未标注。

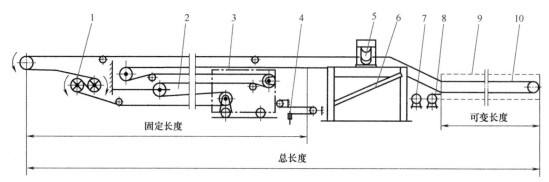

图 5-1　可伸缩带式输送机

1—驱动装置　2—储带装置　3—游动小车　4—张紧绞车　5—托辊　6—机架

7—收放输送带装置　8—机尾牵引绞车　9—机尾架　10—输送带

随着工业自动化和智能化的不断推进，可伸缩式带式输送机也融入了先进的智能化技术。智能化技术的引入使得输送系统能够更加智能地感知、分析和响应环境变化。传感器、自动控制系统数据分析技术的应用使得可伸缩式带式输送机具备了实时监测、自适应调整和安全检测等先进功能，从而提升了生产率和整体管理水平。

5.2　可伸缩带式输送机的基本结构与传动原理

5.2.1　基本结构

1. 输送带

输送带在带式输送机中既是牵引机构，又是承载机构。它不仅应有足够的强度，还要有相应的承载能力。可伸缩式带式输送机通常使用织物芯输送带，分为分层和整芯两种。分层输送带由数层挂胶帆布构成，帆布层上、下各粘有覆盖胶，经硫化后结合为一体，如图 5-2a 所示。帆布层由棉、尼龙等纤维织成或混纺织成。整芯输送带的带芯为一整体编织的帆布层，这种芯体多为化纤织成，如图 5-2b 所示。整芯输送带的优点是厚度小、弹性大、柔性好、耐冲击，不会像分层输送带那样容易产生层间开裂现象。覆盖胶有上、下之分，与物料接触的一面称为上覆盖胶，较厚；反面即为下覆盖胶，较薄。

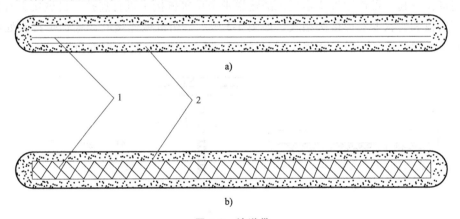

图 5-2　输送带

a）分层输送带　b）整芯输送带

1—帆布层　2—覆盖胶

由于在煤矿井下使用普通橡胶和塑料制成的输送带，一旦起火蔓延很快，根据《煤矿用织物整芯阻燃输送带》（MT 914—2008），产品型号按阻燃带整体纵向拉伸强度划分为680S、800S、1000S、1250S、1400S、1600S、1800S、2000S、2240S、2500S、2800S、3100S 和 3400S，共 13 种。阻燃输送带宽度极限偏差应符合表 5-1 的规定。阻燃带上、下橡胶覆盖层厚度均应不小于 1.5mm。阻燃输送带上、下塑料覆盖层厚度均应不小于 1.0mm。阻燃输送带拉伸强度应符合表 5-2 的规定。阻燃输送带表面应平整，无影响使用的明疤、缺胶和裂痕。带芯应由覆盖层完全封闭，以防受潮变质。

表 5-1　阻燃输送带宽度极限偏差　（单位：mm）

公称宽度	<800	≥800
极限偏差	±7	带宽的±1%

表 5-2　阻燃输送带拉伸强度　　　（单位：N/mm）

型号	680S	800S	1000S	1250S	1400S	1600S	1800S	2000S	2240S	2500S	2800S	3100S	3400S
纵向≥	680	800	1000	1250	1400	1600	1800	2000	2240	2500	2800	3100	3400
横向≥	265	280	300	350		400			450				

阻燃输送带标志示例：

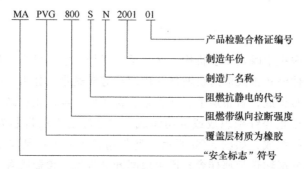

输送带限于运输的条件，出厂时一般制成 100m 或 200m 的带段，使用时，需要将若干条带段连接在一起。可伸缩带式输送机的输送带采用机械接头进行连接。机械接头有铰接合页、铆钉夹板和钩状卡三种接头型式，如图 5-3 所示。用机械连接时，输送带接头处的强度被削弱的情况很严重，一般只相当于原来强度的 35%~40%，且使用寿命短。

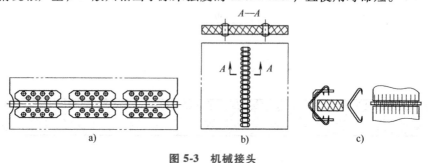

图 5-3　机械接头

a）铰接合页接头　b）铆钉夹板接头　c）钩状卡接头

2. 托辊及机架

托辊的作用是支承输送带，减小运行阻力，并使输送带垂度不超过规定限度，保证输送带平稳运行。对托辊的结构和使用的基本要求是运行阻力小、运转可靠、使用寿命长等。托辊按用途可分为承载托辊与专用托辊。承载托辊分为上托辊与下托辊，专用托辊为调心托辊。

托辊及机架如图 5-4 所示。上托辊 1 一般呈槽形，槽形托辊组由 3 个、2 个或 5 个托辊组成，最常见的为 3 个长度相等的托辊串接而成。3 托辊组中侧托辊的倾斜角度称为槽形角。在我国过去的产品系列中，槽形角大多定为 30°。槽形托辊还有增大货载断面积和防止输送带跑偏的作用。下托辊 2 一般为平直的单托辊，但为了更好地约束输送带、防止跑偏，有的采用双托辊式槽形托辊，其槽形角为 10°左右。下托辊间距较大，一般等于上托辊间距的 2 倍左右。一般的带式输送机，上托辊间距为 1~1.5m，下托辊间距为 2.5~3m。在受料处和凸弧段，托辊间距要小些。

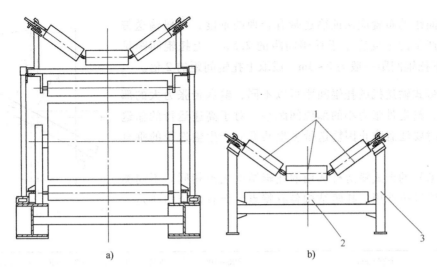

图 5-4　托辊及机架

a）储带张紧仓断面　b）机身断面

1—上托辊　2—下托辊　3—机架

　　调心托辊是将槽形或平形托辊安装在可转动的支架上构成的，如图 5-5 所示。当输送带在运行中偏向一侧时（称为跑偏），调心托辊能使输送带返回中间位置。调心托辊的调偏原理如图 5-6 所示。它的调偏过程为：输送带偏向一侧并碰到安装在支架上的立辊 1 时，托辊架 4 被推到前倾位置。此时，作用在斜置托辊 2 上的力 F 分解成切向力 F_t 和轴向力 F_a。切向力 F_t 用于克服托辊的运行阻力，使托辊旋转；轴向力 F_a 作用在托辊上，欲使托辊沿轴向移动，由于托辊在轴向不能移动，因而 F_a 作为反推力作用于输送带，当 F_a 足够大时，就使输送带向中间移动返回，这时，立辊 1 的推动使转动支架 3 逐渐回到原位。反推力的大小与托辊的前倾角度有关。一般在承载段每隔 10~15 组设置一组调心托辊。

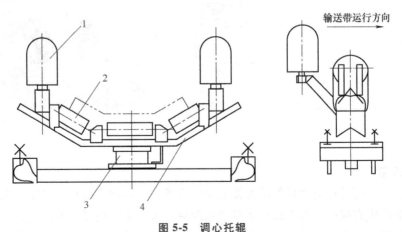

图 5-5　调心托辊

1—立辊　2—斜置托辊　3—转动支架　4—托辊架

　　前倾托辊对输送带的这种横向反推作用也能用于不转动的托辊架。如发现输送带由于某种原因在某一位置上跑偏比较严重时，可将该处的若干组托辊前倾一适当的角度，就能纠正过来。防止输送带跑偏的另一种简单方法是将槽形托辊中两侧辊的外侧向前倾斜 2°~3°。

托辊间距的布置应保证输送带有合理的垂度，一般输送带在托辊间产生的垂度应小于托辊间距的 2.5%。上托辊间距见表 5-3，下托辊间距一般为 2~3m，或取上托辊间距的 2 倍。

大型带式输送机的托辊间距可以不同，输送带张力大的部位间距大，输送带张力小的部位间距小。对于高速运行的输送机，设计时要注意防止因输送带发生共振而产生输送带的垂直拍打。

同一型号的带式输送机选用的托辊结构大致相同。不同类型的带式输送机选用的托辊结构各有特点，但总体结构还是一致的。

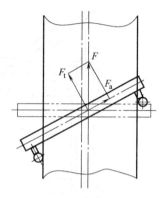

图 5-6　调心托辊的调偏原理

表 5-3　上托辊间距

带宽/mm			300~400	500~650	800~1000	1200~1400
物料堆积密度 /(kg/m³)	≤1800	上托辊间距/mm	1500	1400	1300	1200
	1000~2000		1400	1300	1200	1100
	>2000		1300	1200	1100	1000

托辊密封性的好坏直接影响其阻力系数和寿命。图 5-7 所示为一种典型托辊，煤矿井下用的托辊密封装置不仅应能有效地防止煤尘，还应能有效地防止水进入轴承。对密封性能的具体要求和对各零件、润滑脂及托辊性能的规定，详见《煤矿用带式输送机托辊轴承技术条件》（MT/T 655—1997）。

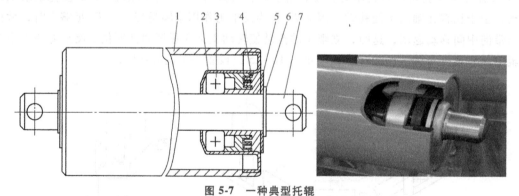

图 5-7　一种典型托辊

1—管体　2—轴承座　3—轴承　4—迷宫形密封圈　5—垫圈　6—挡圈　7—心轴

3. 驱动装置

驱动装置的作用是将电动机的动力传递给输送带，并带动它运行。功率不大的带式输送机一般采用电动机直接起动的方式；而对于长距离、大功率、高带速的带式输送机，采用的驱动装置须满足下列要求：①电动机空载起动；②输送带的速度可调；③能满足频繁起动的需要；④有过载保护；⑤多电动机驱动时，各电动机负载平衡；⑥带式输送机采用可控方式使输送带起动，这样可减小输送带及各部件所受的动负载及起动电流。

驱动装置由防爆电动机、软起动装置、联轴器、减速器和驱动滚筒等组成，如图 5-8 所示。

118

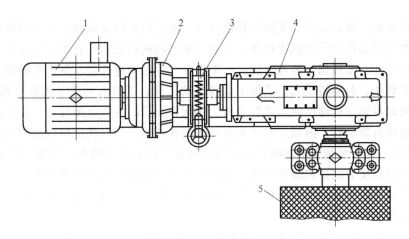

图 5-8　驱动装置组成

1—防爆电动机　2—软起动装置　3—联轴器　4—减速器　5—驱动滚筒

1）防爆电动机。常用的防爆电动机有鼠笼式和绕线异步式。用于采区巷道的带式输送机，如功率相同，可选用与工作面相同的电动机，以便于维护和更换。

2）软起动装置。根据工作原理和结构的不同，国内外常用的软起动装置可大致分为调速型液力偶合器、可控起动传输（Controlled Start Transmission，CST）、液黏软起动及变频调速装置。

调速型液力偶合器：工作时可以动态调节工作腔内的充液量，调节输出转速及力矩，实现无级调速，并且可以实现多机驱动时的负载平衡，适用于大功率、长距离、运量稳定的带式输送机。液力偶合器软起动技术成熟、运行可靠、采购方便、结构简单、操作和维修方便，但是输出转速的调节范围较小，发热量大，可控起动的效果不够理想，通常用于重要性不高的场合。

可控起动传输：是美国为带式输送机设计使用的一套可控起动装置的总称，它的主体是一个可控无级变速的减速器，其原理是在一级行星传动中，用控制内齿圈转速的办法调节行星架输出的转速，使负载得到所需要的起动速度特性和减速特性，并能以任意非额定的低速运行。内齿圈的转动用多片型液体黏滞离合器控制，多片型液体黏滞离合器的原理是依靠动、静片之间的油膜剪切力传递力矩。研究表明，两块盘状平行平板之间充有极薄的油膜（小于 $20\mu m$）时，主动板依靠油膜的剪切力可以向从动板传递转矩，它所传递转矩的大小与两板的间隙（即油膜厚度）成反比。据此，调节离合器环形液压缸的压力，改变动、静片间的油膜厚度，就能控制它所传递的转矩。当输出轴上的转矩大于负载的静阻力矩时，负载就加速；转矩平衡时，负载就稳定运行。在 CST 系统中，与主体可控无级变速减速器配套的装置有控制离合器环形液压缸的液压伺服系统、给离合器和润滑系统供油的液压系统、油液冷却系统及电控监测系统。电控监测系统由 PLC 和监测各种参数的传感器组成。CST 系统具有优秀的软起动性能、优良的调速性能及良好的功率平衡调节性能，但是价格昂贵、维修不方便，一般用于重要场合的大型带式输送机中。

液黏软起动装置：优点是电动机可以空载起动、可以实现功率平衡、具有过载保护功能。但是它对工作油液的品质要求较高，且内部压力大，发热量大，容易造成泄漏。一般应用于一些中型带式输送机中。

变频调速装置：核心部分为变频器和控制器，电动机的转速取决于供电的频率，控制器通过变频器改变电动机定子的供电频率，直接改变电动机的转速和转矩，实现带式输送机可控起动和调速功能。变频调速装置的优点：①具有可控的调速性能，调速范围较大；②采用矢量控制的变频器，起动转矩大，适用于重载起动工况；③具有功率平衡和联机控制能力，可以快速精确地根据主机输出转矩调整输出；④配置灵活，主机故障时，从机可以被设置为主机，保证系统可靠运行。因而，变频调速驱动方式开始逐渐取代机械软起动方式。

3）联轴器。蛇形弹簧联轴器既具有挠性联轴器可以补偿两轴相对偏移的功能，也具有弹性联轴器不同程度的减振和缓冲功能，还具有安全联轴器的过载保持功能，所以在重要场合使用的带式输送机中采用蛇形弹簧联轴器能够减少驱动装置与工作机的共振，还可以减少起动时对输送带的冲击。

如图 5-9 所示，蛇形弹簧联轴器以蛇形弹簧 3 沿轴向嵌入两半联轴节 1 的齿槽来实现原动机与工作机的连接，运转时靠原动端齿面对弹簧片的周向作用力带动从动端来传递转矩。由于弹簧片有一定程度的柔性，在传递转矩时弹簧片发生一定的弹性变形，从而在很大程度上避免了工作机与原动机的共振。由于弹簧片采用优质弹簧钢并经严格的特殊热处理加工而成，具有良好的力学性能，从而大大延长了联轴器的使用寿命。

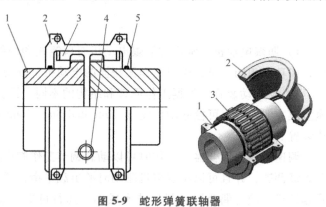

图 5-9　蛇形弹簧联轴器
1—半联轴节　2—罩壳　3—蛇形弹簧　4—润滑孔　5—密封圈

4）减速器。带式输送机用的减速器，有圆柱齿轮减速器和圆锥-圆柱齿轮减速器。圆柱齿轮减速器的传动效率高，但要求电动机轴与输送机垂直，因而驱动装置占地宽度大，井下使用时需加宽硐室，若把电动机布置在输送带下面，会给维护和更换带来困难。所以，用于采区巷道的带式输送机应尽量采用圆锥-圆柱齿轮减速器，使电动机轴与带式输送机平行。

5）驱动滚筒。驱动滚筒是依靠它与输送带之间的摩擦力带动输送带运行的部件，分钢制光面滚筒、包胶滚筒和陶瓷滚筒等，如图 5-10 所示。钢制光面滚筒制造简单，缺点是表面摩擦因数小，一般用在短距离输送机中。包胶滚筒和陶瓷滚筒的主要优点是表面摩擦因数大，适用于长距离大型带式输送机中。其中，包胶滚筒按表面形状不同可分为光面包胶滚筒、菱形（网纹）包胶滚筒、人字形沟槽包胶滚筒。人字形沟槽包胶滚筒胶面摩擦因数大，防滑性和排水性好，但有方向性。菱形包胶滚筒胶面用于双向运行的输送机。用于重要场合的滚筒最好选用硫化橡胶胶面。用于井下时，胶面应采用阻燃材料。

驱动滚筒直径的大小影响输送带绕经滚筒时的附加弯曲应力及输送带在滚筒上的比压。为使弯曲应力不过大，对于帆布层芯体的输送带，驱动滚筒的直径 D 与帆布层数 z 之比的数值确定原则：当采用机械接头时，$D/z \geqslant 100$；对于移动式和井下便拆装式输送机，$D/z \geqslant 80$。

常用驱动滚筒直径见表 5-4。

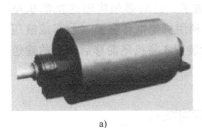  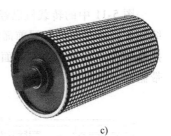

a) b) c)

图 5-10　驱动滚筒

a）钢制光面滚筒　b）包胶滚筒　c）陶瓷滚筒

表 5-4　常用驱动滚筒直径

滚筒直径 D/mm	500	650	800	1000	1250	1400
帆布层数 z	5	6	7~8	9~10	11~12	—

4. 张紧装置

由于带式输送机的动力传动依靠驱动滚筒与输送带之间的摩擦来实现，因此张紧装置是带式输送机必不可少的重要组成部分。输送带张紧力的大小变化及适时调整决定了输送机的正常运行和输送带的使用寿命，因此，张紧装置是影响带式输送机使用的关键设施，合理选择、布置和使用张紧装置是保障带式输送机的整体工作性能的关键。

张紧装置的作用主要有：①保证输送带在主动滚筒分离点处具有适当的张紧力，以保证各种工况下有足够的牵引力，防止输送带与滚筒间打滑；②保证输送带上各点具有必要的张紧力，限制输送带的悬垂度，避免引起输送带运动不平稳或跑偏，减小运行阻力；③用于调整张紧滚筒的位置以补偿输送带的塑性伸长量和弹性伸长量；④当需要重新做接头时，为输送带提供必要的长度；⑤对于可伸缩带式输送机，可用张紧装置来储存多余的输送带。

可伸缩带式输送机常用的张紧装置为液压缸式自动张紧装置和钢丝绳绞车式张紧装置。液压缸式自动张紧装置具有张紧力可调、结构紧凑、稳定性好、响应速度快、操作方便等优点。钢丝绳绞车式张紧装置因其体积小，拉力大，所以广泛应用于井下带式输送机。这种自动张紧装置结构紧凑，绞车不需频繁动作，张紧力传感器不怕潮湿和泥水的影响，工作可靠。

5. 储带装置

由于综合机械化工作面推进速度比较快，因此顺槽的长度和运输距离变化也比较快，这就要求顺槽运输设备能够迅速地伸长或缩短。可伸缩带式输送机就是为了适应这种需要而设计的，它与其他带式输送机的区别在于机头后面加了一套储带装置，也称储带仓，如图 5-11 所示。

储带装置是由固定滚筒 12（固定在机头驱动装置 1 后面的机架上）、活动滚筒架 10（安装在可沿机架移动的小车架上）、活动托辊的支承小车 11（活动托辊安装在小车架上，当活动滚筒架 10 移动时，以支承储带装置内的输送带，其间距可根据需要加以调节）和张紧绞车 8 等组成。活动滚筒架由车架、车轮、滑轮组 9 和换向滚筒等组成。它是利用张紧绞车 8 通过钢丝绳滑轮组牵引沿轨道运行的，并且由张紧绞车 8 和活动滚筒架 10 组成的张紧装置能够使输送带得到适当的张紧力。转载机 7 与可伸缩带式输送机的机尾 6 有一段搭接长度。转载机的机头和桥身部分可在输送机机尾架上纵向移动。

图 5-11 中的转载机已经移至极限位置，不能再继续前进了。这时必须将输送机的机尾缩回去，办法是将机尾前面的中间机架 5 拆除一部分，然后利用机尾推移装置（绞车或液压推移装置）移动机尾与前面的中间机架对接，同时利用张紧装置 3 将机尾前移后多余的输送带储存在储带装置 2 中。

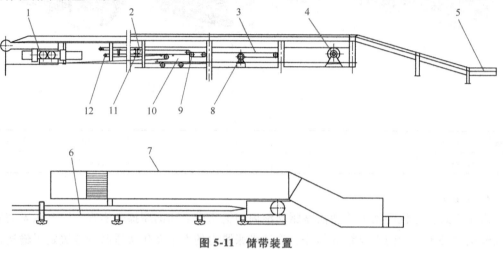

图 5-11　储带装置

1—机头驱动装置　2—储带装置　3—张紧装置　4—收放输送带装置　5—中间机架　6—机尾
7—转载机　8—张紧绞车　9—滑轮组　10—活动滚筒架　11—支承小车　12—固定滚筒

储带装置中的固定滚筒和活动滚筒一般各为两个，这样回空输送带绕过固定滚筒和滑动滚筒，共迂回四次后，才回到机尾滚筒。当储带装置所储输送带的长度为一卷输送带的长度时，拆开输送带接头，起动收放输送带装置 4 将多余输送带卷成一卷取出。进行前进式采煤时，转载机后退，输送机逐渐伸长，机尾后移，加装中间机架，储带装置里的输送带放完后，再加入一卷，其工作过程与后退式采煤相反。

6. 清扫装置

清扫装置是清扫卸载后的输送带表面黏着物的必备装置，其原因如下。

1）输送带的脏面（与货载接触的一面）与滚筒相接触，黏着在输送带上的煤或岩粉很容易损伤输送带。

2）由于输送带上的煤、泥黏着在滚筒表面，使得滚筒的局部直径增大，会导致输送机跑偏。

3）对于多电动机多滚筒驱动，可能使得与脏面接触的滚筒的直径增大，从而造成滚筒上的电动机功率分配不均，甚至发生烧坏电动机的事故。

最简单的清扫装置是刮板式清扫器，它是用重锤或弹簧使刮板紧压在输送带上。此外，还有旋转刷、指状弹性刮刀、水力冲刷、振动清扫等清扫装备。采用哪种装置，视所运物料的黏性而定。输送带的清扫效果，对延长输送带的使用寿命和双滚筒驱动的稳定运行性能有很大影响，在设计和使用中都必须给予充分的注意。

5.2.2　传动原理

1. 摩擦传动原理

输送带是挠性体牵引构件。带式输送机靠驱动滚筒与输送带之间的摩擦力来传递牵引力，其传动原理如图 5-12 所示，当驱动滚筒旋转时，输送带在相遇点的张力 F_y 比分离点的张力 F_l 大，并且 F_y 随负载的增大而增大。F_y 和 F_l 的差值就是摩擦牵引力。

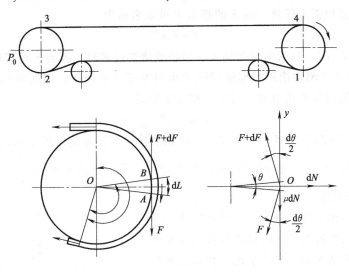

图 5-12　带式输送机传动原理图

取 $\overset{\frown}{AB}$ 段长度的输送带为长度微元，当驱动滚筒沿顺时针方向转动时，作用在微元 $\mathrm{d}L$ 上的力有：点 A 的张力 F、点 B 的张力 $F+\mathrm{d}F$（与 F 成 $\mathrm{d}\theta$ 角）、驱动滚筒对输送带的法向反力 $\mathrm{d}N$ 及摩擦力 $\mu\mathrm{d}N$（μ 为滚筒与输送带之间的摩擦因数）。当忽略输送带自重、离心力和弯曲力矩时，该微元的力平衡方程组为

$$\begin{cases} \mathrm{d}N = F\sin\dfrac{\mathrm{d}\theta}{2} + (F+\mathrm{d}F)\sin\dfrac{\mathrm{d}\theta}{2} \\ F\cos\dfrac{\mathrm{d}\theta}{2} + \mu\mathrm{d}N = (F+\mathrm{d}F)\cos\dfrac{\mathrm{d}\theta}{2} \end{cases} \tag{5-1}$$

由于 $\mathrm{d}\theta$ 很小，故 $\sin\dfrac{\mathrm{d}\theta}{2} \approx \dfrac{\mathrm{d}\theta}{2}$，$\cos\dfrac{\mathrm{d}\theta}{2} \approx 1$。因此，方程组（5-1）可简化为

$$\begin{cases} \mathrm{d}N = \dfrac{F\mathrm{d}\theta}{2} + (F+\mathrm{d}F)\dfrac{\mathrm{d}\theta}{2} \\ \mathrm{d}F = \mu\mathrm{d}N \end{cases} \tag{5-2}$$

略去二次微量 $\mathrm{d}F \cdot \mathrm{d}\theta$ 项，解方程组（5-2），得

$$\frac{\mathrm{d}F}{F} = \mu\mathrm{d}\theta \tag{5-3}$$

式（5-3）为一阶常微分方程。解之可得出张力随围包角 θ 变化而变化的函数 $F=f(\theta)$。在极限平衡状态下，当围包角 θ 由 0 增加到 α 时，张力由 F_l 增加到 $F_{y\max}$。利用这两个边界条件，对微分方程式（5-3）两边求定积分，有

$$\int_{F_l}^{F_{y\max}} \frac{\mathrm{d}F}{F} = \int_0^\alpha \mu\mathrm{d}\theta \tag{5-4}$$

解得

$$\frac{F_{y\max}}{F_l} = e^{\mu\alpha} \tag{5-5}$$

同理，对于围包弧上任意一点 A 的张力 F 可以表示为

$$F = F_l e^{\mu\alpha} \tag{5-6}$$

相遇点张力 F_y 随负载的增加而加大，当负载增加过多时，就会出现相遇点张力 F_y 与分离点张力 F_l 之差大于驱动滚筒与输送带间的极限摩擦力的情况，输送带将在滚筒上打滑而不能工作。若使输送带不在滚筒上打滑，则必须满足

$$F_l < F_y < F_{y\max} \tag{5-7}$$

图 5-13 所示是按式（5-5）、式（5-7）绘制的输送带张力变化规律曲线。从图中可以看出，输送带张力在 $\overset{\frown}{BC}$ 内按式（5-5）所反映的规律变化，在点 C 输送带的张力达到 F_y，在 $\overset{\frown}{CA}$ 内输送带的张力保持不变。

输送带是弹性体，在张力作用下要产生弹性伸长，而且受力越大变形越大。而输送带张力由相遇点到分离点是逐渐变小的，也就是说在相遇点被拉长的输送带，在向分离点运动时，就会随着张力的减小而逐渐收缩。在这个过程中，输送带与滚筒之间便产生相对滑动，称为弹性滑动（或弹性蠕动），显然，弹性滑动只发生在驱动滚筒上有张力差的一段输送带内，这个张力差就是滚筒传递给输送带的牵引力。也就是说在传递牵引力的围包弧内必然有弹性滑动现象，这段由弹性滑动产生的弧称为滑动弧，滑动弧所对应的中心角 λ 称为滑动角，滑动角随着相遇点张力的增大而增加。

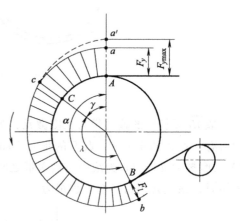

图 5-13 输送带张力变化曲线

2. 单滚筒驱动牵引力的计算

根据式（5-5）可得出驱动滚筒所能产生的极限摩擦牵引力为

$$F_{\mu\max} = F_{y\max} - F_l = F_l(e^{\mu\alpha} - 1) \tag{5-8}$$

从式（5-8）可以看出，提高传动装置牵引力有如下方法。

1）增大 F_l。增加张紧力可使分离点张力 F_l 增大。但在增大 F_l 的同时，必须相应地增大输送带截面积，这样就使输送带费用及传动装置的结构尺寸随之加大，故不经济。

2）增大围包角 α。对于井下带式输送机，因工作条件较差，所需牵引力较大，可采用双滚筒传动增大围包角。

3）增大摩擦因数 μ。通常是在驱动滚筒上覆盖摩擦因数较大的橡胶、牛皮等衬垫材料，以增大摩擦因数。

式（5-8）表示的是驱动滚筒能传递的最大摩擦牵引力。为保证带式输送机安全可靠地运行，在设计时，应对驱动滚筒所能传递的摩擦牵引力考虑一定的备用能力，因此，驱动滚筒实际传递的摩擦牵引力为

$$F_\mu = \frac{F_{\mu\max}}{n} = F_l \frac{e^{\mu\alpha} - 1}{n} \tag{5-9}$$

式中　n——摩擦牵引力备用系数（又称为起动系数），$n = 1.3 \sim 1.7$。

3. 双滚筒传动牵引力的分配

双滚筒驱动采用分别驱动的方式，如图 5-14 所示。

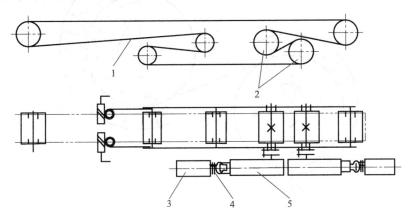

图 5-14　分别驱动的方式

1—输送带　2—驱动滚筒　3—驱动电动机　4—联轴器　5—变速箱

两滚筒分别用单独的电动机驱动。设计时在总功率确定后，需要解决如何分配两个滚筒所传递的功率的问题。运转中由于两台电动机的特性差别、两滚筒直径的差别及输送带弹性的影响，两台电动机的实际输出功率与设计时分配的功率往往不同。传动功率的分配，有按最小张力分配和按比例分配两种方式。

（1）按最小张力分配　按最小张力分配指传递一定的牵引力，输送带的张力最小。总的摩擦牵引力 $F_{\mu max}$ 一定时，为使 F_l 最小，在摩擦因数不变的条件下，要充分利用围包角 α。若两滚筒的围包角分别为 α_1 和 α_2，双滚筒分别传动时的输送带张力变化曲线如图 5-15 所示，则相遇点一侧的滚筒 I 所能传递的最大牵引力为

$$F_{I \, max} = F'_l(e^{\mu \alpha_1} - 1) \tag{5-10}$$

分离点一侧的滚筒 II 所能传递的最大牵引力为

$$F_{II \, max} = F_l(e^{\mu \alpha_2} - 1) \tag{5-11}$$

当滚筒 II 的围包角得到充分利用，也就是利用 α_2 角时

$$F'_l = F_l e^{\mu \alpha_2} \tag{5-12}$$

将式（5-12）代入式（5-10）得

$$F_{I \, max} = F_l e^{\mu \alpha_2} (e^{\mu \alpha_1} - 1) \tag{5-13}$$

为充分利用围包角，应按式（5-13）和式（5-11）求得的牵引力计算和配备两个滚筒所需要的电动机功率。按图 5-15 所示的围包方式，一般情况下 $\alpha_1 = \alpha_2 = \dfrac{\alpha}{2}$，代入式（5-13）、式（5-11）得

$$F_{I \, max} = F_l e^{\mu \frac{\alpha}{2}} (e^{\mu \frac{\alpha}{2}} - 1) \tag{5-14}$$

$$F_{II \, max} = F_l(e^{\mu \frac{\alpha}{2}} - 1) \tag{5-15}$$

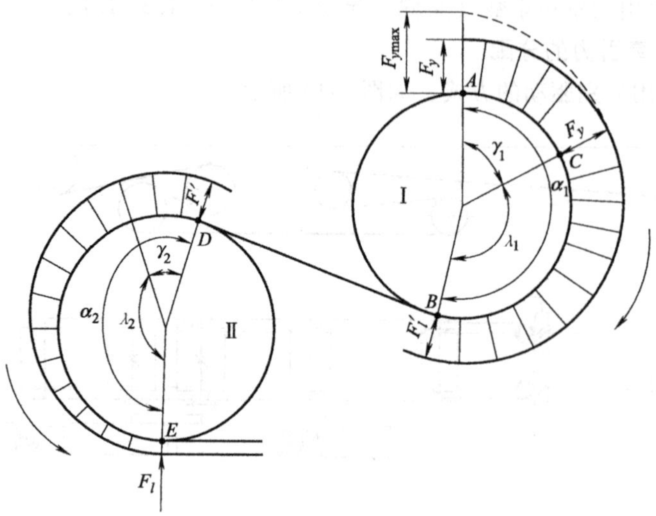

图 5-15 双滚筒分别传动时的输送带张力变化曲线

由

$$F_{\mu max} = F_{I\,max} + F_{II\,max} = F_l(e^{\mu\frac{\alpha}{2}}-1)(e^{\mu\frac{\alpha}{2}}+1) \tag{5-16}$$

得

$$F_l = \frac{F_{\mu max}}{(e^{\mu\frac{\alpha}{2}}-1)(e^{\mu\frac{\alpha}{2}}+1)} \tag{5-17}$$

式（5-17）是传递一定的摩擦牵引力 $F_{\mu max}$，且按式（5-14）、式（5-15）配备两滚筒电动机时，输送带分离点应有的张力。按最小张力分配的优点是，传递一定的牵引力时，输送带张力最小，有利于输送带运行。缺点是很难选到合适的电动机，且两滚筒所用的电动机功率不同、减速器不同，设计和使用都不便。

（2）按比例分配　按比例分配是按比例将总功率分到两个滚筒上，通常采用按 1∶1 和 2∶1 两种分配方式。

1）按 1∶1 分配。以这种方式分配时，可设两滚筒功率相同，各为总功率的 1/2。其优点是电动机、减速器及相关设备都相同，运转维护方便，因此采用较多。缺点是不能充分利用相遇点一侧的滚筒 I 所能传递的摩擦牵引力，因而需要加大输送带的张力。

按 1∶1 分配时，两滚筒传递的总牵引力为

$$F_{(1:1)\mu max} = 2F_{II\,max} = 2F_{l(1:1)}(e^{\mu\frac{\alpha}{2}}-1) \tag{5-18}$$

$$F_{l(1:1)} = \frac{F_{(1:1)\mu max}}{2(e^{\mu\frac{\alpha}{2}}-1)} \tag{5-19}$$

将式（5-19）与式（5-17）比较，因 $e^{\mu\frac{\alpha}{2}}>1$，所以当两滚筒传递的总牵引力相同，即 $F_{(1:1)\mu max} = F_{\mu max}$ 时，$F_{l(1:1)} > F_l$。这就是说为传递同样的牵引力，采用 1∶1 分配，需要加大分离点的张力，即需要将输送带的张力加大。

2）按 2∶1 分配。这是将相遇点一侧的滚筒 I 的功率按滚筒 II 的 2 倍进行分配。这种方

式的优点是两滚筒既可使用相同的电动机、减速器及有关设备，又可充分发挥滚筒 I 的摩擦牵引力。传递同样牵引力时，所需输送带的张力比按 1∶1 分配小得多。缺点是滚筒 I 需两套电动机和减速器，占地面积大。

由式（5-14）和式（5-15）可知，当两个滚筒的布置满足，$\alpha_1 = \alpha_2 \approx 210°$，如摩擦因数 $\mu = 0.2$，$e^{\mu\frac{\alpha}{2}} = 2.08$，按张力最小分配法计算可得 $F_{I\,max} = 2.08 F_{II\,max}$。相当于按 2∶1 的功率分配，此时两个滚筒的摩擦牵引力已接近充分发挥。如围包角和摩擦因数不是上述数值，按 2∶1 分配电动机功率时，输送带张力要大一些，但比按 1∶1 分配所需张力要小得多。设计时，应按实际条件的摩擦因数合理调整围包角，使两滚筒所传递的牵引力比值接近 2∶1。

以上分析了双滚筒分别传动时，按一定关系分配两个滚筒的功率。在实际运转中，由于所用电动机特性差别、滚筒直径差别和输送带弹性的影响，电动机实际功率会发生变化，若考虑这些因素的影响，则两个滚筒实际负载牵引力之比 t 为

$$t = \frac{F_1}{F_2} = \frac{\dfrac{\sigma_{e2}}{F_{e2}} D_2 F - (D_2 - D_1)}{\left(\dfrac{\sigma_{e1}}{F_{e1}} + \dfrac{1}{G} \right) D_1 F + (D_2 - D_1)} \tag{5-20}$$

式中　F_{e1}——滚筒 I 在额定转数 n_{e1} 时的额定牵引力（N）；

F_{e2}——滚筒 II 在额定转数 n_{e2} 时的额定牵引力（N）；

σ_{e1}——滚筒 I 电动机的额定滑差（%）；

σ_{e2}——滚筒 II 电动机的额定滑差（%）；

D_1——滚筒 I 的直径（m）；

D_2——滚筒 II 的直径（m）；

G——输送带的刚度（N/m）；

F——输送机的总牵引力（N），$F = F_I + F_{II}$。

由式（5-20）可以看出，在实际运转中，由于上述因素的影响，尤其是两滚筒直径差别较大时，对分别传动的两滚筒的实际影响很大，特别是对滚筒 II 的影响更大，在设计和使用中应充分注意。选用电动机功率时，应有一定的裕度，以免严重过载时烧坏电动机。改善双滚筒传动负载不均匀的有效方法，除在电动机和减速器之间采用液力偶合器，以增大滚筒的滑差外，还应在工作中对输送机加强维修，将卸载后的输送机清扫干净，防止煤粉黏着在滚筒表面，使两驱动滚筒的直径大小不一。另外，在选型设计时，可伸缩带式输送机应按照其达到最大伸长量时的牵引力来进行计算。

5.3　带式输送机自动控制技术

带式输送机的自动控制按照带式输送机的工艺控制要求实现每台带式输送机的可靠起动与停止、平滑调速、安全制动、运行保护等工艺控制功能。同时按煤流方向实现上、下游设备之间的集中联锁控制。

5.3.1 自动控制系统构成

带式输送机自动控制系统如图 5-16 所示，是集供电、传动、控制、监测为一体的综合监测控制系统，主要包括上位机监控系统、现场主控制器、电气传动系统、高低压配电系统、辅机设备控制系统、设备在线监测系统和设备安全保护系统等。

上位机监控系统由计算机与网络通信设备组成，采用工业控制软件对控制设备进行实时在线监测。现场主控制器主要由可编程控制设备组成，主要完成带式输送机的自动控制、保护和数据采集功能。电气传动系统主要由变频传动或其他软起动装置组成，完成带式输送机的软起、软停控制与运行速度调节。高低压配电系统主要由高低压配电柜组成，可实现远程操作与电气自动保护、数据监测。辅机设备控制系统功能主要包括张紧装置控制、制动闸盘控制，也包括给料机等上下游设备的联锁控制。设备在线监测与安全保护系统由设备在线监测装置和保护传感器组成，实现对带式输送机运行过程的运行监测与故障保护。

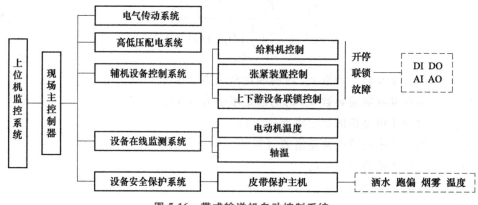

图 5-16　带式输送机自动控制系统

5.3.2 自动控制系统功能

1. 带式输送机单机自动控制功能

（1）数据采集　主控制器与各装置或系统通过通信接口或 I/O 接口实现数据采集，其主要监测以下内容：①设备运行、故障等状态参数监测，如电压、电流、有功功率、无功功率、功率因数、频率、电动机转速等运行参数；②设备温度在线监测，如电动机绕组和前后轴承温度、减速器前后轴承温度等；③高、低配电柜状态参数，如合闸、分闸、故障等状态；④辅助设备工作状态监测，即张紧装置工作状态、制动闸工作状态等；⑤带式输送机保护数据监测。

（2）带式输送机控制功能　控制系统根据带式输送机起停要求、工况特性，可以实现以下功能：①对带式输送机进行软起控制，实现带式输送机起动时的张力平衡，减少对电网和设备的冲击；②对驱动装置故障进行检测，协调控制多台电动机的功率平衡和速度同步；③可实现速度给定与调速控制，可低速验带；④实现与辅助设备的协调控制，如与机械制动器的配合、与张紧装置的配合；⑤实现上、下级带式输送机联锁控制；⑥实现大运量下带式输送机电气制动；⑦实现带式输送机保护控制功能。

（3）带式输送机控制方式　带式输送机控制系统具有自动方式、手动控制、检修方式、就地控制的模式。各工作方式下，需能保证上下游设备之间的联锁关系。

自动方式：自动方式下，采用控制器程序控制模式，操作员在远端通过通信或现场控制台一键完成带式输送机的起停控制。在运行过程中，主控制器自动进行数据采集、在线监测、工艺过程控制。

手动控制：手动控制方式下，通过操作台上的起动按钮控制各个设备的单起、单停，并保证各个设备与带式输送机实现联锁功能。

检修方式：检修方式下，带式输送机可低速验带，便于检修人员认真检查。

就地控制：就地控制方式下，各个设备可实现单独控制。就地控制主要在现场操作台出现故障时应用。

2. 带式输送机运输系统多机集中控制功能

带式输送机运输系统集中控制主要由运输系统远程集控中心对运输系统各带式输送机的现场控制设备实现远程集中控制，由运输系统远程集控中心和各带式输送机现场控制站组成。运输系统远程集控中心由数据服务器、上位工控机、显示器、不间断电源、通信网络和相应的系统软件、监控软件及组态软件组成。工控机采用主、从热备份工作方式，实现双机控制，当其中一台工控机出现故障时，系统可自动切换到另一台工控机，以防止数据丢失或控制失效，可实现多条带式输送机集中控制和监测。各现场控制站主要完成单台带式输送机的自动控制与保护功能。

（1）集中监控功能　集控中心能够完成对运输系统中各带式输送机各种状态的监控，实时了解各带式输送机的工作状态、故障性质、故障地点、煤仓煤位、带式输送机速度等各种重要参数和信息。对整个带式输送机运输线上的设备进行全方位监控，可以对带式输送机运输系统的跑偏、堆料、断带、撕裂、拉绳、急停、温度、烟雾、电动机电压、电动机电流、带间联锁等状态进行监控，还可以对运输线的相关辅助设备进行联锁监控，包括给料机、除尘系统、洒水阀等；系统通过通信网络依次巡检各现场控制站，接收现场控制站采集的各种信息，并负责各台相关设备之间的联锁控制，发出远程控制指令。

（2）集中控制方式　带式输送机的集中控制方式有远程集中控制、现场控制两种工作模式。

1）远程集中控制模式：将工作模式设置为集中控制时，所有设备由集中控制中心控制，在集中控制中心能远程控制带式输送机、给煤机等设备的开、停，便于指挥和控制运输系统高效运行。集中控制模式用于正常生产，由集中控制中心按照煤流设备队列的联锁关系，实现设备按逆煤流方向成组或逐台顺序延时起车，按顺煤流方向成组或逐台顺序延时停车。设备起停的延时时间因设备而异，原则是运行时不堆煤、停车后不存煤。在集中控制模式下，通过选择不同的控制流程，起停不同的设备队列。

2）现场控制模式：在现场控制模式下，现场根据实际情况选择不同的方式进行控制，可选择单机自动、手动、就地等不同方式。

此外，设备的禁起、故障急停均需符合设备之间的联锁要求。

5.4 大型带式输送机自动张紧技术

大型带式输送机在运行中对输送带的张力要求特别高，尤其是巷道输送机的自移机尾，要随时按需要自行移动完成输送机收缩作业，输送带需经常收缩和卷带，要求输送带张力能自动调节。下面对液压缸自动张紧装置和自动变频绞车进行介绍。

5.4.1 液压缸自动张紧装置

按控制方法，我国的液压缸式自动张紧装置的发展经历了继电器控制、PLC 及比例控制2 个阶段。

PLC 及比例控制的自动张紧装置通过压力传感器配合 PLC、比例控制系统对压力进行闭环控制，实现张紧力在各控制点之间连续、平缓变化，可对系统压力实现实时、连续的监控，属于智能型无级控制，也称为动态自动张紧装置。

PLC 及比例控制的液压缸式自动张紧装置的液压系统如图 5-17 所示。电磁换向阀 7 的右位工作，压力油进入张紧液压缸 10 的活塞杆腔进行张紧。电磁球阀 13 接通，通过线性控制比例溢流阀 12 电磁线圈的供电电流就可以调整进入张紧液压缸 10 的油压，从而实现输送机起动工况、运行工况和停机工况等张紧力大小的调整，并且是连续、平缓地调整，使其具有较高的张紧力控制精度。

5.4.2 自动变频绞车

自动变频绞车主要适用于长距离带式输送机的张紧，尤其是顺槽可伸缩带式输送机。自动变频绞车式总控制策略是张力传感器检测带式输送机张力信号，PLC 处理器处理张力信号，变频绞车执行处理器动作。

自动变频张紧绞车主要由张紧绞车、液压系统、变频控制箱、操作箱、缓冲装置及传感器等组成。操作箱可实现变频调速自动张紧装置的就地控制和数据监测。变频控制箱通过采集外部张力传感器和压力传感器的数据，实时

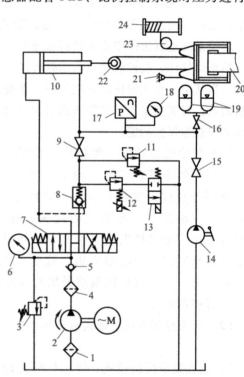

图 5-17 液压缸式自动张紧装置的液压系统图

1—粗过滤器 2—液压泵 3、11—溢流阀
4—精过滤器 5—单向阀 6、18—压力表
7—电磁换向阀 8—液控单向阀 9、15、16—截止阀 10—张紧液压缸 12—比例溢流阀 13—电磁球阀 14—手动泵 17—压力传感器 19—蓄能器
20—张紧小车 21—固定绳座 22—动滑轮
23—定滑轮 24—电动或液压固定慢速绞车

控制张紧绞车的起停、方向和速度。液压系统负责为制动器提供工作压力。缓冲装置可在张力出现瞬间峰值时提供缓冲作用，减小对张紧绞车和整个机械结构的冲击。

通过 PLC 来精确控制电动机的运行转矩，对应给出输送带张紧的最大拉力，对张力传感器采集的数据进行比较和补偿，使实际张力与设定张力相互一致来实现带式输送机张力的适时调节。当设定张紧拉力大于带式输送机实际张力时，电动机正向缠进（紧带），直至带式输送机实际张力与设定张紧拉力接近静止平衡；当设定张紧拉力小于带式输送机实际拉力时，电动机被迫反向运行（松带），电动机处于发电状态，经变频器整流回馈单元，将多余的能量回馈到电网，直至带式输送机实际张力与设定张紧拉力接近静态平衡。当设定张紧拉力等于带式输送机实际张力时处于保持状态，张力可在一定范围内自动控制。

在电气上，为防止出现溜车现象，在绞车电动机起动时，必须先起动变频器对电动机励磁，直到电动机起动转矩达到一定值后再打开制动器。

5.5　带式输送机煤流智能感知

在带式输送机节能控制系统中，煤流检测是至关重要的环节。传统的检测方法通常涉及在输送带上安装轮式料流传感器，当有煤流经过时，传感器通过抬起触发开关来进行检测。然而，这种传感器存在可靠性差、故障频发等问题，无法准确检测煤流的大小。有两种新技术可以用于煤流检测：视频图像煤流识别分析技术和激光测量分析技术。

5.5.1　视频图像煤流识别分析技术

通过视频识别和图像分析技术能够确定输送带上煤量、瞬时煤流截面积与输送带的运行速度，从而建立计算模型，检测输送带上的来料情况以及煤流的分布均匀性。所有煤流量检测后的信号源都被连接到控制主机上。根据带式输送机的连接配置、煤流量监测信号和输送机参数进行逻辑编程，控制带式输送机实现变频调速运行，以达到最佳的节能效果。

在视频中设置一个检测区域，如图 5-18 所示。当煤流经过该检测区域时，检测设备会检测到流量的变化，并向控制主机发送信号。根据这些信号，控制主机可以确定输送带上是否有煤流，并相应地进行起动或停止控制。同时，通过监测输送带上的煤流情况，利用变频设备控制电动机的转速，以达到节能控制的目的。

5.5.2　激光测量分析技术

利用激光测距原理实时测量输送带上某一点的煤位高度，通过在输送带横向上设置多个测量点，结合输送带的宽度，可以绘制出煤流的截面图形。这些截面图形的轮廓称为煤流截面包络线，如图 5-19 所示。通过煤流截面包络线，可以计算出瞬时煤流截面积，并通过多个采样周期的值得出平均煤流截面积，从而反映当前的煤量大小。根据输送带调速的分段要求，将测得的煤量大小划分为不同的区段，如无煤、少煤、正常、多煤等，并将其显示在界面上，并由此控制输送带以不同的速度运行。

图 5-18　检测区域

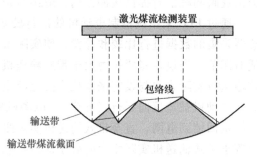

图 5-19　煤流截面包络线

132

5.6　基于物料运量智能调速节能技术

由于煤炭开采和井下环境的特殊性，带式输送机的煤炭运输量无法保持均匀，带式输送机配置的机械和电气设备的选型通常是根据煤矿生产的最大可能情况确定的，有一定的冗余。因此，电动机通常具有 20% ~ 40% 的裕度，这导致带式输送机经常处于轻载或空载状态，从而造成大量的电能浪费和设备空载磨损，影响设备的使用寿命，也增加系统的运行成本。

为了减少空转的能耗，根据不同段物流载荷变化，实现自适应调速节能。对于带式输送机的总功率而言，有两个重要参数，即输送带运量 Q 与运行速度 v，当 Q 相同时，则带式输送机功率 P 与 v 成正比。当带式输送机工作，处于不同煤流量时，v 与 P 的关系如图 5-20 所示。

为了减少带式输送机的输出功率，只有降低输送带的运行速度，降低带式输送机所消耗的总功率，才能达到节能的目的。然而，降低运行速度会导致物料线密度增加，必然受到输送带宽度和强度的限制。在安全要求的范围内，尽可能选择较低的运行速度以实现节能效果。

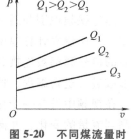

图 5-20　不同煤流量时 v 与 P 的关系

如果 q_m 是带式输送机在工作状态可允许的最大物料线密度，则输送带运行速度 v 与运量 Q 可表示为

$$v = \frac{Q}{3.6q_m} \tag{5-21}$$

由式（5-21）可以得出：为了使带式输送机的输送带强度和输送带宽度在安全状态范围内，必须维持 q_m 恒定不变。如果 Q 发生改变，则 v 也相应发生变化，当 Q 降低为 0 时，v 也相应地变为 0。然而，在煤矿实际生产中，带式输送机不可能一直随时改变速度或者随时起动和停止，所以，在煤流量比较小的情况下，输送带运行速度取最小值即可满足要求。输送带运行速度 v 与输送带运量 Q 之间的变化关系如图 5-21 所示。

图 5-21 所示的输送带运行速度 v 与运量 Q 之间的关系可表示为

$$\begin{cases} v = \dfrac{Q}{3.6q_m} & (Q > Q_{min}) \\ v = v_{min} & (Q \leqslant Q_{min}) \end{cases} \qquad (5\text{-}22)$$

由以上分析得出：当 Q 较小时，通过减小变频器频率（即电动机转速）使 v 与 Q 相匹配，可以达到节能的目的。相应地，当 Q 增加时，v 也增加，始终使 v 与 Q 保持最佳匹配关系，就可以达到有效节能的目的。

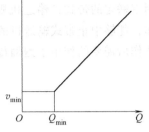

图 5-21　输送带运行速度 v 与输送带运量 Q 的变化关系

采用自学习型智能煤流控制模型，查找和计算与实际原煤输送相关联系统的实际工作点，通过系统调节，使其运行在实际工作点上，从而降低能耗，减少设备耗损。这种模型借助于神经网络算法和遗传算法建立参考模型，实现自寻优控制。通过现场样本数据测定和模型优化，得出煤流量和速度的最佳匹配值。最后，通过系统控制设计，完成带式输送机智能调速节能控制。

在煤矿实际生产中，带式输送机的煤流量在运行过程中不断变化，无法固定为某一个数值。为了更好地适应这种变化，需要结合优化结果和实际生产情况，将煤流量划分为不同的区间，并在每个区间进行优化匹配，实现带式输送机的智能分段调速控制。煤流量的划分区间如图 5-22 所示。

此外，为实现上述方法，需要在各带式输送机合适位置的上方安装煤流监测传感器进行煤流量实时检测，并采用变频调速装置实现带式输送机智能调速，从而达到多级联动的节能优化控制目标。

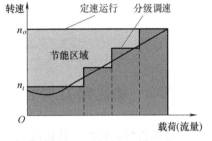

图 5-22　煤流量的划分区间

5.7　带式输送机安全保护检测技术

5.7.1　输送带跑偏检测

在带式输送机运行过程中，输送带偏离输送机中心一定程度时，就会发生跑偏故障。带式输送机的跑偏是一种常见故障，会造成物料倾撒、托辊轴承损坏、输送带断裂等。造成输送带跑偏的根本原因是输送带所受的外力在输送带宽度方向上的合力不为 0，或者在垂直于输送带宽度方向上的拉应力不均匀，从而导致托辊或滚筒等对输送带的反力产生一个向一侧的分力，在此分力的作用下输送带向一侧偏移。

带式输送机的跑偏保护装置应成对使用，且机头、机尾处各安装一组，当带式输送机有坡度变化时，应在变坡位置处安装一组跑偏开关，如图 5-23 所示。简易跑偏保护装置只需在机头安装即可，跑偏保护装置应用专用托架固定在带式输送机大架或纵梁上，对带式输送机上带的偏离情况进行保护。当运行的输送带跑偏超过托辊边缘 20mm（如使用三联辊的带式输送机则超过 70mm）时，跑偏保护装置应报警。当运行的输送带超出托辊 20mm（如使用三联辊的带式带输送机则超过 70mm）时，延时 5～15s 后，跑偏保护装置应进行可靠动作，能够中止带式输送机的运行。对于使用接触式跑偏传感器之类的跑偏保护装置，其保护动作所需要的作用于跑偏传感器中点的正向力为 20～100N。

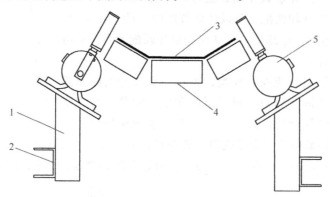

图 5-23　跑偏开关安装示意图

1—安装支架　2—支架　3—输送带　4—托辊　5—两极跑偏开关

5.7.2　输送带打滑检测

输送带正常运转时，其速度应与驱动滚筒表面旋转的线速度相同，带速不能低于驱动滚筒表面线速度的 95%。但在实际运行中，由于多种原因，造成输送带与驱动滚筒转速不相等，或是驱动滚筒转而输送带不转，这种现象就称为打滑。输送带发生打滑后，会造成物料回流散落，严重时可能引起输送带磨损加剧、输送带断裂甚至电动机烧毁等异常情况发生，影响带式输送机的安全稳定运行。

带式输送机防打滑保护装置应安装在带式输送机回程带上面，电感式防滑保护装置如图 5-24 所示。简易防滑保护装置应设在改向滚筒侧面，与滚筒侧面的距离不超过 50mm，防滑保护装置安装时，传感器应采用标准托架固定在机头大架上，严禁用铁丝或其他物品捆扎固定。当输送带速度 10s 内均在 50%～70%v_e（v_e 为额定带速）范围内、输送带速度小于或等

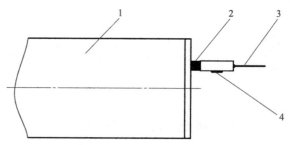

图 5-24　电感式防滑保护装置

1—改向滚筒　2—磁钢　3—信号线　4—传感器

于 50%、输送带速度大于或等于 110%v_e 时，防滑保护装置应报警，同时中止带式输送机的运行。对带式输送机正常起动和停止的速度变化，防滑保护装置不应有保护动作。

5.7.3　输送带撕裂检测

对于输送机输送带撕裂的检测，多采用机器视觉的方法，随着硬件设备算力的提高与算

法的改进，检测系统可具备较高的实时性，同时，非接触式的测量方式使得系统便于现场安装。一般将光源与相机安装于输送带下方，采集输送带图像，应用图像处理方法，检测输送带是否发生撕裂，并结合速度传感器确定撕裂位置和长度。

由于输送带划痕、表面残煤等的影响，图像处理方法难以直接将撕裂区域从背景中分割出来，因此结合线激光的撕裂检测正逐渐被应用，如图 5-25 所示。先向输送带表面投射多条激光条纹，并利用工业相机采集激光条纹图像，然后通过提取激光条纹中心线并分析其特征来判断输送带是否发生撕裂。

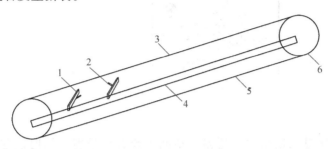

图 5-25　结合线激光的撕裂检测

1—矿用本安型结构光发射器　2—矿用本安型工业相机　3—上输送带　4—机架　5—下输送带　6—滚筒

5.7.4　堆煤检测

堆煤故障是指带式输送机输送的物料在运行中由于某些原因在卸载点堆积堵塞，无法实现正常运输。堆煤会导致输送带磨损、输送机机头埋料等问题，影响生产率和设备寿命，甚至还会引起火灾等安全事故。

堆煤检测是由堆煤传感器实现的，堆煤保护装置如图 5-26 所示。两部带式输送机转载搭接时，堆煤保护传感器应在卸载滚筒前方吊挂，传感器触头水平位置应在落煤点的正上方，距下部输送带上带面最高点距离不大于 500mm，且吊挂高度不高于卸载滚筒下沿，安装时要考虑到洒水装置状况，防止堆煤保护误动作。使用溜煤槽的输送带，堆煤保护传感器触头可安装在卸载滚筒一侧，吊挂高度不得高于卸载滚筒下沿，水平位置距卸载滚筒外沿不大于 200mm。输送带与煤仓直接搭接时，分别在煤仓满仓位置及溜煤槽落煤点上方 500mm 处各安装一个堆煤保护传感器，两处堆煤保护传感器都必须灵敏可靠。当堆煤保护装置在 2s 内连续监测到煤位超过预定值时应报警，同时，中止带式输送机的运行。

5.7.5　温度及烟雾检测

由于摩擦等原因，带式输送机运输过程中，可能发生托辊、滚筒等部件温度过高。超温度保护由温度传感器实现，当驱动滚筒与输送带的温度超过规定值时，传感器发出报警信号，同时控制带式输送机停机。

热电偶感应式超温洒水保护传感器应固定在主驱动滚筒轴承座上。采用红外线传感器时，传感器发射孔应正对主驱动滚筒轴承端盖处进行检测，传感器与主驱动滚筒距离为 300~500mm。有两套驱动装置时，温度传感器安装在距离卸载滚筒较远处的主滚筒轴承端

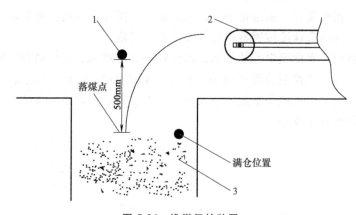

图 5-26　堆煤保护装置

1—堆煤传感器触头　2—卸载滚筒　3—煤仓

盖上。测温点温度超过规定值时，超温自动洒水装置应报警，同时能起动自动洒水装置（带式输送机超温自动洒水装置采用 U 形卡固定在主驱动架后主滚筒处的斜撑上，喷嘴正对着主滚筒），通过喷水降温。有两套驱动装置的输送带，洒水装置必须与超温保护装置安装在同一驱动滚筒上。

带式输送机在使用过程中的烟雾大多是由机械摩擦引起的，一般伴随着温度故障产生，很容易引发火灾。产生火灾的原因主要有两种情况：输送带被卡死而主动滚筒完全打滑，或者托辊被卡死而与输送带之间发生高速摩擦，散落黏着在滚筒或托辊上的煤粉在摩擦升温的作用下被点燃；带式输送机电动机和主滚筒之间的液压联轴器的过热保护不良，过热的油蒸气喷出并与空气中的氧气作用引起火灾；输送带上的煤自燃，并引燃输送带而引起带式输送机火灾。

烟雾保护装置（见图 5-27）通过烟雾传感器，对带式输送机因摩擦、打滑等原因引起的火灾及周围环境气体状况进行监控，在冒烟和着火时发出报警信号，同时控制带式输送机停机并驱动洒水装置洒水，以免事故扩大，造成不可挽回的损失。烟雾传感器安装在带式输送机机头驱动滚筒的下风侧 10～15m 处的输送机正上方。根据输送机运行的实际状况，还应根据输送机在巷道中的情况及巷道内通风风向，在输送机所在巷道内隔一定距离设置一组烟雾保护，防止输送带与带式输送机机架、矸石发生摩擦，特别是在带式输送机停机后，由于温度会瞬时升高而造成的输送带着火。

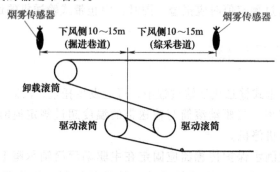

图 5-27　烟雾保护装置

思考题

5-1　简述可伸缩带式输送机的组成结构及其功能。

5-2　驱动装置由哪些部件或机构组成？长距离、大功率、高带速的带式输送机，采用的驱动装置须满足什么要求？

5-3　驱动滚筒所能产生的极限牵引力如何计算？提高传动装置牵引力有哪些方法？

5-4　双滚筒驱动有哪几种形式？它们各自的特点是什么？

5-5　简述带式输送机自动控制系统的构成及其作用。

5-6　简述带式输送机单机自动控制和多机集中控制可实现的功能。

5-7　简述带式输送机张紧装置的作用和分类。

5-8　画出自动变频绞车电动机在一个起停周期内的时序图。

5-9　根据图 5-17，描述 PLC 及比例控制的液压缸式自动张紧装置液压系统的工作原理。

5-10　可用于煤流智能检测的新技术有哪些？这些技术有何特点？

5-11　为了减少带式输送机的输出功率，输送带运行速度 v 与运量 Q 应满足怎样的数学关系？画出二者的关系图。

5-12　带式输送机安全保护检测技术有哪几种？

137

参考文献

[1]　谢锡纯，李晓豁. 矿山机械与设备 [M]. 徐州：中国矿业大学出版社，2000.

[2]　于学谦. 矿山运输机械 [M]. 徐州：中国矿业大学出版社，1998.

[3]　赵文才，付国军. 煤矿智能化技术 [M]. 北京：煤炭工业出版社，2020.

[4]　王海军，王洪磊. 带式输送机智能化关键技术现状与展望 [J]. 煤炭科学技术，2022，50（12）：225-239.

[5]　徐辉，刘丽静，沈科，等. 基于多道线性激光的带式输送机纵向撕裂检测 [J]. 工矿自动化，2021，47（7）：37-44.

[6]　张少宾. 基于实况负载的带式输送机智能控制研究 [D]. 北京：煤炭科学研究总院，2019.

[7]　毛君. 煤矿固定机械及运输设备 [M]. 北京：煤炭工业出版社，2006.

[8]　洪晓华. 矿井运输与提升 [M]. 徐州：中国矿业大学出版社，2014.

[9]　吴波. 长距离可伸缩带式输送机运行理论和张力控制技术研究 [D]. 太原：太原理工大学，2016.

第 6 章　液压支架及其智能化技术

6.1　概述

　　液压支架是以高压乳化液为动力，由若干液压元件与一些金属结构件组合而成的支撑和控制顶板的支护设备。它能实现升架（支撑顶板）、降架（脱离顶板）、移架、推动刮板输送机前移及顶板管理等一整套工序。液压支架的应用改善和提高了采煤、运煤设备的效能，减轻了煤矿工人的劳动强度，最大限度地保障了工人的生命安全。

　　早期的液压支架主要采用手动操纵方式，矿工需频繁地手动操纵液压阀以调整支架高度和推移输送设备，不仅效率低，而且存在一定的危险性。随着科学技术的发展，液压支架逐渐实现自动化控制。20 世纪 70 年代，美国、德国等国家首先开始研制液压支架的电液控制系统；20 世纪 80 年代，进入试运行阶段；20 世纪 90 年代，技术基本成熟，逐步应用于煤矿综采。我国也于 20 世纪 90 年代开始了电液控制系统的研发工作。电液控制系统的推广，使煤矿生产由机械化生产向自动化生产迈进，不仅提高了煤矿生产率，而且改善了煤矿生产的工作环境及条件。

　　目前，液压支架的控制技术仍为电液控制系统，可实现单架自动动作、成组自动动作和跟机、移架自动控制等自动化功能。然而随着 5G、大数据、人工智能等新一代信息与计算技术的发展，各行各业开始推广智能化。智能开采也成为煤炭行业发展的新主题。智能化至少要具备三个基本要素——装备的自感知、自决策、自执行。液压支架的控制技术也向智能化方向发展，要进一步发展支护状态的自感知、自决策及自执行等功能，实现支架对围岩的自适应支护，从而真正达到工作面"有人巡视、无人值守"的智能化开采目标。

6.2　基本结构与原理

6.2.1　基本组成、分类及动作原理

1. 基本组成

两柱掩护式液压支架是煤矿井下普遍采用的架型之一，如图 6-1 所示，以它为例介绍液

压支架的基本组成。

顶梁、掩护梁、前连杆、后连杆和底座为承载结构件，它们的主要功能是承受和传递顶板和垮落岩石的载荷。顶梁是直接与顶板相接触，并承受顶板岩石载荷的液压支架部件。底座是直接与底板相接触，传递顶板压力到底板并承受顶板压力的液压支架部件。掩护梁是使采空区冒落矸石不涌入工作面空间，并承受冒落矸石的载荷，以承受顶板水平推力的部件。前连杆、后连杆分别与掩护梁、底座铰接，形成四连杆机构，它使液压支架上下构成一个完整的运动整体，使液压支架升降按一定的双纽线轨迹运动，从而保证液压支架的控顶距离，同时承受液压支架较大的水平力和侧向力，使液压支架具有抗扭能力。

立柱是支承在顶梁（或掩护梁）和底座之间直接或间接承受顶板载荷的液压缸，立柱是液压支架的主要动力执行元件，它的结构强度和结构型式决定了液压支架的支承力的大小和支承高度范围。千斤顶是除立柱以外的各种液压缸，如护帮千斤顶、前梁千斤顶、平衡千斤顶、推移千斤顶等，由它们完成推移刮板输送机、移设液压支架和调整液压支架等动作。

前梁、护帮板、侧护板等为辅助装置，这些装置是为实现液压支架的某些动作或功能所必需的装置。其中，前梁与顶梁、前梁千斤顶形成一种可以上下摆动的结构，这种摆动能力使前梁能够适应不同高度的顶板，从而提高整个液压支架的适应性和稳定性。此外，前梁还通过前梁千斤顶与顶梁的滑移配合，及时支护新暴露的顶板，确保采煤机道上方的顶板稳定。护帮板的主要功能是防止煤壁片帮，护帮板和护帮千斤顶铰接并沿前梁部件铰接轴线做旋转运动，由护帮千斤顶支承来自煤壁的压力。侧护板

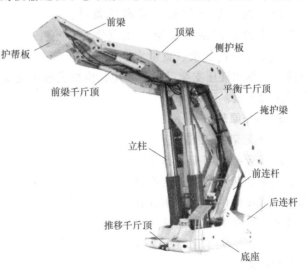

图 6-1　两柱掩护式液压支架

安装在顶梁和掩护梁之上，其作用主要有挡矸、密封，以及对升、降架起导向作用，防止液压支架出现侧倾等。除上述辅助装置外，一些液压支架还设有防倒防滑装置、抬底座装置、喷雾装置等。

2. 分类

液压支架种类很多，但按其结构特点可分为三种基本类型，即掩护式、支撑式和支撑掩护式。支撑式与掩护式在结构上的主要区别在于是否有掩护梁。

支撑式液压支架如图 6-2 所示，没有掩护梁，而顶梁较长，并且立柱垂直支撑顶梁，因而支撑力较大，并且支撑的作用点在液压支架的中后部，使其具有较好的切顶性能。然而支撑式液压支架的抗水平载荷能力差，因而稳定性差，并且矸石易窜入工作空间。支撑式液压支架一般仅适用于顶板压力稳定或有周期性强烈压力但水平力比较小的环境中。

掩护式液压支架有掩护梁，用以将作业空间与采空区冒落的矸石隔绝，掩护梁下端一般用前连杆、后连杆与底座相连，以保持较稳定的梁端距和承受水平推力。掩护式液压支架顶梁较短，立柱倾斜支撑，因而支撑力较小，切顶能力弱，但支撑力集中作用于机道上方的顶

板上，故支护强度较大且均匀。由于其密封掩护性好，能承受较大的水平力，且允许带压移架，大大扩展了液压支架在煤矿中的应用范围。掩护式液压支架适用于顶板压力来自机道上方的不稳定或中等稳定的松散破碎顶板条件。

支撑掩护式液压支架，如图 6-3 所示，是在支撑式液压支架和掩护式液压支架的基础上发展起来的一种架型，它采用双排立柱支撑，保留了支撑式液压支架支撑力大、切顶性能好、工作空间宽敞的优点，同时吸取了掩护式液压支架挡矸掩护性能好、水平力承受能力强、结构稳定的优点。支撑掩护式液压支架可用于各种顶板条件，尤其适用于中等稳定以上的顶板条件和大采高的条件。虽然支撑掩护式液压支架应用范围广，但其缺点是结构复杂、重量大、成本高。

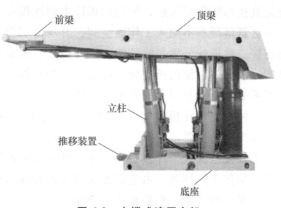

图 6-2　支撑式液压支架

目前，支撑式液压支架已很少采用，掩护式液压支架和掩护支撑式液压支架是综采工作面普遍采用的架型。

3. 动作原理

液压支架在工作过程中，主要进行升架、降架、移架和推溜这四个基本动作，这些动作是利用泵站供给的高压乳化液通过工作性质不同的液压缸来完成的，其工作原理如图 6-4 所示。

（1）升架　当需要液压支架上升支护顶板时，将操纵阀 1 置于升柱位置，高压液体经液控单向阀进入立柱下腔，立柱上腔回液，高压液体推动立柱活塞上升，使与活塞杆相连接的顶梁升起支护顶板。

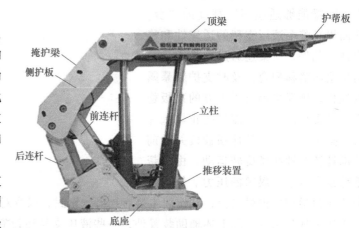

图 6-3　支撑掩护式液压支架

（2）降架　当需要液压支架下降时，将操纵阀 1 置于降柱位置，高压液体经液控单向阀进入立柱上腔，立柱下腔回液，高压液体推动立柱活塞下降，于是顶梁脱离顶板。

（3）移架　在完成降架卸载后，将操纵阀 2 置于移架位置，高压液体进入推移千斤顶活塞杆腔，无杆腔回液，以输送机为支点，推移千斤顶缸体前移，把液压支架拉向煤壁。

（4）推溜　液压支架升架支撑顶板，将操纵阀 2 置于推溜位置，高压液体进入推移千斤顶无杆腔，活塞杆腔回液，以液压支架为支点，活塞杆伸出，把输送机推向煤壁。

液压支架在升架过程中，当顶梁开始与顶板接触时，液压支架就进入了承载阶段。依据承载过程中支撑力的不同，可将承载过程分为三个阶段，即初撑阶段、增阻阶段和恒阻阶

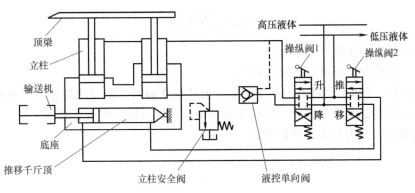

图 6-4　液压支架工作原理图

段。承载过程中支撑力 p 随时间 t 的变化曲线记作 p-t 曲线，也称为液压支架的工作特性曲线，如图 6-5 所示。

初撑阶段是指从顶梁接触顶板时起，到立柱下腔内的液体压力逐渐升高到泵站工作压力为止的阶段，对应图 6-5 中曲线的 $0 \sim t_c$ 段。该阶段支撑力随时间快速增大。初撑阶段结束时液压支架对顶板的支撑力称为初撑力，记作 p_c，初撑力的计算公式为

$$p_c = \frac{\pi}{4} D^2 p_b n \eta \qquad (6\text{-}1)$$

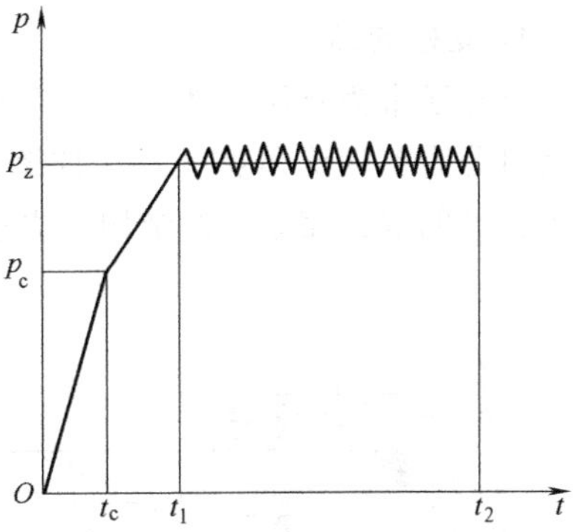

图 6-5　液压支架的工作特性曲线

式中　p_c——初撑力（MPa）；

　　　D——立柱的缸径（m）；

　　　p_b——泵站工作压力（MPa）；

　　　n——立柱的数量；

　　　η——支护效率，主要取决于立柱的倾斜程度，当立柱直立时，支护效率为 1。

较大的初撑力可防止直接顶过早下沉和离层，也可减缓顶板的下沉速度、增加稳定性、提高支撑系统的刚度，因此应提高初撑力。为防止液压支架立柱的缸径过大，一般采用提高泵站工作压力的方法提高初撑力。

增阻阶段是指初撑结束后到立柱安全阀开启前的阶段，对应图 6-5 中曲线的 $t_c \sim t_1$ 段。当立柱下腔的压力达到泵站的工作压力时，泵站会自动卸载并停止供液，此时液控单向阀关闭，立柱下腔的液体被封闭。随着顶板的下沉，立柱下腔内的液体压力逐渐升高，支架的支撑力随之缓慢增加，呈现承载增阻状态。

恒阻阶段是指立柱安全阀出现脉动卸载时的阶段，对应图 6-5 中曲线的 $t_1 \sim t_2$ 阶段。当立柱下腔内压力随顶板压力的增加而升到立柱安全阀的调定压力时，立柱安全阀开启溢流，立柱下缩，液压支架降低，顶板压力减小，立柱下腔压力随之降低，当压力降低到立柱安全阀调定值时，立柱安全阀又关闭。液压支架承载时，随着顶板继续下沉，立柱安全阀重复这一过程，受立柱安全阀调定压力限制，液压支架的支撑力维持在某一恒定数值上，这种特性即为恒阻特性。此时液压支架对顶板的支撑力称为工作阻力，记作 p_z，工作阻力的计算公式为

$$p_z = \frac{\pi}{4} D^2 p_a n \eta \tag{6-2}$$

式中 p_z——液压工作阻力（MPa）；

p_a——立柱安全阀调定压力（MPa）。

由式（6-2）可知工作阻力是由液压支架主柱安全阀调定压力决定的，工作阻力标志着液压支架对顶板的最大承载能力。液压支架的恒阻特性不但对液压支架的自身有安全保护作用，还能防止因支撑力过大而压碎顶板。

6.2.2　立柱及千斤顶结构

立柱、千斤顶是液压支架的动力元件，它们以乳化液作为工作介质，利用液体压力来传递动力和进行控制。这种液压传动承载能力大，传动平稳，吸振能力强，便于实现频繁换向和过载保护，且易于采用电气液压联合控制以实现自动化。

1. 立柱的结构

立柱通常为双作用液压缸，有全液压和液压加机械调整两种伸缩方式。按液压伸缩级的数量可分为单伸缩和双（多）伸缩式，后者伸缩量大、调整方便，但结构较复杂。图6-6所示为典型的双伸缩立柱的结构。立柱主要由活柱组件、缸体部件、缸口导向套组件等组成。

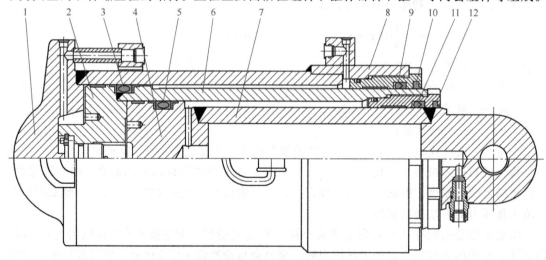

图 6-6　典型双伸缩立柱的结构
1—缸体　2、4—活塞　3、5—鼓形密封圈　6、7—活柱　8—缸口导向套组件
9、11—蕾形圈　10、12—防尘圈

（1）活柱组件　活柱组件如图6-7所示，由活柱、密封圈、外导向环、活塞导向环等组成。活柱由柱塞、柱管和柱头焊接而成。柱塞一般选用40Cr钢。柱管大多选用高强度厚壁无缝钢管，材料为焊接性好的调质钢，常用的有27SiMn、25CrMo等。柱头多选用35钢等强度高、焊接性好的钢材。组焊后精加工外表面，并要求有较好的表面质量（低表面粗糙度）以满足密封性能的要求。柱管工作时经常伸出在外面与采煤工作面的腐蚀性气体、液体接触，有时也会受到煤、矸的砸碰，为适应上述工作环境的要求，柱管表面大都镀乳白铬和硬铬，以增强抗腐蚀、耐摩擦和抗砸碰的能力。

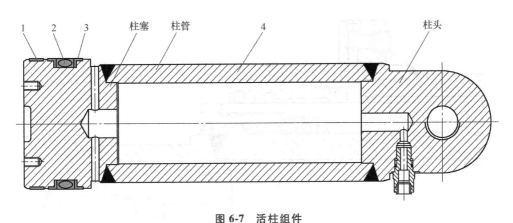

图 6-7 活柱组件

1—外导向环 2—鼓形密封圈 3—活塞导向环 4—活柱

活塞导向环与鼓形（或山形）密封圈配合，起防挤、导向和减摩的作用，大都由聚甲醛制造。导向环起导向、减摩作用，由聚甲醛制造。

（2）缸体部件 缸体部件主要由缸底、缸筒和通液管焊接而成，如图 6-8 所示。缸底与液压支架底座铰接，大部分采用球头形，少数采用反球头形，主要是为了减少偏载作用和适应立柱在底座上倾斜布置的要求，大多选用强度高、焊接性能好的 35 钢锻造而成。缸筒需承受高压液体的作用，且要保证工作人员的安全，故要求材料的强度高，国内常用 27SiMn、25CrMo4 等材质的无缝钢管加工而成。缸筒内表面是高压密封面，要求较高的加工精度和表面质量。通液管是缸底通向阀接板的通道，钢管的焊接性能好，材料一般为 20 钢、15 钢，内径为 10~16mm，壁厚一般为 6mm。当立柱通过胶管与控制阀块相连时可不需要此钢管。

（3）缸口导向套组件 缸口导向套组件如图 6-9 所示。导向套在活柱升降时起导向作用，与活塞杆间的间隙较小，要承受外负载对活柱的横向力，多采用 40Cr 和 27SiMn 等材料制造。导向环多用聚甲醛制造，嵌于导向套内表面的沟槽中。导向环与活柱接触紧密，是一对硬度相差较大的摩擦副，有减摩作用，可防止活柱和导向套相互擦伤。密封件为单向密封的蕾形密封圈，其

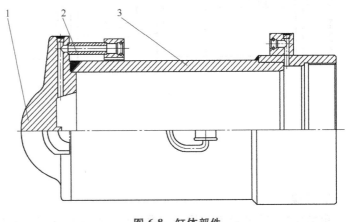

图 6-8 缸体部件

1—缸底 2—通液管 3—缸筒

上一般装有用聚甲醛制造的起防挤作用的挡圈。防尘圈用来防止活柱表面的煤尘、岩尘和脏物进入液压缸和液压系统，保证密封可靠，减少零件磨损。导向套与缸口连接方式有螺纹连接、卡环连接和钢丝连接 3 种，前两种连接方式使用较多。

2. 千斤顶

液压支架中除立柱以外的液压缸均称为千斤顶，按照在液压支架上的功能可分为推移千

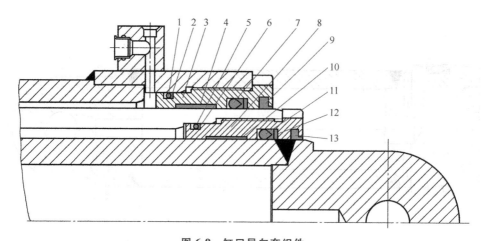

图 6-9 缸口导向套组件

1、5—O 形圈　 2、6、12—挡圈　 3、8—导向套　 4、10—导向环

7、11—蕾形密封圈　 9、13—防尘圈

斤顶、侧推千斤顶、前梁千斤顶、护帮千斤顶、伸缩梁千斤顶等。千斤顶在结构上与立柱类似，其典型结构如图 6-10 所示。

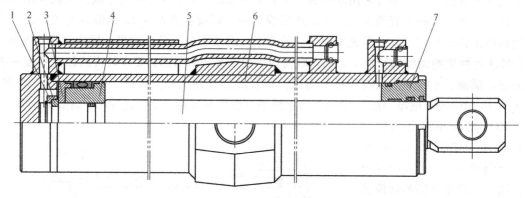

图 6-10 千斤顶的典型结构

1—压盘　 2—半环　 3—支撑环　 4—活塞　 5—活塞杆　 6—缸体　 7—导向套

6.2.3 顶梁和底座

1. 顶梁

顶梁直接与顶板接触，用来支撑顶板，是液压支架的主要承载部件之一，其主要作用包括：承接顶板岩石及煤的载荷；反复支撑顶煤，可对比较坚硬的顶煤起破碎作用；为回采工作面提供足够的安全空间。液压支架常用顶梁结构型式有两种：整体顶梁和铰接顶梁。整体顶梁结构简单，刚性大，承载能力强，但对顶板的适应性差。铰接顶梁的典型结构如图 6-11 所示，其前段称为前梁，后段为顶梁。前梁千斤顶的一端连接在顶梁上，另一端连接在前梁上。在前梁千斤顶的推拉下，前梁可以上下摆动，对不平顶板的适应性强。运输时可以将前梁放下与顶梁垂直，以减小运输尺寸。前梁千斤顶必须有足够的支撑力和连接强度，前梁上下不宜设置侧护板。为顺利移架，前梁间一般要留有 100~150mm 的间隙，这增加了破碎顶

板漏矸的可能性。

2. 底座

底座是液压支架承受顶板传递至底板的压力并稳固液压支架的承载部件。因此，底座须满足规定的刚度和强度要求外，此外，对底板起伏不平的适应性要强，对底板的接触比压要小；要有足够的空间为立柱、推移装置和其他辅助装置提供必要的安装条件；要便于人员的操作和行走；能起一定的挡矸作用及排矸能力；要有一定的重量，以保证支架的稳定性等。

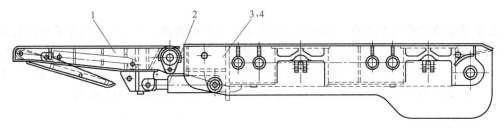

图 6-11　铰接顶梁的典型结构

1—前梁　2—前梁千斤顶　3—顶梁　4—顶梁侧护板

目前，底座常用的结构型式有整体式底座、底分式底座。整体式底座的整体刚度和强度好，底座接底面积大，有利于减小对底板的比压，但中挡推移机构处易积存浮煤、碎矸，清理较困难，一般用于软底板条件。底分式底座结构如图 6-12 所示，底座底板是中分式的，

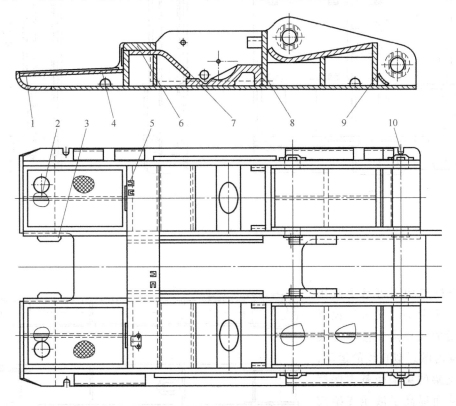

图 6-12　底分式底座结构

1—盖板　2—筋板　3—挡板　4—花纹板　5—阀座　6—过桥板

7—弯盖板　8—柱窝　9—弯板　10—挡销座

145

中挡推移机构直接落在煤层底板上，前立柱柱窝前有过桥，中挡后部上方为箱形结构。由于底分式底座中挡底板分体，推移装置处的浮煤、碎矸可随支架移架从后端排到采空区，不需要人工清理，适应高产高效要求，但减少了底座接底面积，增大了对底板的比压。目前，高产高效工作面液压支架一般均采用底分式底座。

6.2.4 掩护梁和四连杆机构

掩护梁是掩护式和支撑掩护式液压支架的重要承载结构件，其作用是防止采空区冒落矸石涌入工作面，并承受冒落矸石的压力。掩护梁也是钢板焊接箱形结构。掩护梁上端与顶梁或主梁连接，下端多焊有与前、后连杆铰接的耳座，通过与前、后连杆与底座连接，形成四连杆机构。梁内均焊有固定侧护千斤顶及弹簧的套筒，其结构如图 6-13 所示。

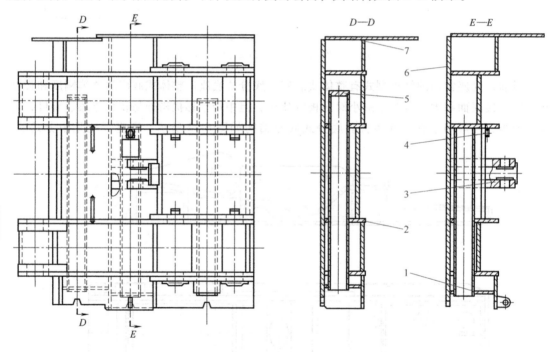

图 6-13 掩护梁结构

1—筋板 2—主筋 3—耳板 4—挡销座 5—套筒 6—顶板 7—侧护板

四连杆机构既可承受液压支架的水平分力，又可使顶梁与掩护梁的铰接点在液压支架调高范围内做近似直线的运动，使液压支架的梁端距基本保持不变，从而提高了液压支架控制顶板的可靠性。分体单连杆结构如图 6-14 所示。

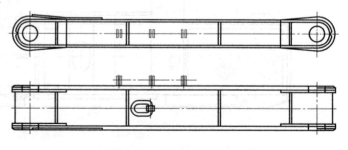

图 6-14 分体单连杆结构

6.2.5 推移装置

推移装置由推移杆、推移千斤顶和连接头等主要零部件组成，其中，推移杆是决定推移装置形式和性能的关键部件。常用的推移杆有短推移杆和长推移杆两种。

1. 短推移杆

如图 6-15 所示，短推移杆是由钢板组焊而成的箱形结构件，它结构简单，重量轻，常用于薄煤层或中厚煤层。

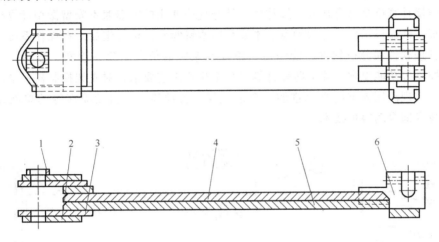

图 6-15 短推移杆

1—挡销座筋板 2—弯板 3—贴板 4—上板 5—下板 6—轴

2. 长推移杆

常用的长推移杆有整体箱式和铰接式。其中，整体箱式长推移杆，一般是由钢板组焊而成的整体箱式结构。它结构简单，可靠性好，防止液压支架和输送机下滑的性能好，但在工作面更换困难，因此必须保证其有足够大的安全系数。整体箱式长推移杆在中厚或厚煤层液压支架中使用较多。

6.3 液压支架电液控制系统

液压支架电液控制系统是将电子技术、计算机控制技术和液压技术结合为一体的新技术。由计算机、传感器和液压回路控制部件等组成，能够根据生产需要控制液压支架自动动作。其核心是通过计算机程序控制电子信号来驱动电液控制阀动作，将手动操作变为计算机控制的电子信号操作。液压支架电液控制系统可以大大提高支架的动作速度、自动化程度和安全保障功能，同时减轻操作人员的劳动量和劳动强度，提高了生产率。其自主动作、实时监测等功能，避免了因操作人员的误动作带来不必要的人员和财产损失。

6.3.1 液压支架电液控制系统组成

工作面液压支架电液控制系统组成和通信网络连接图如图 6-16 所示。液压支架电液控制系统主要由井下防爆计算机、网络转换器、服务器、电源箱、隔离耦合器及各支架控制器等组成。各支架控制器通过电缆及电缆连接器串联，再通过服务器、网络转换器接入井下防爆计算机，形成完整的网络系统。系统接入光纤交换机，通过光缆将工作面信息传输到地面服务器，实现地面集中管理。

井下防爆计算机是适合在井下爆炸性气体环境中使用的隔爆兼本安型微型计算机。该机主要由主板、液晶显示器、防振硬盘、本安型防水键盘和鼠标等组成。在操作系统下开发应用软件、管理软件和分析软件，能满足电液控制系统的信息采集、诊断、显示、储存、分析、远程控制等功能要求。井下防爆计算机根据生产工艺要求，对支架控制器、电液控制阀进行控制，实现液压支架的自动推溜、自动放煤、自动移架、自动喷雾等的单架或多架控制，这种技术即自动跟机技术。

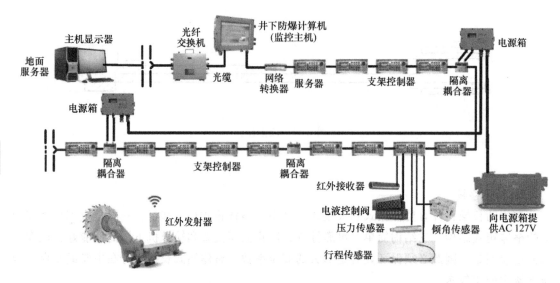

图 6-16 工作面液压支架电液控制系统组成和通信网络连接图

网络转换器实现工作面端服务器与井下防爆计算机之间的数据通信，完成液压支架电液控制系统数据的上传和下达。由于液压支架控制设备不断移动，管线之间相互挤压、通信电缆防护难度大，经常造成线路故障、通信中断，因此逐渐由有线通信向无线通信过渡。

服务器安装在靠近刮板输送机机头（或机尾）处，外观和支架控制器相同，其功能是处理工作面所有支架控制器的数据，并把数据通过网络转换器传输给井下防爆计算机。当工作面与井下防爆计算机断开时，服务器仍能保证工作面液压支架的控制不受影响。若不配备井下防爆计算机，只设服务器，就形成了简易的电液控制系统。

支架控制器是硬件与软件兼备的微型计算机，是整个电液控制系统的核心部件，用于完成所有液压支架动作控制、数据采集等功能。每个支架控制器都有固定的网络地址，易于实现工作面通信。行程传感器、压力传感器等将工作环境等信息传输给井下防爆计算机，进行数据分析与运算。同时，液压支架动作过程可以通过压力、行程和角度等传感器进行监测，实现液压支架动作的闭环控制。各种动作管理及实时调度由系统软件中的内嵌操作系统来完成，通过检测装置定位采煤机，使工作面的液压支架动态跟进，形成高效、安全的自动化生产控制系统。

6.3.2　单个液压支架电液控制系统组成

单个液压支架电液控制系统主要由本安型直流稳压电源、支架控制器、电磁阀驱动器、电液控制阀、位移传感器、压力传感器、红外接收器、倾角传感器，以及连接电缆等组成。

电磁阀驱动器是支架控制器的扩展附件，用一根 4 芯电缆与控制器相连（2 根电源线和 2 根数据线）；用数根 4 芯电缆分别与相应的电磁阀相连，为电磁阀线圈提供电源。驱动器接收控制器的控制命令，实现对每个电磁线圈通、断的控制，使相对应的液控主阀通、断，实现支架的各个动作。支架控制器、电磁阀驱动器、电液控制阀、红外接收器安装在液压支架上的专用安装架上，位移传感器安装在推移千斤顶内，压力传感器安装在立柱下腔缸体外面，倾角传感器安装在顶梁、掩护梁和四连杆上。

6.3.3　电液控制系统主要元部件及技术指标

电液控制系统主要元部件包括矿用隔爆兼本安型直流稳压电源、隔离耦合器、支架控制器及各类传感器等，介绍如下。

1. 矿用隔爆兼本安型直流稳压电源

矿用隔爆兼本安型直流稳压电源是一种允许在甲烷、煤尘等爆炸危险环境中使用的电源设备，它可以将煤矿井下标准矿用电源 AC 127V/220V/380V/660V 转变为用户所需的直流电源。液压支架电液控系统电源型号为 KDW127/12，如图 6-17 所示，该电源可将 AC 127V 转化为两路独立的 DC 12V 输出，然而受功率所限，每路输出额定电流为 1.6A，最多可向 4~6 个相邻的支架控制器供电，这几个支架控制器称为一个控制器组。该电源具备过载、过压、过流及故障排除自恢复功能，此外还内置备用电池组，可在额定工作状态下持续供电 3h。

2. 隔离耦合器

隔离耦合器是接在由不同电源供电的相邻两组支架控制器之间，实现其电气隔离和信号耦合功能的设备。图 6-18 所示为 SAC-I 型隔离耦合器，该耦合器有 4 个插口，分别为 A1、A2、A3 和 A4，两侧（每侧 2 个口）分别连接被隔离的两组控制器，靠外的插口接控制器，靠内的插口接 12V 电源。光电隔离耦合器的工作原理如图 6-19 所示，隔离耦合器内部有 4 个光电耦合器件，利用光电隔离技术使数字信号得到传输，能有效抑制噪声和干扰，图中带箭头的虚线表示数字信号通路。隔离耦合器接在电源和控制器之间，为电源引入各控制组提供通道。控制器与控制器之间的连接电缆为 4 芯钢丝网屏蔽电缆，其中，2 根为电源线、2 根为信号线。电源先经过隔离耦合器后再独立向左、右侧的控制器组供电。隔离耦合器工作电压为 DC 12V，A1 侧的工作电流不大于 35mA，A4 侧的工作电流不大于 25mA。

图 6-17 KDW127/12 电源

图 6-18 SAC-I 型隔离耦合器

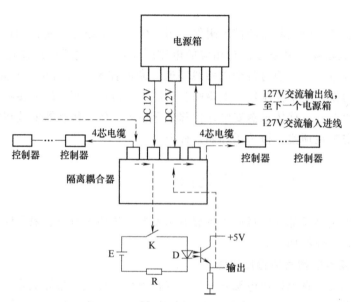

图 6-19 光电隔离耦合器的工作原理

3. 支架控制器

支架控制器是液压支架电液控制系统的核心部件。支架控制器主要用来进行液压支架的动作控制、传感器的数据采集和数据通信。图 6-20 为 ZDYZ-Z 型支架控制器，它采用不锈钢外壳结构，其内部采用橡胶密封、环氧树脂全灌封等措施，使支架控制器防护等级达到 IP68，提高了支架控制器的抗潮能力。支架控制器的核心是一台专用的微型控制计算机，具有先进的硬件和丰富的软件设计，软件采用引导程序和应用程序两层结构，控制器的人机界面设有 2 个操作键盘、1 个闭锁按钮、1 个急停按钮、中文汉字波晶显示屏、LED 信号显示灯及蜂鸣器，这些硬件保证了操作者可以方便地进行各种操作控制和参数设置，并及时获得系统的提示和状态信息。控制器有各种类型的输入口、输出口、通信口共 12 个，它们的电缆插座都分布在控制器后面，插头座的型式都是统一的 4 芯结构，1 号芯为电源 12V、4 号芯为 0V 或接地、2 号芯和 3 号芯的用途因功能而异。

支架控制器的主要技术指标：防爆型式为本安型；额定工作电压为 DC 12V，额定工作电流小于 130mA；采用电磁驱动，20 路开关量输出，驱动电流为 100～120mA；5 路模拟量输入，其中电流型为 12～110mA，电压型为 0.5～4.5V；通信接口为双冗余型 CAN 总线，比特率为 1912~3313kbit/s。

4. 压力传感器

压力传感器是电液控制系统中用于反馈液压支架压力工作状态的部件。安装在液压支架液压缸上，用来检测液压缸腔体的压力，为支架控制器提供控制动作的依据，实现液压支架电液控制系统的闭环控制。目前矿用压力传感器主要采用高温烧结工艺的硅应变技术，这

图 6-20　ZDYZ-Z 型支架控制器

种烧结工艺避免了金属应变式压力传感器用胶粘贴应变片带来的蠕变问题，而且硅应变片的灵敏度是普通金属应变式和溅射薄膜式的 5~10 倍，这样在同样压力量程下，就有条件把膜片直径做小而厚度加大，从而提高压力传感器的可靠性和抗过载能力。

图 6-21 所示为矿用压力传感器。图 6-22 所示为压力传感器的内部结构。传感器压力腔体采用整块沉淀硬化不锈钢棒料，数控加工出引压孔，并在引压孔底部保留直径为 5mm、厚度为 2~3mm 的感压膜片，这种一体化结构使压力腔体内部不存在焊缝和 O 形圈，消除了泄漏隐患，使传感器具有良好的密封性。针对煤矿行业特殊的安全性要求，传感器采用了内置传感器专用信号调节电路，实现了传感器精密度温度补偿及放大，而且将传感器的整机功耗控制在 5mA 以内。矿用压力传感器的主要技术参数：测量范围为 0~60MPa 或 0~100MPa，测量精度可达±1%，具备 1.5 倍的过载能力。

图 6-21　矿用压力传感器

压力感应膜片

引压口

图 6-22　压力传感器内部结构

5. 行程传感器

行程传感器用来检测千斤顶活塞杆的移动行程值，行程值是控制过程的重要依据，推移千斤顶活塞杆位置决定推溜移架的进程。目前主要采用干簧管式行程传感器，如图 6-23 所示，其内部原理如图 6-24 所示。该传感器是一个细长形的直管结构，一端固定在液压缸端部，管体深入到活塞杆中心专为其钻出的长孔中，管体内沿着轴向规则布置着密排的电阻列和干簧管列，它们连接成网络电位器的电路。活塞内嵌一个套在传

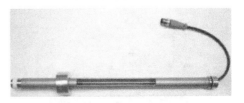

图 6-23　干簧管式行程传感器

感器管上的永磁环形磁铁，随着活塞杆移动，它的磁场使所到位置的干簧管接点闭合，相当于电位器的移动触刷走到了这个位置，电位器输出值的变化反映了行程值 x 的变化，再经过

151

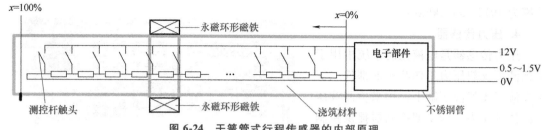

图 6-24 干簧管式行程传感器的内部原理

传感器管体内带的放大器的变换，向控制器输出标准的电流模拟信号。接线插座位于千斤顶外壁的端部。

行程传感器的主要技术指标：防爆型式为本质安全型，额定工作电压为 DC 12V，额定工作电流为 15mA，有效测量范围为 0~1200mm，测量精度为 3mm，模拟输出信号为 DC 0.5~DC 4.5V、0.2~1.0mA。

6. 倾角传感器

倾角传感器用来进行支架动作过程中的姿态控制和高度控制，实现液压支架平衡千斤顶动作过程的闭环控制和液压支架动作的高度控制。倾角传感器的基本原理是通过感知重力的方向来测量物体的倾斜角度。它通常由加速度计、陀螺仪和电子计算机组成。加速度计用于检测物体在重力作用下的加速度，而陀螺仪则用于测量物体的旋转速度。陀螺仪的输出结果被用来修正加速度计的误差，提高倾角传感器的精度。加速度计和陀螺仪通常使用微机电系统技术制造。电子计算机将这些测量数据进行处理，并计算出物体的倾斜角度。倾角传感器分为单轴和双轴两种，双轴可以测量翻转角和俯仰角，单轴只能测翻转角或俯仰角。图 6-25 所示为 GUD90B 型矿用倾角传感器，该传感器为双轴倾角传感器，各轴测量范围均为 -90°~ +90°，分辨率为 0.01°，测量精度为 ±0.1°，最高刷新频率为 50Hz，额定工作电压 DC 12V，采用 4~20mA 电流输出或 RS485 输出。

7. 红外接收器

红外接收器的主要功能是监测采煤机的位置和方向，可以实现液压支架跟随采煤机自动控制，即跟机自动化。安装在采煤机机身上的红外发射器不断发送红外线信号。当采煤机运行时，不同液压支架上的红外接收器会接收红外线信号，同时将此信号传送给支架控制器，支架控制器就可以确定采煤机的具体位置。

图 6-26 所示为 FYS5（C）型矿用本安型红外线接收器。红外接收器的主要技术指标：防爆型式为本质安全型，额定工作电压为 DC 12V，额定工作电流为 50mA，发送信号波长为 830~950nm，信号发送角度范围为 0°~40°，信号接收角度范围为 0°~80°，传输距离为 5m。

图 6-25 GUD90B 型矿用倾角传感器

图 6-26 FYS5（C）型矿用本安型红外线接收器

6.4 液压支架自动跟机移架技术

液压支架自动跟机移架根据采煤机当前位置信息和作业循环要求，在采煤机位置前或后的设定距离上自动执行推移刮板输送机、移架（液压支架的降、移、升架）、自动伸缩护帮板等一系列配套动作，完成由液压支架驱动的综采工作面整体推进，其动作工艺流程如图 6-27 所示。

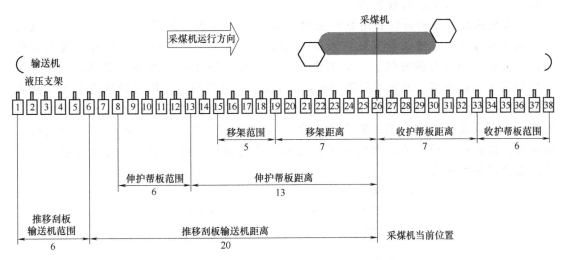

图 6-27　液压支架自动跟机移架的动作工艺流程

采煤机在输送机上运行割煤，由采煤机长度的中点定义采煤机当前位置，并以此为基准定义各个动作的执行区间。液压支架以整数数字编号，如图 6-27 中为 1～38。移架距离表示采煤机行走时距离采煤机位置最近的、能够执行移架动作的支架与采煤机当前位置的间隔距离，如图 6-27 中为 7，表示距离采煤机当前位置为 7 的液压支架允许执行移架动作。移架范围指移架距离后面能够执行移架动作的支架范围，如图 6-27 中为 5，即在这个范围内的 5 个液压支架均可以执行移架动作。同理，推移刮板输送机距离、伸护帮板距离、收护帮板距离表示执行推移刮板输送机动作、伸护帮板动作、收护帮板动作与采煤机位置的间隔距离。推移刮板输送机范围、伸护帮板范围、收护帮板范围表示推移刮板输送机、伸护帮板、收护帮板能够动作的范围。根据动作工艺流程，当采煤机行走时，处于采煤机运行方向前的液压支架自动收护帮板，运行方向后的液压支架自动完成移架、伸护帮板、推移刮板输送机等动作，实现综采工作面液压支架自动跟机移架。

6.4.1　采煤机位置检测

采煤机位置是自动跟机移架实现的依据，所有自动跟机移架动作序列都必须依靠采煤机的位置来实现，因此它必须准确、可靠。采煤机位置以整数数字来表示，通常在 1～300 之间，表示采煤机的中间部位对应着以整数数字编号的液压支架。目前，检测采煤机位置的方

153

式有两种，分别为采煤机自身位置计数检测和红外检测。

采煤机自身位置计数检测装置主要由发射机单元和接收机单元构成。发射机单元包括中央检测发射控制器、采煤机位置检测传感器及触发圆盘、采煤机位置校正传感器及校正磁铁等元部件。整套装置采用了无线通信技术，利用采煤机位置监测传感器对采煤机行走箱的齿数进行脉冲检测计数，获得采煤机的行走距离。在刮板输送机上安装1台原点校正磁铁，在采煤机上安装1个采煤机校正传感器，当采煤机经过时默认为原点，行走时通过对行走距离的加减获得采煤机位置。接收机单元安装于采煤机上，整个工作面每隔30~50个液压支架安装1台无线接收机，发射器和接收器之间采用短距离无线载波的方式进行数据传送。

采煤机位置红外检测装置由红外发射器及接收器构成，如图6-28所示。红外发射器安装在采煤机上，接收器安装在液压支架上，红外发射器的红外二极管和接收器的红外二极管必须面对面安装。一个工作面在采煤机上安装一个红外发射器，每个液压支架安装1个接收器。发射器每隔20ms定时发射红外线信号，附近液压支架上的接收器接收到红外线信号后转发给支架控制器，由支架控制器对接收到的红外线信号进行处理，得到采煤机位置数据。随着采煤机行走，液压支架上的接收器依次接收到红外线信号，由此得到动态的采煤机位置。实际生产过程中，可根据需要选择其中一种方式或综合采用两种方式。

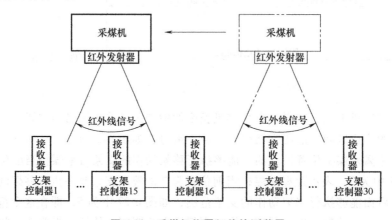

图6-28 采煤机位置红外检测装置

6.4.2 自动推移刮板输送机

自动推移刮板输送机功能是根据采煤工艺设定液压支架推移刮板输送机方式，根据采煤机位置自动成组推移刮板输送机。此功能相对简单，但在井下使用时经常出现推移刮板输送机不到位、煤机速度快时漏架、架间有水泵等设备时不能拉架等问题。成组推移刮板输送机容易使支架推拉销损坏，从而造成支架滞后到采空区中，为此需采取三种措施：一是每次推移刮板输送机到100%行程，同时传感器到位后再多推5~10s，确保每架推到位；二是增加漏架检测功能，推移刮板输送机前及时补拉；三是程序上增加拖架功能，在液压支架有故障而拉不到位或架前有设备不能拉架时，则由程序自动将未拉到位的液压支架立柱降下，周边液压支架推移刮板输送机时可将此液压支架拖出。

6.4.3　自动跟机拉架

根据不同工艺，按照采煤机不同位置和牵引方向，实现自动跟机拉架。针对井下使用时出现跟机速度慢的问题，采取了五种措施：一是提高液压支架移架速度，主要措施是增加泵站系统乳化液供液流量，加大主供（回）液管直径，采用双供双回系统；二是液压支架拉架速度滞后采煤机时，控制系统立即启用成组拉架功能，成组拉架时采用擦顶拉架方式；三是每次拉架拉到 100%行程，同时传感器到位后再多拉 1~28s，确保每架拉到位；四是本架拉架时，旁边 2~4 架液压支架推移刮板输送机，以防止刮板输送机倒退导致支架拉不到位；五是位移传感器失效时，程序会以时间判断拉架，防止漏架。

6.4.4　护帮板自动控制

自动控制护帮板主要根据采煤机运行速度调整程序运行参数，防止采煤机速度过快发生干涉。一般在采煤机速度达到 10m/min 左右时，采煤机前方收护帮板动作超前架数设定为20~25 架。

液压支架自动跟机移架是工作面智能化系统的基本功能，能否自动跟机移架直接关系到工作面自动化生产的实现。

6.5　综采工作面自动调直技术

工作面在连续推进过程中必须保证在倾斜方向始终处于直线状态，确保刮板输送机、液压支架排列整齐，避免因弯曲度过大导致设备的损坏。工作面推进时，液压支架和刮板输送机互为支点，通过推移千斤顶的伸缩动作实现向前移动。因此液压支架和刮板输送机的位置是一个相互之间没有约束的浮动系统，真正实现二者的直线度控制较为困难。

目前，综采工作面的自动调直有多种技术，包括安装行程传感器、激光传感器、基于陀螺仪导向定位的自动化采煤方法等。工作面每个液压支架都是独立的，没有相对参考物，如何明确液压支架自身的姿态、与相邻架的相对位置，并在液压支架移动过程中实现移架距离、姿态的精确控制，是液压支架控制系统首先需要解决的问题。因此，综采工作面的自动调直技术研究的重点集中在设备的姿态、相邻液压支架的相对位置和推移千斤顶行程的检测方面。

6.5.1　基于测距仪的工作面直线度控制方法

基于测距仪的工作面直线度控制方法在液压支架的顶梁上安装测距仪，用于测量液压支架与煤壁之间的距离；同时，安装角度传感器用于检测液压支架顶梁的姿态。液压支架在移架过程中，通过测距仪检测液压支架与煤壁之间的距离，并进行液压支架移架行程的控制，使移架后的液压支架与煤壁保持相同的距离，从而实现工作面液压支架直线度的控制。通过液压支架推移刮板输送机实现整个工作面的直线度控制。

6.5.2　基于相对位移的工作面直线度控制方法

直线度控制的目标是使相邻设备间的相对位移为零，因而只要测量设备的相对位移即可作为直线度控制的依据。研究的重点在于基准的选取和传感器的应用。若选取相邻已经移动的液压支架作为参照，则需采用可以测量两支架相对位置变化的行程传感器。传感器本体和永磁体分别安装在液压支架之间两侧顶梁侧护板内，根据行程传感器的输出值确定相邻液压支架的相对位移。该方法对相邻液压支架顶梁侧护板的距离有要求，永磁体长时间安装在侧护板内也会发生磁化，对行程传感器的输出精度造成影响；同时，由于是以相邻液压支架作为参照，因而从整个工作面范围内来看会产生误差积累，会对直线度控制带来难度。

为此，可以选取某一固定基准作为所有支架相对位置的参考，这种方法可采用激光传感器进行测量。将激光传感器的发射端安设在工作面的一端液压支架上，其他液压支架都安装有接收装置，每个液压支架的相对位置都与安装有发射端的支架位置相比较，这样工作面整体直线度就有一个统一的标准，有利于后续的控制执行。在明确液压支架的相对位置后，还要通过安装在推移千斤顶上的位移传感器获取液压支架与刮板输送机之间的相对位置，据此来调直指定范围内的刮板输送机。

6.5.3　LASC 技术

澳大利亚联邦科学与工业研究组织（CSIRO）推出了基于陀螺仪导向定位的自动化采煤方法，可简称为 LASC，是以承担此项技术研究的团队——Longwall Automation Steering Committee（长壁自动化指导委员会）的英文缩写来命名这种技术的。LASC 技术采用高精度光纤陀螺仪和定制的定位导航算法，解决了惯性导航系统与采煤机高度通信、采煤机起始点校准、截割曲线生成、液压支架推移调整控制等难题。

LASC 系统的核心是应用高精度（军事级别）惯性导航系统进行采煤机位置、姿态精确检测，描绘工作面运输机的实际形状。然后通过对每个液压支架推移行程单独闭环控制来达成直线度控制目标。LASC 机架通过与采煤机通信，获得初始空间位置，当采煤机行走时，陀螺仪（INS）检测采煤机的运行轨迹，当一刀煤完成时，LASC 机架生成采煤机运行轨迹曲线，并通过 LASC 服务器发出。主机控制软件收到数据后，下发该数据给控制器。控制器收到数据，并利用满行程值减去该值，随后将其写入"调直目标"参数，于是，在下一刀采煤时，"调直目标"作用在成组移架动作中，根据上一刀的曲线数值进行补偿，从而达到工作面的自动调直功能。基于 LASC 技术的工作面直线度控制流程如图 6-29 所示。

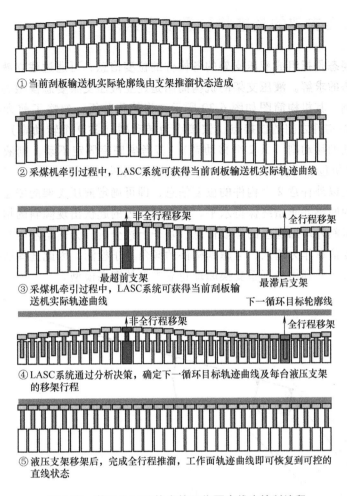

①当前刮板输送机实际轮廓线由支架推溜状态造成

②采煤机牵引过程中，LASC 系统可获得当前刮板输送机实际轨迹曲线

③采煤机牵引过程中，LASC 系统可获得当前刮板输送机实际轨迹曲线

④LASC 系统通过分析决策，确定下一循环目标轨迹曲线及每台液压支架的移架行程

⑤液压支架移架后，完成全行程推溜，工作面轨迹曲线即可恢复到可控的直线状态

图 6-29 基于 LASC 技术的工作面直线度控制流程

6.6 液压支架智能感知及控制策略

目前，液压支架的电液控制系统主要完成的仍然是液压支架在煤矿综采中的过程控制，如自动跟机移架、自动推移刮板输送机、工作面调直等，而未达到对支架的智能自适应控制程度。液压支架的智能自适应控制是指液压支架除了目前的被动支撑功能外，还应具有自主感知、自主分析、自主改变支护状态等主动支护功能，从而实现液压支架关键参数随围岩状态变化自动调节，满足围岩支护需求。

液压支架与围岩的适应性主要由液压支架的支护状态体现，而液压支架的支护状态则主要由液压支架的姿态及承载状态体现，因此应首先实现对支架姿态及承载状态的感知，然后应建立评判液压支架支护状态优劣的准则，最后依据评判准则给出调整策略或进行预警。

6.6.1　液压支架的姿态模型及姿态感知

液压支架的姿态是指组成液压支架的各构件的位姿信息，可通过建立液压支架的姿态模型实现对支架姿态的求解。液压支架的机构简图是建立液压支架姿态模型的基础，以两柱掩护式液压支架为例，其机构简图如图 6-30 所示。为简化分析，忽略了前梁和护帮板。图中的字母 $A \sim I$ 表示各构件之间的铰接点，铰接点为转动副（共 9 个转动副）。U、V 分别表示平衡千斤顶和立柱的移动副（共 2 个移动副）。若考虑底座固定不动，则液压支架的活动构件数为 8，而支架所包含的低副个数为 11，由此可知液压支架的自由度为 2。因此，理论上只需要给定除底座以外任意 2 个构件的位姿信息，即可确定液压支架的姿态。然而在实际工作过程中，支架的底座并非始终保持水平，它会随底板的起伏出现倾斜的情况，因此为确定支架的姿态，还需额外增加底座的位姿信息。基于上述分析，为确定液压支架的姿态，应选择 3 个构件的位姿信息作为输入，考虑到构件的倾角易于检测，因此选择底座、顶梁和后连杆的倾角作为输入，并利用坐标系变换原理建立支架的姿态模型。

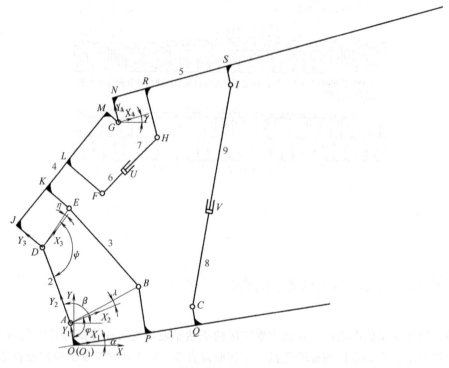

图 6-30　两柱掩护式液压支架的机构简图

1—底座　2—后连杆　3—前连杆　4—掩护梁　5—顶梁　6、7—平衡千斤顶　8、9—立柱

为应用坐标系变换原理，在液压支架机构简图上建立 1 个全局坐标系和 4 个局部坐标系。如图 6-30 所示，点 A 为后连杆与底座的铰接点，点 O 是点 A 与底座的垂线的垂足，在点 O 建立全局坐标系 XOY，定义水平方向为 X 轴方向，竖直方向为 Y 轴方向。在点 O 建立第 1 个局部坐标系 $X_1 O_1 Y_1$，定义底座长度方向为 X_1 轴方向，即点 O 指向点 Q 的方向，Y_1 轴垂直于 X_1 轴。在点 A 建立第 2 个局部坐标系 $X_2 A Y_2$，定义后连杆长度方向为 Y_2 轴方向，

即点 A 指向点 D 的方向，点 D 为掩护梁与后连杆的铰接点，X_2 轴垂直 Y_2 轴。在点 D 建立第 3 个局部坐标系 X_3DY_3，定义掩护梁长度方向为 X_3 轴方向，即平行于 $\overrightarrow{JM}$ 的方向，Y_3 轴垂直于 X_3 轴。在点 G 建立局部坐标系 X_4GY_4，点 G 为掩护梁与顶梁的铰接点，定义顶梁长度方向为 X_4 轴方向，即平行于 $\overrightarrow{NS}$ 的方向，Y_4 轴垂直于 X_4 轴。

如图 6-31 所示，平面坐标系变换原理：将坐标系 XOY 和 $X_1O_1Y_1$ 分别记作 T_0 和 T_1，坐标系 T_1 的原点由点 O 平移至点 O_1，并且相对坐标系 T_0 旋转了角度 θ，逆时针旋转时 θ 取正。设点 P 在坐标系 T_0 中坐标为 (x, y)，在坐标系 $X_1O_1Y_1$ 中坐标为 (x_1, y_1)，那么坐标 (x, y) 与坐标 (x_1, y_1) 之间的转换关系为

$$\begin{pmatrix} x \\ y \end{pmatrix}_P^{T_0} = \begin{pmatrix} \cos\theta & -\sin\theta \\ \sin\theta & \cos\theta \end{pmatrix} \begin{pmatrix} x_1 \\ y_1 \end{pmatrix}_P^{T_1} + \overrightarrow{OO_1} \tag{6-3}$$

说明：在本节中，采用形如 $\begin{pmatrix} x \\ y \end{pmatrix}_P^{T_0}$ 的形式，采用上标 T_0 标记坐标系，下标 P 标记点的名称，以下模型中统一采用该标记方法。

不失一般性，假设底座、后连杆和顶梁与水平方向的夹角分别为 α、β 和 γ，如图 6-30 所示。为使记述简洁，全局坐标系 XOY 记作 T_0，局部坐标系 $X_1O_1Y_1$、X_2AY_2、X_3DY_3、X_4GY_4 分别记作 T_1、T_2、T_3、T_4，局部坐标系 T_1、T_2、T_3、T_4 相对全局坐标系 T_0 的旋转角度分别记作 θ_1、θ_2、θ_3、θ_4。为便于推导局部坐标系旋转角度 $\theta_1 \sim \theta_4$，引入以下辅助角：前、后连杆与底座的铰接点的连线 $\overrightarrow{AB}$ 与 X_2 轴的夹角记作 λ，前、后连杆与掩护梁的铰接点的连线 $\overrightarrow{DE}$ 与 X_3 轴夹角记

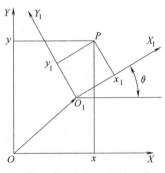

图 6-31　平面坐标系变换示意图

作 η，$\angle OAB$ 记作 φ，$\angle ADE$ 记作 ψ。由于底座和掩护梁为刚体，因此易知角 φ 与角 η 为固定角，且其值易获得，而 λ 和 ψ 为变量，其值随液压支架的姿态变化而变化。

底座及前、后连杆局部坐标系示意如图 6-32 所示，首先分析 A、B、C 三点，由图易知三点在局部坐标系 T_1 中的坐标是固定的，设 OA 距离为 h_1，PB 距离为 h_2，OP 距离为 l_1，PQ 距离为 l_2，那么 A、B、C 三点在局部坐标系 T_1 中的坐标分别为

$$\begin{pmatrix} x \\ y \end{pmatrix}_A^{T_1} = \begin{pmatrix} 0 \\ h_1 \end{pmatrix} \tag{6-4}$$

$$\begin{pmatrix} x \\ y \end{pmatrix}_B^{T_1} = \begin{pmatrix} l_1 \\ h_2 \end{pmatrix} \tag{6-5}$$

$$\begin{pmatrix} x \\ y \end{pmatrix}_C^{T_1} = \begin{pmatrix} l_1+l_2 \\ h_3 \end{pmatrix} \tag{6-6}$$

而局部坐标系 T_1 相对全局坐标系 T_0 的旋转角度 $\theta_1 = \alpha$，为底座与水平方向的夹角，而两个坐标系原点重合，平移矢量为 $\vec{0}$，因此 A、B、C 三点的全局坐标为

$$\begin{pmatrix} x \\ y \end{pmatrix}_{A,B,C}^{T_0} = \begin{pmatrix} \cos\alpha & -\sin\alpha \\ \sin\alpha & \cos\alpha \end{pmatrix} \begin{pmatrix} x \\ y \end{pmatrix}_{A,B,C}^{T_1} \tag{6-7}$$

继续分析 D、E 两点，点 D 在局部坐标系 T_2 的坐标是固定的，设 AD 距离为 l_3，点 D 在局部坐标系 T_2 中的坐标为

$$\begin{pmatrix} x \\ y \end{pmatrix}_D^{T_2} = \begin{pmatrix} 0 \\ l_3 \end{pmatrix} \tag{6-8}$$

而点 E 在局部坐标系 T_2 中的坐标是未知的，欲求点 E 局部坐标，首先要求得点 B 局部坐标。点 B 局部坐标可由距离 AB 和夹角 λ 求得。AB 距离是固定的，设 AB 距离为 l_4，而 AB 与 X_2 轴的夹角 λ 可由图 6-32 所示几何关系求得，即

$$\lambda = \gamma_2 - \gamma_1 - \theta_2 \tag{6-9}$$

且易知 $\gamma_1 = \pi - \varphi$，$\gamma_2 = \dfrac{\pi}{2} + \alpha$，$\theta_2 = \beta - \dfrac{\pi}{2}$，将上述关系代入式（6-9）可得

$$\lambda = \alpha - \beta + \varphi \tag{6-10}$$

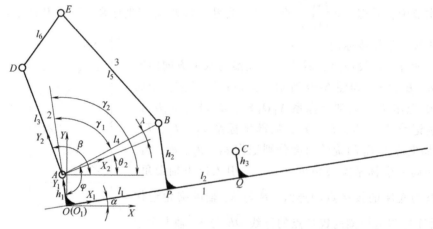

图 6-32　底座及前、后连杆局部坐标系示意图

因此，点 B 在局部坐标系 T_2 中的坐标为

$$\begin{pmatrix} x \\ y \end{pmatrix}_B^{T_2} = \begin{pmatrix} l_4 \cos\lambda \\ l_4 \sin\lambda \end{pmatrix} \tag{6-11}$$

由于点 E 到点 B 距离 EB 和到点 D 距离 ED 均为已知固定距离，设距离 EB 为 l_5，距离 ED 为 l_6，则依据距离公式可得两个方程

$$\sqrt{(x_E^{T_2} - l_4 \cos\lambda)^2 + (y_E^{T_2} - l_4 \sin\lambda)^2} = l_5 \tag{6-12}$$

$$\sqrt{(x_E^{T_2} - 0)^2 + (y_E^{T_2} - l_3)^2} = l_6 \tag{6-13}$$

联立求解式（6-12）和式（6-13）即可求得点 E 在局部坐标系 T_2 中的坐标 $\begin{pmatrix} x \\ y \end{pmatrix}_E^{T_2}$，而局部坐标系 T_2 相对全局坐标系 T_0 的旋转角度 θ_2 显然为 $\beta - \dfrac{\pi}{2}$，坐标系原点平移矢量为 $\overrightarrow{OA}$，将 θ_2 代入坐标系转换公式并进行化简，可得到 D、E 两点的全局坐标为

$$\begin{pmatrix} x \\ y \end{pmatrix}_{D,E}^{T_0} = \begin{pmatrix} \sin\beta & \cos\beta \\ -\cos\beta & \sin\beta \end{pmatrix} \begin{pmatrix} x \\ y \end{pmatrix}_{D,E}^{T_2} + \overrightarrow{OA} \tag{6-14}$$

160

参照图 6-33 所示掩护梁及前、后连杆局部坐标系示意，进一步分析 F、G 两点，两点在局部坐标系 T_3 中的坐标是固定的，设 DJ 距离为 h_3，LF 距离为 h_4，MG 距离为 h_5，JL 距离为 l_7，JM 距离为 l_8，那么 F、G 两点在局部坐标系 T_3 的坐标分别为

$$\begin{pmatrix} x \\ y \end{pmatrix}_F^{T_3} = \begin{pmatrix} l_7 \\ h_3 - h_4 \end{pmatrix} \tag{6-15}$$

$$\begin{pmatrix} x \\ y \end{pmatrix}_G^{T_3} = \begin{pmatrix} l_8 \\ h_3 - h_5 \end{pmatrix} \tag{6-16}$$

局部坐标系 T_3 相对全局坐标系 T_0 的旋转角度 $\theta_3 = \psi - \eta - \gamma_3$，而 $\gamma_3 = \pi - \beta$，η 角为结构决定的固定角，ψ 角虽然随液压支架姿态变化而变化，但由前一步求得的 A、D、E 三点坐标可求得当前 ψ 角，因此 $\theta_3 = \psi + \beta - \eta - \pi$。局部坐标系 T_3 的原点的平移矢量为 $\overrightarrow{OD}$，因此 F、G 两点的全局坐标为

$$\begin{pmatrix} x \\ y \end{pmatrix}_{F,G}^{T_0} = \begin{pmatrix} \cos\theta_3 & -\sin\theta_3 \\ \sin\theta_3 & \cos\theta_3 \end{pmatrix} \begin{pmatrix} x \\ y \end{pmatrix}_{F,G}^{T_3} + \overrightarrow{OD} \tag{6-17}$$

最后，根据图 6-34 所示顶梁局部坐标系示意图分析 H、I 两点，两点在局部坐标系 T_4 的坐标是固定的，设 NR 距离为 l_9，NS 距离为 l_{10}，NG 距离为 h_6，RH 距离为 h_7，SI 距离为 h_8，那么 H、I 两点在局部坐标系 T_4 的坐标分别为

$$\begin{pmatrix} x \\ y \end{pmatrix}_H^{T_4} = \begin{pmatrix} l_9 \\ h_6 - h_7 \end{pmatrix} \tag{6-18}$$

$$\begin{pmatrix} x \\ y \end{pmatrix}_I^{T_4} = \begin{pmatrix} l_{10} \\ h_6 - h_8 \end{pmatrix} \tag{6-19}$$

局部坐标系 T_4 相对全局坐标系 T_0 的旋转角度 $\theta_4 = \gamma$，局部坐标系 T_4 的原点的平移矢量为 $\overrightarrow{OG}$，因此 H、I 两点的全局坐标为

$$\begin{pmatrix} x \\ y \end{pmatrix}_{H,I}^{T_0} = \begin{pmatrix} \cos\gamma & -\sin\gamma \\ \sin\gamma & \cos\gamma \end{pmatrix} \begin{pmatrix} x \\ y \end{pmatrix}_{H,I}^{T_4} + \overrightarrow{OG} \tag{6-20}$$

至此，完成了对液压支架姿态的全面解析。液压支架任意构件的姿态信息均可通过简单的坐标运算求得，如立柱的倾角和行程可通过 C、I 两点的全局坐标进行运算求解，平衡千斤顶的倾角和行程可通过 F、H 两点的全局坐标进行运算求解。

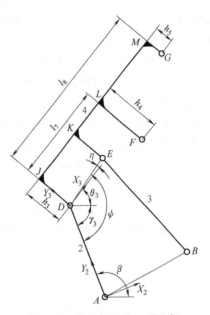

图 6-33　掩护梁及前、后连杆局部坐标系示意图

161

上述分析建立了液压支架的姿态模型，该模型以底座、后连杆和顶梁的倾角 α、β 和 γ 作为输入，因此实现液压支架的姿态感知必须实现这三个变量的测量。倾角易于测量，可通过倾角传感器实现。上述分析仅考虑了液压支架姿态在竖直平面的变化，若液压支架存在横向滚转，还应在顶梁增加一倾角传感器用以感知横向滚转角，相应的姿态模型也需要由二维空间向三维空间拓展。

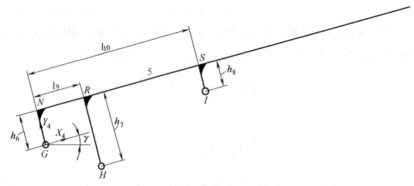

图 6-34　顶梁局部坐标系示意图

6.6.2　液压支架的承载载荷模型及承载载荷感知

液压支架的承载能力会受外部载荷大小及位置的影响，而液压支架在井下的实际工作条件是非常复杂的，顶板压力的大小和作用位置、支架的顶梁和顶板的接触情况都随时间和地点不断变化。此外，支架还可能承受不同大小和不同方向的水平载荷，因此实现液压支架外部载荷大小及位置的感知显得尤为重要。

为求取液压支架承载载荷大小及位置，需对液压支架进行受力分析，建立液压支架的承载载荷模型。外部载荷作用于液压支架顶梁，若仅以顶梁为隔离体对其进行受力分析，则其受力分析如图 6-35 所示，不失一般性，考虑顶梁为倾斜状态，将外部载荷简化为垂直顶梁方向的载荷 Q 和平行顶梁方向的载荷 Q_f，载荷作用位置为 x。顶梁除受外部载荷作用外，还受到立柱对其的作用力 P_J、平衡缸对其的作用力 P_B 以及顶梁与掩护梁铰接处的销轴对其的作用力 F_S。其中，立柱和平衡缸的作用力 P_J 和 P_B 易于通过压力传感器获得，但销轴对顶梁的作用力 F_S 则难以测量会发生。其原因为随着液压支架姿态和承载状态的变化，销轴对顶梁的作用力 F_S 不仅会发生数值大小的变化，而且会发生方向变化。目前市面上的销轴传感器仅能测量固定方向上的力，因此难以实现对销轴作用力 F_S 的测量。

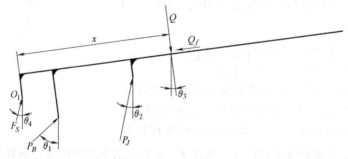

图 6-35　液压支架顶梁受力分析图

为解决上述问题，目前采用的方法是在建立载荷模型时避开销轴力。一方面，在以顶梁为隔离体进行分析时，仅以顶梁铰接点 O_1 为矩心建立力矩方程；另一方面，在以顶梁和掩护梁作为整体进行分析时，将销轴力视为内力。该方法需要引入四连杆机构的运动瞬心，受力分析图如图 6-36 所示，前、后连杆延长线的交点 O 为四连杆机构的运动瞬心，Q 和 Q_f 依然代表外部载荷，x 代表其作用位置，P_J 和 P_B 分别代表立柱作用力和平衡千斤顶作用力，F_1、F_2 分别为前、后连杆的作用力。由于连杆为二力杆，因此 F_1、F_2 的受力方向必然沿着连杆方向。点 O_1 为顶梁与掩护梁的铰接点，首先取顶梁为隔离体，对点 O_1 建立力矩平衡方程

$$P_B r_2 + P_J r_3 + Q_f h - Qx = 0 \tag{6-21}$$

式（6-21）中 r_2、r_3 和 h 分别为铰接点 O_1 到平衡缸、立柱和顶梁的距离，其中，h 为常量，r_2、r_3 随液压支架姿态变化。

再以顶梁和掩护梁整体为隔离体，对四连杆运动瞬心 O 建立力矩平衡方程

$$P_J r_1 + Q_f e - Q(d + x) = 0 \tag{6-22}$$

式中 r_1——运动瞬心 O 到立柱的距离，随液压支架姿态变化；

　　　e——运动瞬心 O 到顶梁 AB 的距离，随液压支架姿态变化；

　　　d——运动瞬心 O 到顶梁 O_1A 的距离，随液压支架姿态变化；

　　　Q_f——载荷 Q 产生的摩擦力。

Q_f 与 Q 的关系为

$$Q_f = Qf \tag{6-23}$$

式中 f——摩擦系数，一般取 $0 \sim 0.3$。

联立式（6-21）~式（6-23），其中未知量仅为载荷 Q、Q_f 以及作用位置 x，r_1、r_2、r_3、e、d 等其余参数均可通过 6.2.1 小节所建立的姿态模型进行求解，最后得到载荷 Q 和作用位置 x 的表达式为

$$Q = \frac{P_J(r_1 - r_3) - P_B r_2}{f(h - e) + d} \tag{6-24}$$

$$x = \frac{P_B r_2(d - fe) + P_J [r_3(d - fe) + r_1 fh]}{P_J(r_1 - r_3) - P_B r_2} \tag{6-25}$$

163

定义力矩 $M = P_J(r_1 - r_3) - P_B r_2$，$M$ 仅与立柱压力 P_J、平衡缸压力 P_B，以及距离 r_1、r_2、r_3 相关，由式（6-24）可知，当 M 为零时，载荷 Q 必然为零，因此可将力矩 M 作为一个判断特征，用以快速识别液压支架是否承受外部载荷。

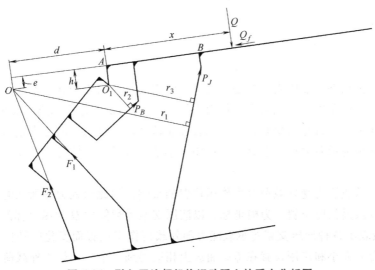

图 6-36 引入四连杆机构运动瞬心的受力分析图

上述分析建立了液压支架的承载载荷模型，实现对支架承载载荷的感知，除了要获取液压支架的姿态信息，还需要获取立柱下腔的压力和平衡千斤顶上、下腔的压力，因此需要在上述三处安装压力传感器。而液压支架的姿态感知需要安装的传感器有顶梁、后连杆和底座的倾角传感器，工作面调直需要安装的传感器有红外接收器和推移千斤顶行程传感器。液压支架姿态的调整离不开立柱和平衡千斤顶的位移控制，为实现其闭环控制，立柱和平衡千斤顶还需要安装行程传感器。综上所述，液压支架智能感知系统传感器布置图如图 6-37 所示。

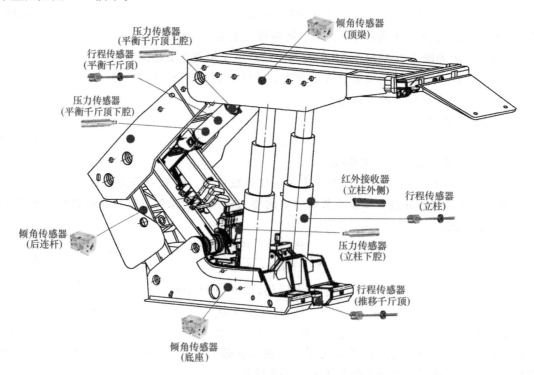

图 6-37　液压支架智能感知系统传感器布置图

6.6.3　液压支架支护状态分析及智能控制策略

液压支架支护状态由液压支架的姿态及承载状态决定，而支护状态的优劣则由液压支架是否失稳来判断。液压支架与围岩在工作面支护体系中构成"顶板-支架-底板"耦合系统，根据液压支架与顶、底板是否接触，分为耦合和非耦合两种状态。液压支架与围岩处于耦合状态时，主要表现为承载失稳，顶梁合力作用大小及位置是耦合状态的重要表征和稳定性判断的重要依据。

液压支架的承载能力受外载荷合力作用位置的影响，因此引入力平衡区的概念。所谓力平衡区，是指以顶梁长度位置 x 为横坐标，以液压支架承载能力 Q 为纵坐标的 Q-x 曲线下的面积。Q-x 曲线表示各种液压支架的承载能力随外载荷作用位置而变化的特性。每一种外载荷均可根据其合力大小和作用位置在 Q-x 曲线上相应得到一个点。如果外载荷点在力平衡区范围内，则表示液压支架的承载能力能够与外载荷平衡。而如果外载荷点在力平衡区之外，则液压支架的承载能力不能与外载荷平衡。液压支架稳定工作的必要条件是作用在顶梁上的外载荷合力的大小和位置必须在力平衡区范围内。

图 6-38 所示为典型的两柱掩护式液压支架的 $Q\text{-}x$ 曲线及力平衡区，图中阴影部分即为力平衡区。由图 6-38 可知，当外载荷位于顶梁中间区域，即 $Q_2(x)$ 段时，液压支架能承受较大的载荷。当外载荷向顶梁前端或后端偏移，即 $Q_1(x)$ 段或 $Q_3(x)$ 段时，液压支架承受载荷的能力迅速降低。此外，$Q_1(x)$ 段称为平衡千斤顶受拉工作区，当外载荷位于该段时，平衡千斤顶处于受拉状态，并且极限载荷由平衡千斤顶的最大抗拉工作阻力决定。$Q_3(x)$ 段称为平衡千斤顶受压工作区，当外载荷位于该段时，平衡千斤顶处于受压状态，并且极限载荷由平衡千斤顶的最大抗压工作阻力决定。$Q_2(x)$ 段称为立柱工作区，当外载荷位于该段时，平衡千斤顶可能受拉，也可能受压，而极限载荷由立柱最大工作阻力决定。

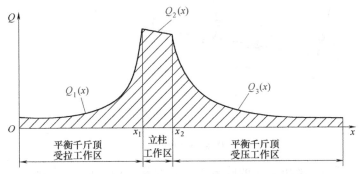

图 6-38　两柱掩护式液压支架的 $Q\text{-}x$ 曲线及力平衡区

力平衡区理论为判断耦合状态下的液压支架支护状态提供了依据。将顶梁所受外部等效集中载荷 Q 幅值大小及作用位置 x 与 $Q_1(x) \sim Q_3(x)$ 进行比较，判断该载荷是否在液压支架的力平衡区，如果在力平衡区，则表示在该载荷作用下，液压支架的顶梁与底板可以保持稳定；否则，液压支架顶梁会发生转动，出现"低头"或"高射炮"等姿态失稳状况，发生线性接触，控顶效果差，易发生结构损坏等。

当液压支架顶梁与顶板脱离接触时，主要表现为几何失稳，此时液压支架的重心和临界失稳角是判断几何失稳的重要依据。当底板倾斜时，沿工作面走向方向，液压支架主要表现为前翻和后仰两种失稳类型。如图 6-39 所示为液压支架处于后仰状态且顶梁脱离顶板后的受力分析图，由于顶梁与顶板脱离，因此顶梁不承受外部载荷，设底板的倾角为 α，即底座与水平方向的倾角，底座后端点记作 O_2，在点 O_2 建立坐标系 XO_2Y，X 轴方向沿底座长度方向，支架的重心记作 O，重力记作 G，重心 O 到 X 轴和 Y 轴的距离分别记作 y_G 和 x_G，底座承受的载荷为 R 和 R_f，载荷 R 作用点到点 O_2 距离为 x_R。当底座倾角 α 较小时，液压支架在重力 G、底座支撑力 R 及摩擦力 R_f 的作用下保持平衡，对点 O_2 建立的力矩平衡方程为

$$Rx_R + G\sin\alpha \cdot y_G - G\cos\alpha \cdot x_G = 0 \tag{6-26}$$

随着底座倾角 α 增大，支撑力 R 的作用点将趋近于点 O_2，即 $x_R \to 0$。当支撑力 R 的作用点位于点 O_2 时，支架对点 O_2 的力矩平衡则全部由重力 G 的分量提供，此时液压支架处于临界失稳状态，由此计算所得的倾角 α 即为临界失稳角，记作 α_{Ch}。因此，令式（6-26）中 $x_R = 0$，求得 α_{Ch} 为

165

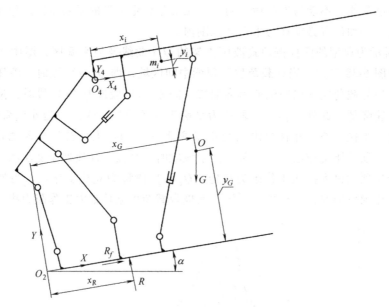

图 6-39   液压支架处于后仰状态且顶梁脱离顶板后的受力分析图

$$\alpha_{Ch} = \arctan \frac{x_G}{y_G} \tag{6-27}$$

由式（6-27）可知，液压支架的临界失稳角与重心的高度 y_G 负相关，支架重心越高，临界失稳角越小，支架几何失稳的概率越高。同理可分析液压支架前倾时的临界失稳角，记作 α_{Cq}。在液压支架的实际使用过程中，应在达到临界失稳角之前就对液压支架进行姿态调整或发出预警，因此还应规定安全许用倾角 $[\alpha]$，安全许用倾角与临界失稳角关系为 $[\alpha] = \beta \alpha_{Ch}$，$\beta$ 为小于 1 的安全系数。

通过上述分析可知，液压支架重心坐标是确定临界失稳角的直接条件，而液压支架的重心坐标可通过质心公式进行求取，即

$$\begin{cases} x_G = \dfrac{\sum\limits_{i=1}^{n} x_i m_i}{\sum\limits_{i=1}^{n} m_i} \\[6mm] y_G = \dfrac{\sum\limits_{i=1}^{n} y_i m_i}{\sum\limits_{i=1}^{n} m_i} \end{cases} \tag{6-28}$$

式中 (x_i, y_i)——第 i 个部件的质心坐标；

$\qquad m_i$——第 i 个部件的质量；

$\qquad n$——为支架部件的数量。

各部件质心坐标 (x_i, y_i) 求取方法：对于简单、均质的部件，可通过其节点坐标计算部件的质心坐标，例如，前、后连杆的质心坐标为两节点坐标的平均值；对于复杂的部件，则需要事先确定其质心在局部坐标系中的坐标值，由于质心坐标在局部坐标系中固定不变，

因此当液压支架姿态确定后，再利用坐标转换原理将其转换为重心坐标系。例如，顶梁的质心 m_i 在坐标系 $X_4O_4Y_4$ 中坐标为 (x_i, y_i)，如图 6-39 所示，通过坐标系转换将其转换至坐标系 XO_2Y 中，再将其代入式（6-28）即可求出液压支架整体重心坐标。

以上分析建立了液压支架的姿态模型、承载载荷模型及其感知方法，分析了液压支架在承载和非承载两种状态下的失稳条件，提出了判断液压支架是否承载的特征力矩 M 和防止几何失稳的安全许用倾角 $[\alpha]$，在此基础上建立液压支架的智能控制策略，其流程图如图 6-40 所示。液压支架控制器首先读取压力、倾角、行程等各类传感器的信息，然后以传感器的信息为输入对液压支架的姿态模型进行解算，并计算四连杆机构的运动瞬心及相关几何参数，然后计算判断支架是否承载的特征力矩 M。

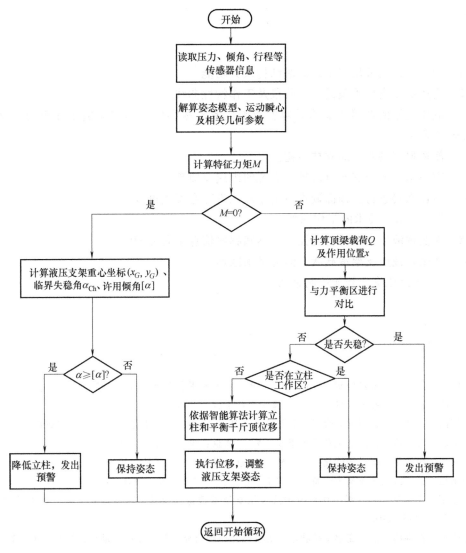

图 6-40　液压支架智能控制策略流程图

若 $M=0$，则进入几何失稳分支，继续计算液压支架在该姿态下的重心坐标（x_a、y_a）、临界失稳角 α_{Ch} 及安全许用倾角 $[\alpha]$。然后判断液压支架的倾斜程度是否大于 $[\alpha]$，如果

大于 $[\alpha]$，则立即降低立柱以降低重心，并发出预警，如果没有大于 $[\alpha]$，则继续保持原有姿态。该分支程序执行完再返回开始进行循环。若 $M \neq 0$，则进入承载失稳分支，进一步计算顶梁载荷 Q 及作用位置 x，然后利用 Q-x 曲线与力平衡区进行对比，分析稳定性。若已失稳，则发出预警。若未失稳，则进一步判断载荷是否位于立柱工作区，如果是，则表明液压支架的支护状态良好，可以保持姿态不变。如果不是，则表明液压支架的支护状态并非最优，应尽快调整姿态使液压支架的承载状态回归到立柱承载区。液压支架的执行机构只有立柱和平衡千斤顶，因此应根据一定的智能算法，以液压支架的姿态、载荷 Q 及作用位置 x 为输入计算出立柱和平衡千斤顶的调整位移。

思考题

6-1　简述掩护式液压支架的组成结构及其功能。

6-2　简述液压支架承载的三个阶段及工作特性曲线。

6-3　液压支架的初撑力怎么计算？影响因素有哪些？液压支架的工作阻力怎么计算？影响因素有哪些？

6-4　简述典型的双伸缩立柱结构。

6-5　简述单个液压支架电液控制系统的组成及原理。

6-6　为什么要进行工作面调直？工作面调直存在哪些难度？

6-7　简述 LASC 技术的工作原理。

6-8　为实现液压支架的智能控制，感知哪些信息是必要的？

6-9　什么是液压支架承载状态的力平衡区理论？

6-10　简述液压支架智能控制策略。

参考文献

［1］　丁绍南. 采煤工作面液压支架设计 ［M］. 北京：世界图书出版公司，1992.

［2］　王国法. 液压支架技术 ［M］. 北京：煤炭工业出版社，1999.

［3］　王国法. 高效综合机械化采煤成套装备技术 ［M］. 徐州：中国矿业大学出版社，2008.

［4］　王国法. 综采成套技术与装备系统集成 ［M］. 北京：煤炭工业出版社，2016.

［5］　赵文才，付国军. 煤矿智能化技术 ［M］. 北京：煤炭工业出版社，2020.

［6］　周永昌. 掩护式液压支架力学特性的初步分析 ［J］. 煤炭学报，1981 （1）：1-17.

［7］　徐亚军，王国法，刘业献. 两柱掩护式液压支架承载特性及其适应性研究 ［J］. 煤炭学报，2016，41 （8）：2113-2120.

［8］　张德生，魏训涛. 液压支架支护状态分类及感知原理研究 ［J］. 工矿自动化，2020，46 （8）：32-37.

第 7 章 高水基液压系统及其智能化技术

7.1 高水基液压系统及其概述

7.1 高水基液压系统及其概述

高水基供液系统指的是井下支架液压系统，因为液压支架以高水基乳化液作为传递介质而得名，由清水泵向乳化液泵站液箱供水，在乳化液液箱与乳化油完成自动配比，再经过泵站出口后由高压过滤站过滤，经过管路到达液压支架，经过液压支架的手动反冲洗过滤装置，再到达电液换向阀，最后通过电液换向阀控制液压支架的各个动作。

支架液压系统包括从进液口、回液口到立柱、千斤顶之间的过滤器、换向阀（包括手动换向阀、电磁换向阀）、单向阀（包括液控单向阀、单向锁、双向锁）、安全阀、截止阀、管路、接头等所有元件。因为液压支架每一个执行元件，即每个立柱、千斤顶的动作在一般情况下都是相互独立的，所以控制每一个执行元件的液压系统都是一个独立的单元，整个液压系统是由若干个这样的独立单元组成的。

7.1.1 构成及作用

以煤矿最常用的中厚煤层两柱掩护式支架的单架液压系统为例来说明支架液压系统原理。该系统由立柱系统和千斤顶系统组成。立柱系统由 2 根立柱、1 片换向阀、2 个液控单向阀及 2 个安全阀组成。千斤顶系统由 1 根推移液压缸、2 根伸缩梁液压缸、1 根护帮液压缸、1 根平衡液压缸、4 根侧护液压缸、1 根底调液压缸、1 根抬底液压缸，以及 7 片换向阀和若干安全阀、单向锁、双向锁等组成。在支架总进液管中设有平面截止阀和过滤器，平面截止阀用于向支架系统供液或停止供液。在支架总回液管中设有回液三通断路阀（单向阀），用于防止工作面回液管中的工作液进入支架液压系统，或者在检修支架液压系统时，将该阀与支架回液管断开而不影响工作面回液管的工作液流回液箱。

系统中的平衡千斤顶是掩护式液压支架所独有的，其主要作用是改善顶梁的接顶状况，改变顶梁的载荷分布。根据其功能需要，需对平衡千斤顶的上、下腔进行闭锁并保持恒定的工作阻力，故需用双向锁锁住其上、下腔，而且每腔必须接有安全阀。推移千斤顶正装，采用差动推移系统解决传统控制回路推溜力大而拉架力小的问题，满足了实际工况中拉架力应大于推溜力的要求。

7.1.2 主要工作流程

1. 升柱

高压油路：主进液管→进液截止阀→进液过滤器→换向阀→多通块→立柱液控单向阀→立柱下腔，立柱开始上升。

低压油路：立柱上腔→多通块→换向阀→回液断路阀→主回液管。

2. 降柱

高压油路：主进液管→进液截止阀→进液过滤器→换向阀→多通块→液控单向阀→立柱一级缸→立柱二级缸→控制腔。

低压油路：立柱下腔→立柱液控单向阀→多通块→换向阀→回液断路阀→主回液管。

3. 推溜

高压油路：主进液管→进液截止阀→进液过滤器→换向阀→多通块→差压阀的液控单向阀→推移液压缸无杆腔，推溜。

低压油路：推移千斤顶活塞杆腔→多通块→差压阀的交替单向阀→差压阀的液控单向阀→推移液压缸无杆腔，差动推溜。

4. 拉架

高压油路：主进液管→进液截止阀→进液过滤器→换向阀→多通块→压差阀的交替单向阀→推移液压缸活塞杆腔。

压差阀的液控单向阀的控制腔受到液压力作用，打开液控单向阀，准备回液。

低压油路：推移液压缸无杆腔→差压阀的液控单向阀→多通块→换向阀→回液断路阀→主回液管。

5. 伸缩梁伸出

高压油路：主进液管→进液截止阀→进液过滤器→换向阀→多通块→伸缩梁液压缸无杆腔，伸缩梁伸出。

液控单向阀的控制腔受到液压力作用，打开液控单向阀，准备回液。

低压油路：伸缩梁液压缸活塞杆腔→单向锁→多通块→换向阀→回液断路阀→主回液管。

6. 伸缩梁退回

高压油路：主进液管→进液截止阀→进液过滤器→换向阀→多通块→单向锁→伸缩梁液压缸活塞杆腔。

低压油路：伸缩梁液压缸无杆腔→单向锁→多通块→换向阀→回液断路阀→主回液管。

7. 护帮板伸出

高压油路：主进液管→进液截止阀→进液过滤器→换向阀→多通块→双向锁→护帮液压缸无杆腔，护帮千斤顶伸出。

低压油路：护帮液压缸活塞杆腔→双向锁→多通块→换向阀→回液断路阀→主回液管。

8. 护帮板退回

高压油路：主进液管→进液截止阀→进液过滤器→换向阀→多通块→双向锁→护帮液压缸活塞杆腔。

低压油路：护帮液压缸无杆腔→双向锁→多通块→换向阀→回液断路阀→主回液管。

9. 平衡千斤顶伸出

高压油路：主进液管→进液截止阀→进液过滤器→换向阀→多通块→双向锁→平衡液压缸无杆腔，平衡千斤顶伸出。

低压油路：平衡液压缸活塞杆腔→双向锁→多通块→换向阀→回液断路阀→主回液管。

10. 平衡千斤顶退回

高压油路：主进液管→进液截止阀→进液过滤器→换向阀→多通块→双向锁→平衡液压缸活塞杆腔。

低压油路：平衡液压缸无杆腔→双向锁→多通块→换向阀→回液断路阀→主回液管。

11. 侧护板伸出

高压油路：主进液管→进液截止阀→进液过滤器→换向阀→多通块→侧护液压缸无杆腔。

低压油路：侧护液压缸活塞杆腔→多通块→换向阀→回液断路阀→主回液管。

12. 侧护板退回

高压油路：主进液管→进液截止阀→进液过滤器→换向阀→多通块→侧护液压缸活塞杆腔。

低压油路：侧护液压缸无杆腔→多通块→换向阀→回液断路阀→主回液管。

13. 底调液压缸伸出

高压油路：主进液管→进液截止阀→进液过滤器→换向阀→多通块→底调液压缸无杆腔。

低压油路：底调液压缸活塞杆腔→多通块→换向阀→回液断路阀→主回液管。

14. 底调液压缸退回

高压油路：主进液管→进液截止阀→进液过滤器→换向阀→多通块→底调液压缸活塞杆腔。

低压油路：底调液压缸无杆腔→多通块→换向阀→回液断路阀→主回液管。

15. 抬底伸出

高压油路：主进液管→进液截止阀→进液过滤器→换向阀→多通块→抬底液压缸无杆腔。

低压油路：抬底液压缸活塞杆腔→多通块→换向阀→回液断路阀→主回液管。

16. 抬底退回

高压油路：主进液管→进液截止阀→进液过滤器→换向阀→多通块→抬底液压缸活塞杆腔。

低压油路：抬底液压缸无杆腔→多通块→换向阀→回液断路阀→主回液管。

7.2　高水基液压系统的传动介质

煤矿井下高水基液压系统用于综采工作面液压支架群组的控制。由于煤矿井下独特的防爆、阻燃、环境友好等要求，液压系统一般采用难燃型高水基乳化液（一般采用 5%乳化油+

95%水混合）作为传动介质，该介质具有以下特点。

1. 黏性低

传统石油基矿物油作为传动介质时，由于介质黏度高，因此油液在液压元件内部或管道中流动时，油液层与层之间、油液与管道内壁之间产生黏性摩擦，较大部分能量以热量形式耗散在系统中，所以对吸油管路、回油管路及液压控制阀内部流速都设有明确上限。但高水基乳化液黏性远低于矿物油介质，黏性摩擦弱，原有的适用于矿物油介质的液压系统及元件设计理论不适用于高水基液压系统。此外，适用于矿物油介质的液压元件，特别是液压控制阀阀口一般采用间隙密封，但高水基乳化液黏性低、易泄漏，使原液压控制阀的阀口结构和密封形式不再适用，不能再采用锥阀或球阀形式，而是需要采用接触密封形式。

2. 润滑性弱

高水基乳化液黏性和润滑性远远低于普通液压油，液压控制阀、液压缸等运动副表面油膜厚度小，金属元件和密封元件表面更易发生摩擦磨损，对液压元件及系统的动态特性影响更大。

3. 导电性强

由于高水基乳化液中含有大量金属离子及添加剂，具有很强的导电性，再加上井下高粉尘、高污染环境，液压系统极易受到污染。这些因素的综合作用，使液压元件表面易产生电化学腐蚀，对液压元件表面处理技术提出了更高的要求。

4. 易汽化

水基介质流速快、汽化压力高，在液压元件内部极易发生局部汽化，产生气穴，引发系统自激振荡，甚至对金属表面产生气蚀，在设计高水基介质的液压元件时，需更加注重流道结构优化，降低这些现象发生的可能性。

5. 弹性模量大

高水基乳化液弹性模量大、可压缩性小，在阀突然开启或关闭，或者执行器突然制动或切换方向时，液压冲击更为剧烈。

上述这些特征，使高水基液压系统设计理论不同于普通液压油的液压系统的设计，考虑的侧重点也不同。

7.3 高水基液压泵站

高水基液压泵站（也称为乳化液泵站）是智能化采煤工作面的主要装备之一，是一种把机械能转变为液压能的能量转换装置，是液压支架的动力源。如果把液压支架供液和回液的管路比作人体的血管的话，那么乳化液泵站就好比人体的心脏，它源源不断地向液压支架输送高压液体，而液压支架动作中的回液又从回液管路流回到泵站的乳化液箱中。

除了液压支架靠乳化液泵站供给的压力液工作外，在某些综采工作面，可弯曲刮板输送机的紧链液压马达、采煤机牵引链的张紧千斤顶、桥式转载机的固定与推移千斤顶，以及工作面上、下出口处超前支护用的单体液压支柱、超前支架等，都是靠乳化液泵站供给的压力液工作的。由此可见，乳化液泵站在综采工作面占有十分重要的地位。

7.3.1　乳化液泵站的构成

乳化液泵站简称泵站。它在综采工作面有两种布置方式：一种是上、下顺槽各设置一组泵站，从工作面两端同时向工作面液压支架等液压装置供液；另一种是将泵站全部设置在下顺槽的设备列车上，向工作面液压支架及其他用乳化液的液压装置供液。目前我国的综采工作面较多采用后一种布置方式。

乳化液泵站是由乳化液泵、乳化液箱及附属装置组成。乳化液泵站在实际使用中，通常同时安装两台乳化液泵和一个乳化液箱，因此称为"两泵一箱"。同时安装两台乳化液泵的好处是：在正常情况下，一台乳化液泵运转，另一台乳化液泵作为轮换、检修的备用泵。有时也可能是多台乳化液泵和多个乳化液箱组成一个泵站系统，当工作面液压支架等液压设备需要增加供液量时，也可以让多台乳化液泵并联工作，从而满足生产的需要，如图 7-1 所示。

图 7-1　乳化液泵站

乳化液泵与电动机装在一个滑橇式底座上，如图 7-2 所示，乳化液箱装在另一个滑橇式底座上。乳化液泵站附件的装设位置随泵站的结构型式而异，多装设在乳化液箱上，但有的也装在乳化液泵上或乳化液泵的底座上。为保证乳化液泵站能够安全可靠地运行，设置了安全阀、卸载阀、蓄能器、过滤器及压力表等控制与保护装置。采煤机牵引链张紧千斤顶及工

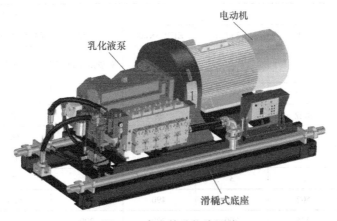

图 7-2　高水基乳化液泵站

作面刮板输送机紧链液压马达等的工作压力，往往是低于乳化液泵站额定工作压力的，为了向它们输送压力较低的工作液，装设减压装置。为了能够及时方便地向乳化液箱补充乳化液，有的乳化液箱的一端还设有乳化油箱与自动乳化装置，便于乳化液泵站处水（经过处理的水）与乳化油箱中的乳化油"就地"配制乳化液。

我国的乳化液泵站多由两台或三台乳化液泵组成，采用"一台使用+一台备用"或"两台使用+一台备用"的模式运行，通过手动操作隔爆电磁起动器完成乳化液泵的开停。乳化液泵上安装有安全阀和液控的机械卸载阀，根据工作面对乳化液的需要实现乳化液泵压力的自动调整，根据乳化液泵的流量大小配置一台或两台乳化液箱。乳化液箱上安装有高压过滤器、交替阀和蓄能器，以完成两台乳化液泵高压液体的过滤和供液回路的自动切换。通过使用浮球阀控制进水管的通断，并利用文丘里管的射吸效应来完成乳化油和水的自动混合。

国外的乳化液泵站一般由四台乳化液泵组成，采用"三台使用+一台备用"的模式运用，配备完善的电控系统，可根据工作面的需要实现一台乳化液泵到三台乳化液泵的同时供液，满足综采工作面对乳化液流量大范围变化的需求，增加了整个系统的工作可靠性。根据单乳化液泵流量大小配置一台或两台乳化液箱，利用装有过滤器和蓄能器的供回液小车完成对液体的过滤和稳压。电控系统为集散式控制系统，可实现自动和手动两种模式运行：一台总控箱负责完成对整套乳化液泵站的监控和参数设定，并负责与地面之间的远程通信；乳化液泵和乳化液箱各有一台分控箱负责监控本台设备并将本地参数传送到总控箱。每台控制箱都可显示系统参数。整套电控系统的功能：①实现对乳化液泵润滑油位、油温、油压的检测保护；②实现对电磁卸载阀的自动控制；③使乳化液箱能够自动补液、配比，实现乳化液箱的液位保护。

为了便于对比国内外乳化液泵站的主要差别，以流量为 315 L/min 的机型为例，表 7-1 列出了国内外乳化液泵的参数及特征。可以看出，国外乳化液泵全部采用三柱塞结构，额定压力较高，普遍采用了陶瓷材料制造柱塞；而国产乳化液泵全部采用了五柱塞结构，柱塞材料以钢为基础，经过表面处理制造而成。在乳化液泵站组成及控制方式方面，得益于电子控制技术的应用，选用相同流量的单乳化液泵时，国外的泵站可以提供更大的流量，能更好地兼顾工作面的流量需求和乳化液泵站的可靠性要求。

表 7-1　国内外乳化液泵的参数及特征

型号	国外			国内		
	S300	K25050	EHP-3K200	PRB9	GRB315/31.5	BRW315/31.5
生产厂家	英国雷波（RMI）	德国卡马特（KAMAT）	德国豪辛柯（Hauhinco）	平顶山煤机厂	无锡煤机厂	南京六合煤机
额定压力/MPa	37.5	33.5	35.7	31.5	31.5	31.5
柱塞材料	陶瓷	陶瓷	钢	钢	钢	钢
柱塞行程/mm	60	100	98	76	66	60
柱塞直径/mm	62	55	53	48	45	50
柱塞数目/个	3	3	3	5	5	5
曲轴转速/$(r \cdot min^{-1})$	602	450	490	498	650	532
输入功率/kW	225	200	200	200	200	200

（续）

型号	国外			国内		
	S300	K25050	EHP-3K200	PRB9	GRB315/31.5	BRW315/31.5
泵站型式	四泵一箱	四泵一箱	四泵一箱	两泵一箱	两泵一箱	两泵一箱
电子监控	有	有	有	无	无	无
卸载方式	机电卸载	机电卸载	机械卸载	机械卸载	机械卸载	机械卸载
大修周期/年	3	3	3	2	2	2

7.3.2　乳化液泵的工作原理与结构

1. 乳化液泵工作原理

乳化液泵一般为卧式三柱塞或五柱塞往复泵，通过曲轴的转动，经过连杆-滑块机构使柱塞成往复直线运动。其工作原理如图 7-3 所示，当电动机带动曲轴 1 按图示箭头方向旋转时，曲轴 1 就带动连杆 2 运动，连杆 2 带动滑块 3 沿滑槽 4 做往复直线运动，从而带动柱塞 5 做往复直线运动。当柱塞 5 向左运动时，在柱塞 5 右端的缸体 6 内形成真空，乳化液箱内的乳化液在大气压力的作用下把进液阀 9 打开，并进入缸体 6 并充满柱塞腔的空间，此时，排液阀 7 在排液管道内乳化液的压力作用下关闭，从而完成进液过程。当柱塞 5 向右运动时，缸体 6 内容积减少，乳化液受柱塞 5 的挤压而压力升高，从而使进液阀 9 关闭、排液阀 7 打开，乳化液被排出缸体 6，经主进液管而输送给工作面液支架，完成排液过程。这样，柱塞每往复运动一次，就吸排液一次，柱塞不断运动进行吸排油液。

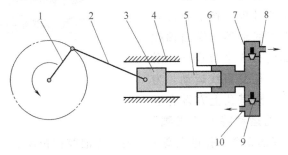

图 7-3　乳化液泵工作原理

1—曲轴　2—连杆　3—滑块　4—滑槽　5—柱塞　6—缸体
7—排液阀　8—排液口　9—进液阀　10—进液口

由此可知，一个柱塞在吸液过程中不能排液，所以单柱塞泵的排液量是很不均匀的。为了克服单柱塞泵对液压管路、液动装置和控制元件有脉冲压力而造成的不利影响，使排液比较均匀，乳化液泵一般做成三柱塞或五柱塞泵。即便如此，乳化液泵所排液量仍不均匀，压力还是会存在波动。

2. 乳化液泵结构

下面以某一型号乳化液泵为例，简单介绍乳化液泵的机械结构。乳化液泵由箱体传动部分、泵头组件、安全阀组件、卸载阀组件、强迫润滑系统等组成，如图 7-4 所示。

（1）箱体传动部分　箱体传动部分包括箱体、一级齿轮减速装置、曲轴组件、连杆组

175

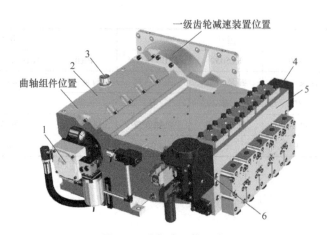

图 7-4　乳化液泵体组成

1—强迫润滑系统　2—箱体传动部分　3—空气滤清器　4—安全阀组件　5—泵头组件　6—卸载阀组件

件、滑块等，如图 7-5 所示。

1）箱体：箱体是安装齿轮减速装置、曲轴组件、连杆组件、滑块的基架，又是承受柱塞推力及传动反转矩的主要受力构件。箱体为整体式结构，具有足够的强度和刚度。箱体有 2 个腔，分别是曲轴腔和进液腔。曲轴腔两侧安装有曲轴和齿轮轴的镗孔，底部设有放油孔，顶部设有注油孔，在注油孔上安装有过滤网，防止注油过程中将杂质带入腔内。注油孔上装有空气滤清器，供曲轴腔呼吸过滤。曲轴腔中部设有 3 个滑道孔，滑块装入孔内并沿滑道孔做往复直线运动。为了给滑道孔提供润滑油，滑道孔上方设有盛油池，通过曲轴、连杆的运动将油"飞溅"

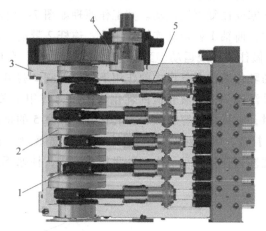

图 7-5　箱体传动部分内部结构

1—连杆组件　2—曲轴组件　3—箱体
4——级齿轮减速装置　5—滑块

入盛油池，通过盛油池底部 3 个小孔进入滑道孔内。进液腔在箱体的前端呈五通腔，其中 3 个通液孔与乳化液泵的进液口相连。吸液接头与进液腔相连。

2）一级齿轮减速装置：一级齿轮减速装置设置在箱体侧面，小齿轮轴为主动轴，由一对圆柱滚子轴承支承，并通过轴头平键上安装的弹性联轴器与电动机连接。小齿轮为直齿齿轮，大齿轮安装在曲轴端部。两齿轮均经磨削加工，并进行离子渗氮处理，精度高、寿命长，可使整机噪声降低。

3）曲轴组件：曲轴由一对调心滚子轴承支承。曲轴上有 3 个曲拐，曲拐呈 120° 均匀布置，材料为优质钢，表面经离子渗氮处理，芯部强度高、表面硬度高，并有良好的耐磨性。

4）连杆组件：连杆用球墨铸铁制成，大头为剖分式结构，瓦盖通过连接螺栓与连接体对合连接于曲拐上，为了确保连杆大头与曲拐之间的润滑良好，在连杆瓦盖上、下各钻一小孔。曲轴旋转时，下部小孔没入油池，曲拐顺着旋转方向将润滑油从下部小孔带入轴瓦与曲拐之间的摩擦面，再经上部小孔排出。轴瓦与曲拐的摩擦面上形成良好的润滑油膜，实现可靠润滑。这种形式的润滑使得乳化液泵不能反转。连杆小头为整体结构，其内压装有铜套，通过滑块销与滑块铰接。滑块销表面渗碳后淬火，硬度高、耐磨性好。滑块表面与铜套之间依靠由盛油池进入滑道孔内的油液进行润滑。

5）滑块：滑块是连接连杆与柱塞的构件，它将连杆的平面运动转化成柱塞的往复直线运动。滑块与滑道孔之间装有 3 道活塞环，起密封作用，其密封性能良好，运行寿命较长。滑块与柱塞之间采用半圆环连接，以便井下更换柱塞。滑块结构原理如图 7-6 所示。两个半圆环 3 合起来卡住柱塞 6 左端的颈部，并用压紧螺母 5 将其压在承压块 2 上，柱塞 6 承受的高压液体的推力作用在承压块 2 上。为使承压块 2 有足够的承压能力，承压块 2 经淬火处理，并可两面使用。柱塞 6 与承压块 2 之间还留有微小的间隙，以防柱塞 6 运动中出现别劲现象（柱塞倾斜或偏心），有利于延长柱塞的使用寿命。为防止压紧螺母 5 松动，引起柱塞 6 与承压块 2 的间隙增大，导致柱塞 6 与滑块 1 之间的强烈撞击而损坏乳化液泵，应在压紧螺母 5 处增设锁紧螺钉 4。压紧螺母 5 的锁紧方法如图 7-7 所示，滑块上钻有 3 个 M5 螺孔，相隔 30°；压紧螺母上等分开有 8 个槽，槽与槽之间相隔 45°。当压紧螺母拧紧并使槽与三孔之一对准时，拧上锁紧螺钉。这种锁紧方法最大误差为 15°，折算成间隙仅为 0.6mm。

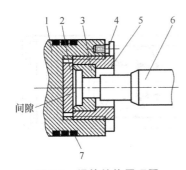

图 7-6　滑块结构原理图

1—滑块　2—承压块　3—半圆环　4—锁紧螺钉
5—压紧螺母　6—柱塞　7—活塞环

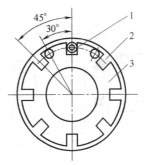

图 7-7　压紧螺母的锁紧方法

1—锁紧螺钉　2—滑块　3—压紧螺母

（2）泵头组件　泵头组件主要由泵头体、吸液阀、排液阀、高压钢套（即缸体）和柱塞等组成。

1）泵头体：泵头体为整体结构，与箱体可互换配合。泵头体上方加工有乳化液集液腔，端部安装有放气螺钉，以排放缸体内的空气。泵头体上方和中部的水平镗孔内装有 3 组排液阀和吸液阀，左端装有高压钢套。

2）吸液阀、排液阀：吸液阀、排液阀均采用有导向装置的菌形锥阀。排液阀主要由排液丝堵、排液阀定位螺钉、排液阀套、排液阀弹簧、阀芯、阀座等组成。吸液阀的结构与排液阀基本相同。为了便于加工和提供备件，吸液阀、排液阀可互换使用。阀芯和阀座的材料均为 95Cr18 不锈钢，经淬火处理后，表面硬度分别达到 60HRC 和 58HRC。装配时，经精细研磨，并用煤油检查，保证密封性能较好。经试验可知，锥阀结构泵的容积效率略高于球形阀泵。

3）柱塞与高压钢套：柱塞与高压钢套的密封采用多道 V 形丁腈夹布橡胶密封圈。该密封圈由压环、密封环和衬环组成。密封圈的外侧装有导向铜套，并用钢套丝堵压紧，为防止丝堵松动，采用螺母进行锁紧。V 形丁腈夹布橡胶密封圈是自紧密封结构，安装时与柱塞之间有一定的预紧力。随着压力的升高，密封圈唇边在液压力的作用下紧紧地包住柱塞表面。液压力越高，抱紧力越大。因此，V形密封圈是一种密封性能可靠、磨损后可以调节、使用寿命较长的理想密封结构。为了确保柱塞与密封圈的使用寿命，高压钢套上还设有黄油杯，泵运转时应经常加注润滑黄油。柱塞的材料为38CrMoAl氮化钢，心部调质，表面渗氮处理，使其硬度高且耐磨。

（3）安全阀组件　泵用安全阀安装在泵头上，其结构如图7-8所示。

该阀为直接作用二级卸载的平面密封式安全阀。阀芯4外径与阀壳8间有一段缝隙阻尼段。该阀打开前的密封直径为6.5mm，打开后阻尼缝隙的直径为15mm，这就使阀打开前、后液压力作用面积发生了变化，以高压瞬时打开，降低了的压力持续泄液。长期放置后，乳化液因发生化学变化而分解出黏性物质，加上阀芯开始移动的静摩擦力，可能造成安全阀开启压力超调。该阀可根据乳化液泵额定工作压力的大小采用单弹簧或双弹簧形式。当乳化液泵站的额定工作压力为20MPa时，采用1根大弹簧；当乳化液泵站额定工作压力为35MPa时，采用2根弹簧。

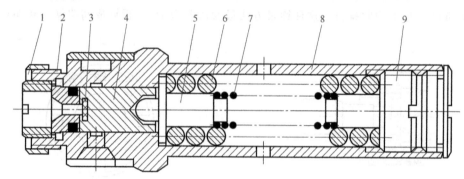

图 7-8　泵用安全阀结构

1—锁紧螺母　2—阀座　3—阀垫　4—阀芯　5—顶杆　6—大弹簧　7—小弹簧　8—阀壳　9—调压螺钉

3. 乳化液泵的主要参数和型号

（1）主要参数

1）乳化液泵的压力。乳化液泵工作时排出的乳化液输送给支架液压系统，输送过程中要克服外部负载和管道摩擦阻力。在乳化液泵流量基本不变的情况下，乳化液泵的压力将随着外部负载和管道摩擦阻力的大小而变化。当管道摩擦阻力一定时，外部负载越大，乳化液泵产生的液体压力越高。例如，为了减缓顶板的自然下沉，增加顶板的稳定性，使液压支架尽快在恒阻状态下工作，需要液压支架给顶板一个初撑力。初撑阶段，随着顶梁与顶板的接触，外部负载不断增加，使得乳化液泵的供液压力也不断增大。但是，乳化液泵产生的液压力不允许无限增大，因为乳化液泵受到结构强度、材料及制造工艺等因素的限制，只能承受一定的压力。因此乳化液泵在出厂时规定有一个额定压力（我国一般为31.5~40MPa），工作中一般不允许超过这一压力。液压支架正是在这个压力下对顶板产生一定的初撑力。

2）流量脉动。乳化液泵的连续流量是多根柱塞连续往复运动所获得流量的总和。泵的流量在不断变化，时大时小，这种现象就是流量脉动。流量脉动必然引起液压系统高压管路内的压力变化，从而发生压力脉动现象。流量和压力脉动可引起管道和阀的振动，特别是当泵的脉动频率与管道和阀的固有频率一致时就会出现强烈的共振，严重时甚至会使管道和阀泵损坏。所以乳化液泵站中设有蓄能器，以减缓流量和压力脉动。

（2）乳化液泵型号　乳化液泵按其压力等级分为 3 类：压力小于 12.5MPa 的为低压乳化液泵；压力在 12.5~25MPa 之间的为中压乳化液泵；压力大于 25MPa 的为高压乳化液泵。

乳化液泵的基本型式为卧式柱塞往复泵，根据《煤矿用乳化液泵站　乳化液泵》（MT/T 188.2—2000），型号的编制格式为

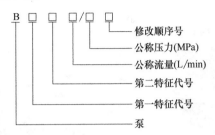

特征代号为汉语大写拼音字母，其中 I 与 O 不得采用。第一特征代号为用途特征：R 表示"乳"，P 表示"喷"，Z 表示"注"。第二特征代号一般为结构特征代号。产品型号中不允许以地区或单位名称作为"特征代号"来区别不同产品。例如，BRW200/31.5 型乳化液泵，表示卧式乳化液泵，公称流量为 200 L/min，公称压力为 31.5MPa。泵的公称压力系列（单位为 MPa）为 4、6.3、8、10、12.5、16、20、25、31.5、40、50，公称流量系列（单位为 L/min）为 25、31.5、40、50、63、80、100、125、160、200、250、315、400、500。

7.4　高水基电液控制阀

随着煤矿井下作业对自动化和生产率要求的提高，传统的手动换向阀已难以满足要求，电液控制阀逐渐取代手动操纵阀。图 7-9 所示为液压支架的电液控制阀，它主要由电磁铁、先导阀和主阀三部分组成，图 7-10 所示为电液控制阀的安装位置。

图 7-9　电液控制阀

图 7-10　电液控制阀的安装位置

液压支架用电液控制阀生产厂家众多，电磁铁、先导阀和主阀有不同的组合，因此电液控制阀的结构型式具有多样性，但总体来说，可按电磁先导阀的安装形式分为卧式和立式结构，如图 7-11 所示。

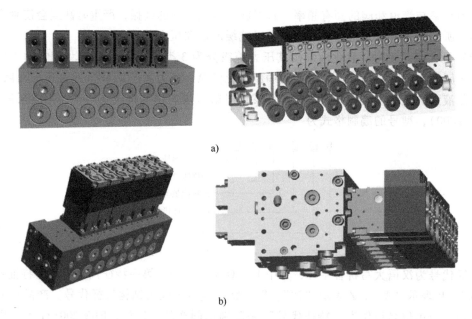

图 7-11　电液控制阀的不同结构型式

a）卧式结构　b）立式结构

　　虽然电液控制阀的结构型式不同，但工作原理基本相同。图 7-12 所示为电液换向阀工作原理图，先导阀由左、右两个小球控制其开关过程，主阀由进液阀芯和回液阀芯控制其开关过程。具体工作原理：当电磁铁通电时，电磁力 F_d 将先导阀左端小球压紧在阀座上，先导阀回液口关闭，同时右端小球打开阀口，P 口高压液到达控制液口 K 并进入主阀控制腔，

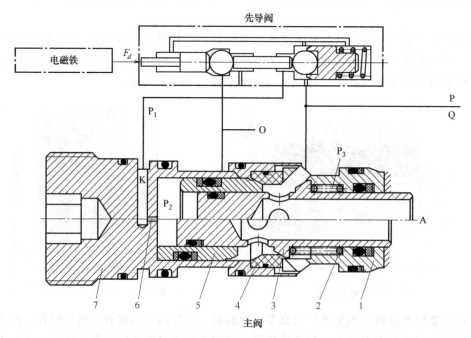

图 7-12　电液换向阀的工作原理图

1—进液阀套　2—弹簧　3—进液阀芯　4—阀座　5—回液阀芯　6—固定阻尼孔　7—回液阀套

回液阀芯 5 的动作压力低，先执行动作将主阀回液口 O 关闭，然后进液阀芯 3 打开阀口，主阀高压口 P 与工作口 A 连通实现供液。电磁铁断电时，先导阀在右端复位弹簧的作用下复位，主阀 K 口压力卸去，主阀阀芯在复位弹簧作用下复位，停止供液。电磁铁控制先导阀，先导阀控制主阀，进而构成一个回路控制液压缸。

下面分别对电磁铁、先导阀和主阀进行介绍。

7.4.1　电磁铁

电磁铁用作电气-机械转换器，依靠其电磁力驱动先导阀阀芯。电磁铁主要有两种形式，一种是直动式结构，另一种是拍合式结构。图 7-13 所示为德国 OHE 公司的直动式电磁铁，在线圈 2 通电时，铁心 1 在螺线管磁场的作用下向下做直线运动，推动顶杆 6 向下移动，由顶杆驱动先导阀部件。它还设有手动功能，当电控出现故障时，可以按动手动按钮 8，从而推动铁心 1 和顶杆 6 向下运动，以达到相同的效果。为提高电磁铁结构紧凑度，北京天玛公司将驱动电路板集成到电磁铁内部。图 7-14 所示为德国 MARCO 公司的拍合式电磁铁，当线圈 2 通电时，铁心 3 右端面产生磁极，吸引拍合片 4，使拍合片绕销轴 6 逆时针偏转，拍合片下部向左推动先导阀阀芯顶杆，该电磁铁同样设置了手动按钮 5。

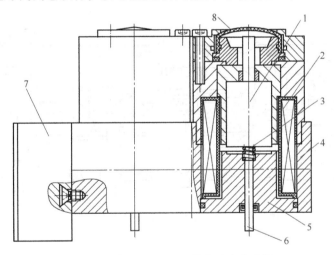

图 7-13　德国 OHE 公司的直动式电磁铁
1—铁心　2—线圈　3—弹簧　4—壳体　5—挡铁　6—顶杆　7—驱动电路板　8—手动按钮

7.4.2　先导阀

德国 DBT 公司的某款先导阀结果如图 7-15 所示，它的 P-A、O-A 之间的密封均采用平面密封方式，但这种方式要求密封平面具有较高的平面度，对加工精度要求较高。由于煤矿液压系统易受污染，密封平面之间易进入杂质，密封效果不好。图 7-16 所示为美国 JOY 公司的某款先导阀结构，它采用球阀结构，具有较好的自动对中和密封性能，后来经过优化改进，逐渐演变为图 7-17 所示的 EEP、MARCO、OHE 等公司均采用的先导阀结构，使用效果也较好。该先导阀为二位三通结构，正常情况下，A-O 相通，P-A 断开，当电磁铁得电时，

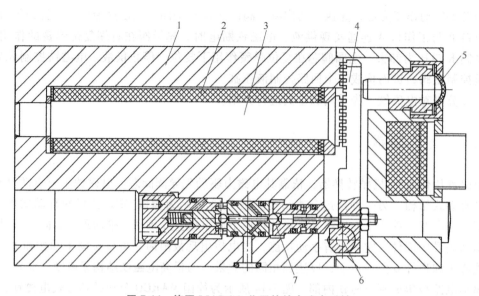

图 7-14　德国 MARCO 公司的拍合式电磁铁

1—阀体　2—线圈　3—铁心　4—拍合片　5—手动按钮　6—销轴　7—先导阀

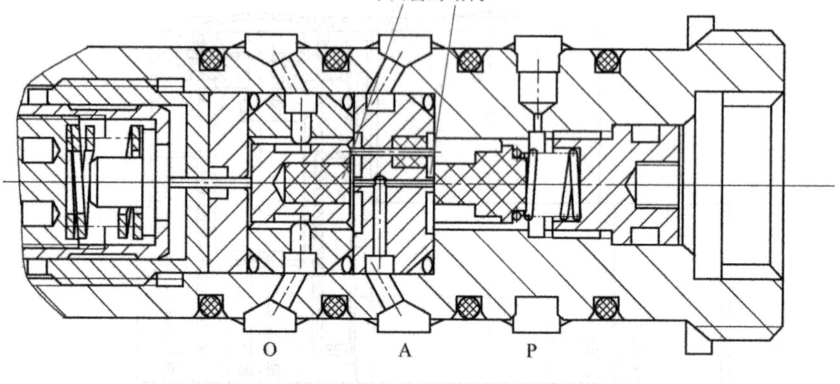

平面密封结构

O　　　A　　　P

图 7-15　德国 DBT 公司的某款先导阀结构

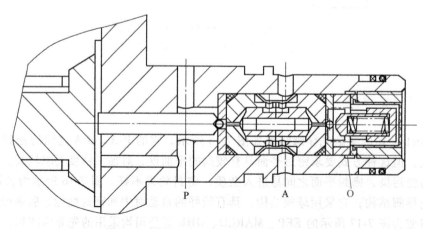

P　　　A　　　O

图 7-16　美国 JOY 公司的某款先导阀结构

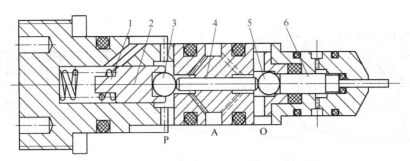

图 7-17　EEP、MARCO、OHE 等公司均采用的先导阀结构
1—弹簧　2—弹簧座　3、5—钢球　4—顶杆　6—阀芯压杆

电磁铁输出电磁力，推动阀芯压杆 6 向左运动，钢球 5 向左运动，将 A-O 口关闭，同时在顶杆 4 的作用下，推动钢球 3 向左运动，促使 P-A 口连通，输出先导控制液。当电磁铁断电时，弹簧座 2、钢球 3、钢球 5 在弹簧 1 的作用下恢复初始位置。

7.4.3　主阀

主阀在结构型式上均采用螺纹插装阀。插装阀是 20 世纪 70 年代发展起来的一种结构，这种阀在安装时只需将阀芯、阀套、弹簧及密封件组成一个组件插入标准孔内，插装阀由此而得名。插装式结构液压阀与普通结构液压阀相比，具有安装拆卸方便、流通能力大、动态特性好、集成化程度高等优点，因此在国际上得到了广泛的推广与应用。插装阀的组合使用具有以下优点。

1）利用标准的阀芯插件，再借助于连接方式和先导控制方式的改变，就能实现多种滑阀换向机能。

2）可由先导阀控制压力、流量和阀口开度，很容易实现液压系统压力、流量和方向的控制。

3）只需两个插装阀芯就能够实现液压执行元件的双向动作。

4）插装阀结构紧凑，能够方便地实现集成化，降低管路复杂程度，并减少由此引起的压力损失。

图 7-18 所示为液压支架用插装式主阀，将其插入阀体标准孔内即可。将多个插装式主阀装入一个阀体内部，即构成集式插装阀组。

图 7-19 所示是德国 TIEFENBACH 公司的某款大流量主阀，该阀为插装式结构，由阀体、阀芯、阀座、复位弹簧与密封部件等组成。该阀芯驱动方式为液控驱动，而阀芯设有 P、R、A 三

图 7-18　液压支架用插装式主阀

个阀口，分别代表进液、回液和工作口。阀芯采用单级滑阀结构，即在控制液口 K 通液的情况下，阀芯关闭回液口的同时打开进液口。这种阀的阀芯与阀座之间采用金属硬密封形式，对密封带处的加工精度要求极高。

图 7-20 所示为德国 OHE 公司的某款大流量主阀，该阀为二位三通结构，主要由进液阀

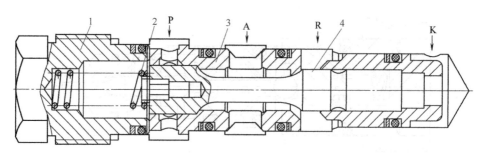

图 7-19 德国 TIEFENBACH 公司的某款大流量主阀

1—阀座 2—复位弹簧 3—阀体 4—阀芯

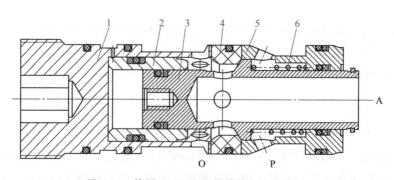

图 7-20 德国 OHE 公司的某款大流量主阀

1—回液阀套 2—回液阀芯 3—进液阀芯 4—阀座 5—进液阀套 6—复位弹簧

芯、回液阀芯、进液阀套、回液阀套、阀座、复位弹簧等组成。当先导阀没有输出液时，主阀处于图示初始位置，当先导阀有输出液时，输出液经回液阀套上的控制口，进入控制腔，高压液先推动回液阀芯右移，关闭回液口 O，再推动进液阀芯右移，直至进液阀芯达到进液阀套上的机械限位处，使 P-A 口连通并达到最大阀口开度，主阀开始工作。电磁铁断电后，主阀进液阀芯会在弹簧力的作用下恢复至初始位置。这种主阀阀座一般采用 PEEK 高强度塑料，阀芯与阀座之间构成软密封，能够自动补偿密封带的磨损或变形，密封性较硬密封好。但这种阀的进液阀套与回液阀套被阀座隔开，使主阀在拆装时不能一次完成，增加了拆装工序，还容易使杂质进入阀芯内部。

为了克服这个缺点，德国 EEP 公司将进液阀套和回液阀套用螺纹连接成一体，制成一体式插装主阀，如图 7-21 所示，同时，减小阀座径向尺寸，使其内嵌于阀套内部，这样保

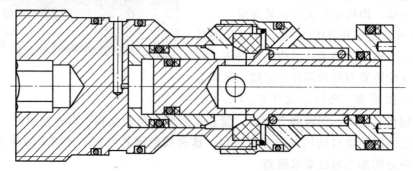

图 7-21 德国 EEP 公司的一体式插装主阀

证整个主阀能够一次性安装或拆卸。但 EEP 公司的主阀进液阀芯在向右开启时，没有机械限位及其保护作用，容易使弹簧产生冲击断裂现象。MARCO 公司综合了 OHE 和 EEP 公司的两种主阀的特点改进，制成一体式插装主阀，如图 7-22 所示，该结构方便拆装，进液阀芯开启时有机械限位对弹簧进行保护。北京天玛公司目前也采用这种结构型式。

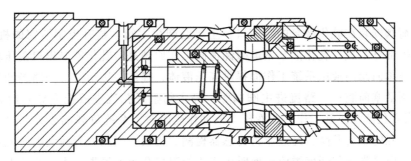

图 7-22　德国 MARCO 公司改进的一体式插装主阀

7.5　泵站自动卸荷技术

当工作面暂不需要液体而泵站继续运转时，高压管路中的乳化液压力急剧升高，需要通过卸荷装置使高压乳化液流回乳化液箱。而当工作面支架需要用液时，则需要将卸荷装置关闭，使乳化泵恢复向主管路供液。卸荷装置的核心元件是电磁卸荷阀。

泵站自动卸荷技术将传感器技术、自动控制技术与液压技术相结合，通过压力传感器检测液压系统的实时压力，并根据系统的压力大小决定卸荷阀的开启与关闭。电控式卸荷阀克服了机械式卸荷阀工作不稳定、压力波动大的缺点，能够实现卸荷压力和恢复压力的任意设置。同时，电控式卸荷阀还可以在乳化液泵起动、停止等阶段主动开启卸荷阀，使乳化液泵工作于卸荷状态，实现空载起动和空载停机，不仅能降低乳化液泵起动时对电网的冲击，还有利于减弱高压管路的振动和低速重载运行状态下乳化液泵运动部件的磨损。

电磁先导阀是电控式卸荷阀的关键，由于乳化液泵卸荷阀使用的电磁先导阀对流量、可靠性都有很高的要求，目前只有少数几个厂家拥有这种先导阀的设计生产能力。近年来，国内厂商开始尝试在乳化液泵上使用电控式卸荷阀。北京天玛公司利用自身在支架电液控制、支架用阀方面的技术优势，开发出了具有独立知识产权的电液双控泵用卸荷阀，该阀不但具备电控卸荷功能，而且保留了机械式卸荷功能，并具备自动转换电控卸荷模式和机械卸荷模式的功能。在控制系统、控制电缆出现故障不能控制电磁先导阀，或者在电磁先导阀本身出现故障不能卸荷的情况下，该卸荷阀能够自动切换到机械卸荷模式，确保乳化液泵的正常供液。目前大多数的进口产品还不具备电控卸荷模式和机械卸荷模式的自动转换功能，一旦电控卸荷功能出现故障，乳化液泵将会一直处于卸荷状态，停止对外供液，影响支架液压系统的正常运行。这种情况下只有由操作工人手动将卸荷阀切换为机械卸荷模式才能恢复供液。

由于卸荷阀结构比较复杂，制造成本较高，对于小流量的乳化液泵来说，使用卸荷阀会大大增加泵的生产成本，经济性较差。同时卸荷阀的开关量控制方式决定了基于卸荷阀的压力控制很难实现平稳的压力输出，因此基于卸荷阀的压力控制也不适用于对乳化液泵输出压力稳定性要求极高的场合。但对煤矿井下液压设备来说，卸荷阀产生的压力波动不会对设备的正常运行产生太大影响。

7.5.1 自动卸荷原理

电磁卸荷阀安装在乳化液泵的出液口，主要由卸荷主阀、装有控制活塞的机械先导阀、电磁先导阀等部分组成。乳化液泵站电磁卸荷阀工作原理是：乳化液泵出口高压乳化液分三路，一路推开单向阀向液压系统工作面提供高压液体，提供高压动力；一路经卸荷阀阀体节流孔流进控制活塞前腔；一路流进主阀阀腔，经主阀阻尼孔流进液控先导阀前腔（控制活塞后腔）。当乳化液泵正常工作，在液压支架动作受阻时，系统负载端压力升高，直接反应在卸荷主阀下腔的压力升高，经过压力传感器检测、比较，当压力升高到电磁先导阀调定的开启压力时，电磁先导阀开启溢流。此时由于主阀阻尼孔压力损失，主阀阀芯上下腔压差克服主弹簧的弹簧力而使主阀开启，进行卸荷，致使单向阀反向关闭，泵站出口乳化液向蓄能器充压。另外，在电磁卸荷阀卸压到电磁先导阀的调定压力下限之后，电磁先导阀受控关闭，此时主阀阻尼孔没有液体流过，主阀阀芯上下腔不存在压力损失，主阀阀芯在弹簧力作用下复位，主阀关闭，停止卸荷，单向阀重新开启，泵站进行加载。

可见，电磁卸荷阀能够进行电磁-机械两种方式进行自动卸荷，电磁卸荷阀的运用不仅为泵站卸荷提供了双保险，同时可通过供液系统的电控装置控制乳化液泵组的加载和卸荷，快速、灵活地实现供液系统输出流量的多级调节。

7.5.2 自动卸荷装置

乳化液箱上的电磁卸荷阀由单向阀、主阀、电磁阀等组成，其结构如图7-23所示。当

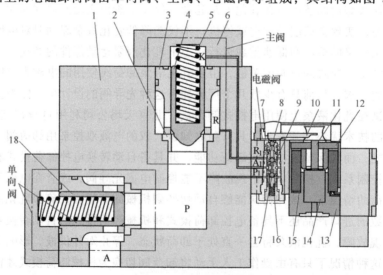

图 7-23 电磁卸荷阀的结构

1—主阀体 2—主阀阀座 3—主阀套 4—主阀阀芯 5—主阀弹簧 6—上盘 7—电磁阀阀体
8—电磁阀上球阀芯 9—电磁阀阀座 10—杠杆 11—推杆 12—极靴 13—电磁阀阀体
14—衔铁 15—线圈 16—电磁阀弹簧 17—电磁阀下球阀芯 18—单向阀

液压支架不用液时，泵站出口压力升高，当压力传感器监测到压力达到卸荷压力时，使电磁阀通电，卸荷阀打开卸荷，当压力低于下限时，则电磁阀关闭，卸荷阀也关闭，泵站系统开始重新加载。

电磁卸荷阀的工作原理为：P、A、R、K 分别为卸荷阀的进液口、工作口、回液口和远程控制口，电磁阀的通口 P_1、A_1、R_1 分别接主阀进油口 P、远程控制口 K 和回液口 R。电磁阀为常通阀，乳化液由进液口 P 进入后分为两路，一路作用于主阀阀芯 4 下端面，一路进入电磁阀 P_1 口。当电磁铁通电时，推杆 11 带动杠杆 10 触碰电磁阀上球阀芯 8，电磁阀上球阀芯 8 带动电磁阀下球阀芯 17 向下移动，P_1-A_1 口连通，高压乳化液从 P_1 口进入后，经 A_1 口进入主阀控制腔，主阀阀芯 4 上、下两端压强相等，且控制腔作用面积大于下端面，再加上主阀弹簧 5 的作用力，上腔压力大于下腔压力，所以主阀阀芯 4 被紧压在主阀阀座 2 上，P-R 口不连通。当电磁铁断电时，电磁阀下球阀芯 17 在电磁阀弹簧 16 的作用下向上运动，紧压在电磁阀座 9 上，A_1-R_1 口连通，主阀控制腔乳化液经 A_1-R_1 口排出，主阀控制腔压力下降，主阀阀芯 4 在前腔高压作用下向上移动，P-R 口连通，实现卸荷。

7.6　流量自适应调控技术

供液系统作为综采成套设备的关键子系统之一，是液压支架正常跟机运行的动力保障。供液能力与支架运行状态之间存在相互依存、相互制约的关系，液压支架的控制策略制订不仅要考虑采煤工艺和采煤机运行特征等条件，而且受到供液系统动力输出能力的制约。液压支架具体动作是指单台或多台液压支架具体执行某一类型动作的过程，主要考虑降柱、升柱、移架、推溜四种具体动作。对于不同的支架动作，不变的供液流量可能造成系统压力大范围降低或发生强烈波动；对于相同的液压支架动作，不同的供液流量可能造成不同的液压支架动作速度和系统压力变化状况。

7.6.1　液压支架运行过程供液特征及模型

1. 供液特征

液压支架的运行过程主要包括静态的承载支护和动态的跟机运行两个阶段。其中，跟机运行是指随着回采工作面的推进，液压支架有效完成各种动作，实现采煤机的迁移。液压支架必须具有升柱、降柱、移架、推溜四个基本动作，这四个基本动作完成了液压支架跟机运行的主要过程，具体过程如下。

（1）升柱动作过程　操控换向阀使高压乳化液通入立柱下腔，立柱在高压乳化液的作用下带动顶梁升起，当顶梁上部接触顶板后，立柱下腔压力达到乳化液泵站工作压力时，乳化液泵站自动卸荷，液控单向阀关闭，从而使立柱下腔的乳化液被封闭。升柱过程完成了液压支架的初撑阶段，此时液压支架对顶板的支撑力称为初撑力。

（2）降柱动作过程　操控换向阀使高压乳化液通入立柱上腔，立柱下腔的乳化液回到回液管路。立柱在高压乳化液的作用下带动顶梁下降，当顶梁下降至一定位置后，停止动作。降柱过程完成了液压支架的卸荷阶段，保证移架前液压支架处于卸荷状态。

（3）**移架动作过程** 移架前保证液压支架卸荷、脱离顶板，以运输机为支点，操控换向阀使移架液压缸前腔进液、后腔回液，移架液压缸缸体在高压乳化液作用下带动液压支架一起前移到指定位置。

（4）**推溜动作过程** 推溜前保证液压支架支撑顶板，以支架为支点，操控换向阀使推溜液压缸后腔进液，前腔回液，高压乳化液推动推溜液压缸活塞杆连同运输机一起移动到指定位置。

液压支架运行过程的供液特征主要体现在液压系统内的压力和流量。当工作面正常推进时，可得液压支架规律运行时的压力数据，如图 7-24 所示。液压支架跟机运行过程中，系统压力随液压支架运行呈现规律性变化。对于液压支架不同的动作类型、动作数量、动作行程，在 400L/min 的额定供液流量、相同压力限制（卸荷-加载压力）设定条件下，其系统压力特征各不相同。基本分为以下两类变化特征。

一类是供液流量小于 400L/min（如 1~3 台降柱、1~2 台移架动作等），压力曲线在压力限制之间频繁波动。该工况是由于供液流量过足，动作液压缸内存在多余流量导致系统压力迅速升高，活塞速度迅速升高，系统压力升至卸荷压力时，乳化液泵被卸荷，系统压力压

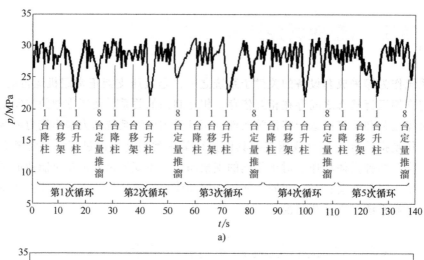

a)

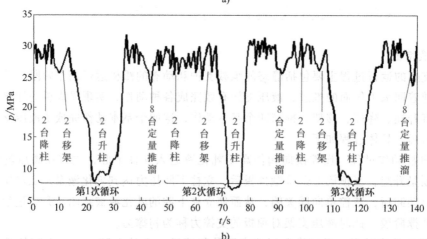

b)

图 7-24　液压支架规律运行时的压力数据

a）$N=8$　$M=1$　b）$N=8$　$M=2$

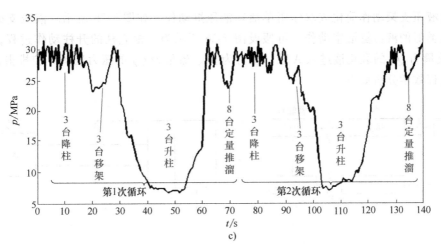

图 7-24　液压支架规律运行时的压力数据（续）

c）N = 8　M = 3

N—同时执行定量推溜动作的液压支架数量　M—同时执行移架支护动作的液压支架数量

力下降，活塞速度下降，系统压力降至恢复压力时，乳化液泵重新加载，如此反复，导致系统压力频繁波动，活塞速度小范围波动，卸荷阀频繁开关。

另一类是供液流量大于 400L/min（如 8 台定量推溜、3 台移架、1~3 台升柱动作等），压力曲线不同程度地下降，并持续一段时间。该工况是由于供液流量不足，动作液压缸内流量不足导致系统压力不断降低，活塞速度降低，系统压力达到稳态后保持该压力。当动作即将完成时，系统压力重新升高，整个过程卸荷阀开启，乳化液泵处于加载状态。

这两类压力工况各有优劣：压力波动工况基本可以使液压支架达到该压力限制下的最快动作速度，但频繁的压力波动会降低液压系统稳定性，容易损坏液压元件；低压力工况虽然不会出现压力波动，但液压支架动作速度相对较慢。

根据上述分析，可以得出液压支架运行过程供液特征规律为：不同液压支架动作类型、动作数量、动作行程对供液流量需求不同，造成同一额定供液流量下不同的压力变化特性；压力变化趋势反映当前液压支架动作的供液流量充足与否、卸荷阀开与关。

此外，图 7-24a~c 分别是 1 台液压支架单机运行和 2、3 台液压支架成组运行的运行联动规则，同在 140s 的时间内，三者分别执行了 5 次、3 次、2 次循环，可粗略计算液压支架跟机速度分别约为 3.2m/min、3.9m/min、3.9m/min。可见，在 400L/min 的额定供液流量下，成组运行方式并不能有效提高液压支架跟机速度。因此，供液系统应适应液压支架运行工况和规则，合理调整供液流量，以提高液压支架跟机速度和减少系统压力波动工况。

2. 供液模型

工作面液压系统的工作原理为：供液系统输出一定流量的高压乳化液，乳化液经过进液管路进入液压支架系统，液压支架的各个动作液压缸通过相应的电液换向阀控制，使液压缸进液或排液，借助液压能推动负载，完成各个液压支架动作，液压缸排出的乳化液经过回液管路返回供液系统的乳化液箱，形成液压循环。工作面液压系统物理量的因果关系如图 7-25 所示。工作面液压系统中的基本物理量关系包括内部因素（方框内）和外部因素（方框外），所有物理量之间相互影响和制约，尤其是外部因素。其中，压力 p 和流量 Q 不仅承担了液压能量转换的功能，还是衡量液压系统速度性能的重要物理量。

189

可将液压支架动作简化成双作用单活塞液压缸动作，如图 7-26 所示。液压支架的各种动作就是类似的液压缸活塞动作，可假设图 7-26 所示为一根立柱的升柱动作过程，即压力为 p_A、流量为 Q_A 的乳化液进入 A 腔，压力为 p_B、流量为 Q_B 的压力液从 B 腔排出，则液压缸动作过程数学分析如下。

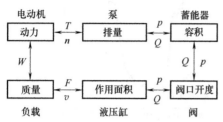

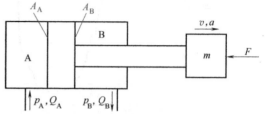

图 7-25　工作面液压系统物理量的因果关系

T—转矩　n—转速　p—压力　Q—流量

F—负载力　v—速度　W—功

图 7-26　双作用单活塞液压缸的动作

A—进液腔　B—出液腔　A_A—进液腔作用面积

A_B—出液腔作用面积　m—负载质量

a—活塞加速度　v—活塞速度

F—负载力　Q_A—进液流量　Q_B—出液流量

p_A—系统压力　p_B—背压

（1）压力与速度的关系　稳态时，加速度 $a=0$，速度 $v=c$（常数），则液压缸活塞受力方程为

$$p_A A_A = F + p_B A_B \tag{7-1}$$

非稳态时，加速度 $a \neq 0$，速度 $v \neq c$（常数），则液压缸活塞受力方程为

$$p_A A_A = F + p_B A_B + ma \tag{7-2}$$

式中　p_A——进液压力（MPa），实为液压系统的系统压力；

　　　p_B——出液压力（MPa），实为背压，来源于与速度 v 成正比的液体阻力；

　　　F——负载力（N），包括摩擦力、重力及其他负载力；

　　　m——负载质量（kg）。

可假设摩擦力 F_f、液体阻力 p_B 与速度 v 以一定的比例系数成正比，即

$$F = F_f + F_L = \alpha v + F_q \tag{7-3}$$

$$p_B = \beta v \tag{7-4}$$

式中　F_f——负载力中的摩擦力（N），与速度 v 成正比；

　　　F_L——摩擦力以外的负载力（N）；

α、β——线性比例系数。

当稳态时，将式（7-3）和式（7-4）代入式（7-2）可得

$$p_A A_A = F_L + (\alpha + \beta) v A_B \tag{7-5}$$

当活塞受力不平衡时，则由稳态变为非稳态，有

$$p_A A_A = F_L + (\alpha + \beta) v A_B + ma \tag{7-6}$$

此时活塞速度会向稳态变化，达到受力平衡就会重新满足式（7-5）。值得注意的是，当

$p_A A_A \leqslant F_L$ 时，液压力无法克服负载力，则活塞运动速度 $v=0$。

对于工作面液压系统，可控因素为系统压力 p_A，当 p_A 不变时，支架动作速度 v 一定会达到稳态。因此，式（7-5）表明的压力与速度关系为：在负载一定的条件下，压力决定速度，即一个系统压力值对应一个稳态速度值，且两者正相关。

（2）流量与速度的关系　流量直接决定了活塞的运动速度，即

$$v = Q_A / A_A = Q_B / A_B \tag{7-7}$$

由式（7-7）可知，活塞速度与进、出液流量成正比。在不考虑液体压缩的条件下，式（7-7）恒成立，可设 $A_A = \gamma A_B$，则可得

$$Q_A = Q_B / \gamma \tag{7-8}$$

对于工作面液压系统，可控因素为进液流量，但须满足式（7-8），可见进液流量受出液流量限制，可进行如下分析。

1）当液压缸处于稳态时，活塞受力平衡且速度恒定，此时进、出液流量恒定且满足式（7-7）和式（7-8）。

2）当进液流量变化时，液压缸进入非稳态工况，由于活塞和负载存在惯性，它们的速度不会立刻达到进液流量对应的稳态速度值，速度与进液流量不平衡，液体会被压缩或扩充，导致进液腔内压力（系统压力）上升或下降，引起液压缸活塞受力不平衡，产生加速度，速度增大或减少，直至重新达到稳态，出现新的稳态速度值，并满足式（7-7）。

综上所述，对于系统压力、进液流量和液压支架动作速度三者之间的关系可简化理解为：稳态时，三者相互对应且正相关，均保持不变；进液流量变化会打破当前稳态工况，导致系统压力和液压支架动作速度变化，直到重新满足式（7-7）。在工作面液压系统中，供液系统可通过增加（或减少）供液流量（即液压缸进液流量），使系统压力（即进液腔压力）升高（或降低），进而提高（或降低）液压支架动作速度（即液压缸活塞速度）。然而，系统内设置了卸荷阀和安全阀，当过高的流量导致系统压力超过压力限制值时，液压系统内的乳化液会被卸荷溢流，将只有一部分压力液间歇地进入液压缸进液腔，此时实际进液流量小于供液流量。可见，液压支架具体动作速度和系统压力变化工况受到供液系统的供液流量和压力共同影响。

根据工作面液压系统原理，设计图 7-27 所示工作面支架液压系统原理图。

工作面支架液压系统主要由液压支架系统、供液系统和进回液管路三个子系统构成。液压支架系统一般是由工作面中部的 100~200 台基本液压支架，以及 2~4 台的两端过渡液压支架、端头液压支架、超前液压支架组成的支护设备群组。供液系统包括乳化液泵、卸荷阀、蓄能器、供液箱、过滤器等。进回液管路包括顺槽及工作面进回液管路、接头等。

根据式（7-1）~式（7-8）的推导过程可知：在供液流量充足的条件下，提高压力限制可以提高动作速度；在供液流量不足的条件下，动作速度由供液流量决定，而不受压力限制影响；在供液流量过大的情况下，受压力限制制约，动作速度非但不能提高，反而会发生波动。在负载一定的前提下，液压支架动作开始时压力越高，活塞动作的初速度越大；在相同压力限制下，升柱过程所需的供液流量及相应的动作速度均比降柱过程大很多，其原因是立柱液压缸的缸径比和上下腔压差不同。液压支架的其他动作同理，对于不同的液压支架动

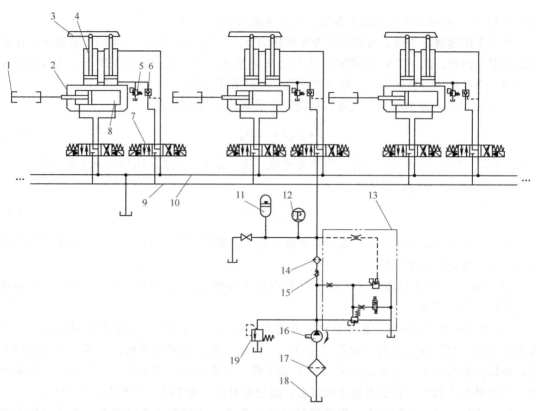

图 7-27　工作面支架液压系统原理图

1—刮板输送机　2—液压支架底座　3—液压支架顶梁　4—液压支架立柱　5、19—安全阀　6—液控单向阀
7—电液换向阀　8—推移千斤顶　9—进液管道　10—回液管道　11—蓄能器　12—压力传感器
13—卸荷阀　14—高压过滤器　15—单向阀　16—乳化液泵　17—吸液过滤器　18—供液箱

作，为提高其动作速度，需要相应的充足且合理的供液流量。

综上所述，供液系统应以液压支架具体的动作情况和压力限制等为判断依据，以提高液压支架动作速度和减少系统压力波动为控制目标，通过控制供液流量，使液压支架动作过程中的压力变化缓慢且平稳，以实现液压支架动作过程的稳压供液。

由于供液流量直接决定了液压支架具体动作速度，从而间接影响液压支架运行过程的整体跟机速度，因此，根据液压支架具体动作合理调整供液流量，可以更有效地满足采煤机整体速度要求和降低液压元件故障率。

当联动规则一定时，液压支架跟机速度受到液压支架动作时间和泵组动作时间的共同制约。在一定的液压支架动作过程中，供液流量主要影响了液压支架动作时间；在目前使用的"电控卸载+变频调节"的多泵供液装备中，供液流量决定了泵加载数量和运行频率，而变频调节过程时间主要影响了泵组动作时间。可见，在液压支架运行联动循环过程中，供液策略中循环调整的供液流量共同影响液压支架跟机速度。

在典型的液压支架运行联动规则中，四种基本动作的循环执行顺序为：降柱→移架→升柱→定量推溜，设四种基本动作对应的稳态供液流量分别为 Q_{jp}、Q_{yp}、Q_{sp}、Q_{tp}，四种基本动作对应的实际供液流量分别为 Q_j、Q_y、Q_s、Q_t，四种基本动作的液压支架动作时间分别为 t_j、t_y、t_s、t_t，四种基本动作的泵组动作时间分别为 t'_j、t'_y、t'_s、t'_t，四种基本动作的动作

行程分别为 L_j、L_y、L_s、L_t，此外，设同时执行移架支护动作的液压支架数量为 M，同时执行定量推溜动作的液压支架数量为 N，则液压支架运行联动规则如图 7-28 所示。

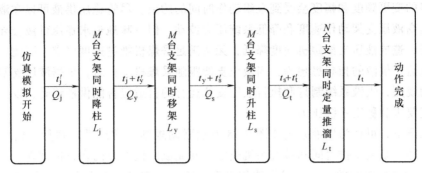

图 7-28　液压支架运行联动规则

可见，在液压支架运行联动规则如图 7-28 所示时，供液系统的供液策略为 Q：$Q_j \rightarrow Q_y \rightarrow Q_s \rightarrow Q_t$，与之对应的稳压供液流量为 Q_p：$Q_{jp} \rightarrow Q_{yp} \rightarrow Q_{sp} \rightarrow Q_{tp}$。

综上所述，液压支架动作过程的稳压供液可以使液压支架具体动作过程提速，使系统压力保持一定程度的稳定，缓解液压系统的压力波动冲击，延长机械寿命。理想情况下，可根据液压支架联动规则，调整供液策略，使液压支架运行过程中每个动作实现稳压供液。然而，实际中供液系统执行机构（变频调速）存在较大的动作惯性，供液策略执行受到一定的约束。因此，对于适应液压支架运行过程的供液控制，供液系统应当考虑液压支架跟机运行的联动规则、液压支架动作时间、泵组动作间隔、供液流量调节动作时间等诸多耦合因素，通过规划供液策略，达到液压支架运行时满足采煤机速度要求和供液过程稳压的多目标协同，以实现液压支架运行自适应智能供液控制。

7.6.2　自适应智能供液理论与技术实现

在供液策略方案研究中，对额定供液和适应供液两种方案做对比：传统的额定供液方案的供液流量为恒定值；自适应供液方案为每个液压支架具体动作制订充足合理的供液流量，使液压支架动作过程中的压力变化达到预期的稳压过程。相比于额定供液策略，自适应供液策略的支架跟机速度更快，可见其更加能够满足工作面快速推进的需求；自适应供液策略的系统压力波动频率也小于额定供液策略，可以明显改善工作面液压系统压力工况，减缓由压力波动引起的元件损耗，延长液压系统机械寿命；相比于传统的额定供液策略，自适应供液策略对于不同的液压支架具体动作优化作用不同，对于所有降柱动作，额定供液策略供液流量充足，自适应供液策略并不会提高动作速度，但可有效避免不必要的压力波动，对于升柱、定量推溜等动作，额定供液策略供液流量不足，自适应供液策略能够以不同程度提高动作速度，且不造成压力波动。因此，下面对自适应供液理论与技术实现进行介绍。

1. 供液理论

在液压支架运行联动过程中，供液策略对于液压支架跟机速度和系统压力工况有直接影响。自适应供液策略理论上可以有效地提高液压支架跟机速度和改善系统压力工况，在实际生产中，采煤工艺、采煤机速度、液压支架运行联动规则可能不同，供液策略也应当随之调整，以保证工作面正常生产。

从供液系统自身角度考虑，智能供液策略的可执行性受到系统实际供液能力的约束。智能供液策略的变更频度和幅度会受到泵组动作时间的约束。尽管稳压供液可以在液压支架具体动作时提高液压支架动作速度和降低系统压力波动，但一味地追求稳压供液会导致泵组动作时间加长，造成液压支架跟机速度降低，无法满足采煤机推进速度要求。因此，液压支架运行智能自适应供液的指导思想为：当液压支架跟随采煤机运行时，依据液压支架跟机速度要求和联动规则，供液系统制订和执行液压支架运行的自适应智能供液策略，以保证液压支架跟机速度要求和稳定系统压力。

典型工况下，可认为供液系统按图 7-28 所示联动规则正常地循环执行，则可分别计算支架动作时间、泵组动作时间和最大跟机速度，并完成跟机能力的多目标规划。

（1）支架动作时间的计算 根据体积平衡，液压支架动作时间与液压缸进液流量、进液腔作用面积、液压支架动作行程、液压支架动作数量等有关。对于一定的液压支架动作，液压缸进液流量主要影响了动作时间，而进液流量由供液流量和系统压力共同决定。为计算液压支架某种具体动作时间，可将该动作的供液流量 Q_*（ $* = j$，y，s，t）分为以下两种情况。

1）当 $Q_* \geqslant Q_{*p}$ 时，液压支架动作过程中乳化液泵可能出现卸荷动作，供液流量 Q_* 只有一部分进入液压缸，可认为此时液压缸进液流量为稳态供液流量 Q_{*p}，则液压支架动作时间为稳压供液时的液压支架动作时间。根据液压支架动作时间修正计算，可得液压支架动作时间 t_*（单位为 s）为

$$t_* = \frac{kNL_* A_{in}}{Q_{*p} - Q_r} \tag{7-9}$$

式中 Q_{*p}——稳态供液流量（L/min），即稳压供液流量；

　　　　k——液压支架动作延迟系数；

　　　　N——同时执行动作的液压支架数量（个）；

　　　　L_*——液压支架动作行程（m）；

　　　　A_{in}——单台液压支架动作时的进液腔作用面积（m²）；

　　　　Q_r——液压支架不动作时系统泄漏流量（L/min）。

2）当 $Q_* < Q_{*p}$ 时，液压支架动作过程中乳化液泵不进行卸荷动作，供液流量 Q_* 全部进入液压缸，可认为此时液压缸进液流量为供液流量 Q_*，则根据体积平衡，可得液压支架某种动作时间 t_* 为

$$t_* = \frac{kNL_* A_{in}}{Q_* - Q_r} \tag{7-10}$$

式中 Q_*——实际供液流量（L/min），其余参量同式（7-9）。

根据式（7-9）、式（7-10）分别计算液压支架各个具体动作时间，可得液压支架跟机一个循环过程的支架动作总时间为

$$\sum t = \sum_{* = j, y, s, t} t_* \tag{7-11}$$

（2）泵组动作时间的计算 当足够数量乳化液泵运行时，由于卸荷阀动作时间可忽略，泵组动作时间等于变频频率调节时间。可记供液策略中，当前 Q_* 所对应的前一个动作的供

液流量为 $Q_\#(\#=j，y，s，t)$，根据泵组动作时间修正计算公式可得液压支架当前动作前的泵组动作时间 t'_*。

如果 $\left\{\dfrac{Q_*}{400}\right\}>0.2$ 且 $\left\{\dfrac{Q_\#}{400}\right\}>0.2$，则

$$t'_* = k'T\text{max}\left(\dfrac{\left|\left[\left\{\dfrac{Q_*}{400}\right\}\times50-2\right]-\left[\left\{\dfrac{Q_\#}{400}\right\}\times50-2\right]\right|}{50},\dfrac{\left|\left[\left\{\dfrac{Q_*}{400}\right\}\times50-2\right]-\left[\left\{\dfrac{Q_\#}{400}\right\}\times50-2\right]\right|}{10}\right)$$
(7-12)

如果 $\left\{\dfrac{Q_*}{400}\right\}\leqslant0.2$ 且 $\left\{\dfrac{Q_\#}{400}\right\}\leqslant0.2$，则

$$t'_* = k'T\left|\left(\left\{\dfrac{Q_*}{400}\right\}-\left\{\dfrac{Q_\#}{400}\right\}\right)\times50\right|$$
(7-13)

如果 $\left\{\dfrac{Q_*}{400}\right\}>0.2$ 且 $\left\{\dfrac{Q_\#}{400}\right\}\leqslant0.2$，则

$$t'_* = k'T\text{max}\left(\dfrac{\left|\left[\left\{\dfrac{Q_*}{400}\right\}\times50-2\right]-50\right|}{50},\dfrac{\left|\left[\left\{\dfrac{Q_*}{400}\right\}\times50-2\right]-\left\{\dfrac{Q_\#}{400}\right\}\times50+2\right|}{10}\right)$$
(7-14)

如果 $\left\{\dfrac{Q_*}{400}\right\}\leqslant0.2$ 且 $\left\{\dfrac{Q_\#}{400}\right\}>0.2$，则

$$t'_* = k'T\text{max}\left(\dfrac{\left|50-\left[\left\{\dfrac{Q_\#}{400}\right\}\times50-2\right]\right|}{50},\dfrac{\left|\left\{\dfrac{Q_*}{400}\right\}\times50-\left[\left\{\dfrac{Q_\#}{400}\right\}\times50-2\right]+2\right|}{10}\right)$$
(7-15)

式中 [ ]——取括号内数值的整数部分；

　　 { }——取括号内数值的小数部分。

根据式（7-12）~式（7-15）分别计算液压支架各个动作前的泵组动作时间，可得液压支架跟机一个循环过程的泵组动作总时间为

$$\sum t' = \sum_{*=j,y,s,t} t'_*$$
(7-16)

（3）支架最大跟机速度的计算　支架跟机速度最大化是指供液系统的供液策略使液压支架一个跟机循环过程所用的时间最小，以达到液压支架跟机速度最大。显然，液压支架完成一个跟机循环过程的总时间 t_z 为

$$t_z = \sum t' + \sum t$$
(7-17)

根据上述分析，可认为 t_z 是一个关于供液策略为 Q 的函数，记为

$$t_z = f_t(Q)$$
(7-18)

式中 Q——表示供液策略的行向量，记为 $Q=(Q_j，Q_y，Q_s，Q_t)$。

求 t_z 最小值，记为

$$t_{z,\min} = f_t(Q_b)$$
(7-19)

式中 Q_b——使 t_z 最小的供液策略，记为 $Q_b=(Q_{jb}，Q_{yb}，Q_{sb}，Q_{tb})$，为自适应液压支架运行联动的智能化供液策略。

值得注意的是，$t_{z,min}$ 的求解是一种目标函数的约束极值问题，应设置决策变量 Q 的合理约束条件。为尽量保证供液策略 Q 尽量满足"稳压提速"的理念，其约束空间应设置在稳压供液流量对应的供液策略 Q_p 附近，$Q_p=(Q_{jp}, Q_{yp}, Q_{sp}, Q_{tp})$。

进一步，可得最小化液压支架跟机总时间对应的液压支架最大跟机速度为

$$v_{z,max}=\frac{MA}{t_{z,min}} \tag{7-20}$$

式中　M——同时执行跟机运行对应动作的液压支架数量（个）；

　　　　A——相邻液压支架中心距（m）；

　　$v_{z,max}$——供液策略可实现的最大跟机速度（m/s），也是采煤机保证液压支架跟随性的最大牵引速度。

（4）液压支架跟机能力多目标规划　多目标规划是指对实际问题中的多个目标（指标）进行综合衡量后，做出最优决策。在液压支架运行自适应智能供液研究中，液压支架跟机总时间的最小化可以最大限度地提高液压支架的跟机速度，但可能会带来系统压力波动强烈的后果。采煤过程中，要求液压支架可以跟随采煤机正常推进，液压支架跟机速度大于采煤机牵引速度即可，在此条件下，液压支架具体动作时的供液流量越接近稳压流量，液压支架动作过程越能"稳压提速"。因此，"智能规划"理念的供液策略应在液压支架跟机速度大于采煤机速度的前提下，尽量使每个液压支架执行具体动作时实现"稳压提速"，实现基于采煤机速度的支架跟机能力多目标规划。

设采煤机速度为 v_c，供液策略 Q 的液压支架跟机速度为 v_z，则根据上述分析，可得 v_z 与 Q 之间的映射函数为

$$v_z=f_v(Q) \tag{7-21}$$

可定义供液策略的优化目标为

$$(v_z \searrow v_c) \cap (Q \to Q_p) \tag{7-22}$$

式中　$\searrow$——大于并接近；

　　　　$\to$——接近。

式（7-22）表示同时满足液压支架跟机速度 v_z 大于并接近采煤机速度 v_c 和实际供液策略 Q 接近稳压供液策略 Q_p 两个目标。根据式（7-22）进行多目标规划求解，可得

$$v_{z,c}=f_v(Q_c) \tag{7-23}$$

式中　Q_c——多目标规划的智能供液策略，$Q_c=(Q_{jc}, Q_{yc}, Q_{sc}, Q_{tc})$；

　　$v_{z,c}$——智能供液策略的液压支架跟机速度（m/s）。

综上所述，通过对液压支架运行自适应智能供液理论分析，提出了两种智能化模式：一是实现液压支架跟机速度最大化的"极速模式"，以牺牲系统压力工况，最大限度地提高液压支架跟机速度；二是实现液压支架跟机能力多目标规划的"优化模式"，在保证液压支架跟机速度大于采煤机速度的前提下，更合理地规划供液策略，以减少系统压力波动。供液系统的"智能规划"功能理念将基于这两种模式，实现支架运行自适应智能供液控制。

2. 供液规划模型

液压支架自适应智能供液实际上是对供液策略实现"智能规划"的过程，通过制订不同的规划目标，建立相应的数学模型，并运用合适的寻优算法进行求解，得到供液策略的最

优决策。

（1）极速模式　供液系统的极速模式是指通过合理规划供液策略，实现液压支架一个跟机循环过程所用的时间最少，以达到液压支架跟机速度最大。由于极速模式的数学模型属于有约束的非线性极值问题，其目标函数为 $t_z = f_t(Q)$，约束空间为 $k_d Q_d \leqslant Q \leqslant k_u Q_p$，$k_d$ 和 k_u 为稳压供液流量下限和上限系数，根据实际情况合理设定。Q_d 为额定供液流量（L/min）。可得极速模式的数学模型表达式为

$$\min_Q f_t(Q) \quad \text{s.t.} \quad AQ \leqslant b \tag{7-24}$$

式中　　$\min_Q f_t(Q)$——$f_t(Q)$ 极小化；

　　　　$A = [-1, 1]$——决策变量 Q 约束斜率向量；

　　$b = [-k_d Q_p, k_u Q_p]$——决策变量 Q 约束截距向量。

值得注意的是，为避免供液流量超出供液系统最大能力，当 $k_u Q_p > 1680$ 时，取 $k_u Q_p = 1680$。求解非线性函数的极值问题的过程称为非线性规划，在有约束的非线性规划中，通常将该问题转换为更简单的子问题，常用的方法是通过构造罚函数将有约束的极值问题转换成无约束的极值问题，即罚函数法。

求解有约束的极值问题时，既要使目标函数值下降，又要满足约束条件这两个方面。罚函数法的基本思想就是利用问题中的约束函数作出适当的罚函数，结合目标函数构造出新的辅助函数，将目标函数的约束问题转换成辅助函数的无约束问题，进而用无约束最优化方法求解。罚函数法包括外点法（exterior-point method）和内点法（interior-point method）。其中，内点法又称为障碍函数法，对企图从内部穿越可行域边界的点在目标函数中加入相应的"障碍"，构造新的障碍函数，当迭代过程靠近可行域的边界时，障碍函数值迅速增大，从而使迭代点始终保持在可行域内。内点法的迭代过程总是在可行域内，更适用于不等式约束问题。由于极速模式的数学表达式只有不等式约束，因此采用内点法求解。可定义障碍函数为

$$G(Q, r) = f_t(Q) = rB(Q) \tag{7-25}$$

式中　$B(Q)$——连续函数，其形式为

$$B(Q) = -\lg(k_u Q_p - Q) - \lg(Q - k_d Q_p) \tag{7-26}$$

　　　　r——很小的正数。

这样，当 Q 趋向于约束空间边界时，$B(Q) \to +\infty$ 且 $G(Q, r) \to +\infty$；否则，由于 r 很小，则 $G(Q, r) \approx f_t(Q)$。因此，式（7-24）可转换为式（7-27）进行近似求解，即

$$\min_Q G(Q, r) \quad \text{s.t.} \quad AQ \leqslant b \tag{7-27}$$

可见，由于 $B(Q)$ 的存在，在可行域边界形成"围墙"，其初始迭代点必须在可行域内部，$B(Q)$ 的阻挡作用将极速模式的数学模型从有约束转换成无约束非线性规划。

上面所提到的 $f_t(Q)$ 为典型的非连续函数，在其非线性规划中，求得的极值很可能是局部最优解。内点法的最大特点是其迭代初始点可以在可行域内任意选择，而对于非连续函数的极值求解，不同的迭代初始点可能得到不同的结果。因此，为得到非连续函数 $f_t(Q)$ 的全局最优解，应用双层规划方法求解该极值问题。

Bracken 等人于 1973 年针对资源分配问题及武器优化问题，提出了双层规划的数学模型。随后，Candler 等人给出了双层规划和多层规划的正式定义。双层规划是一种含有两层递阶结构的层次问题，其中，上层规划问题和下层规划问题分别具有自己的目标函数和约束

条件。每层决策者都可以独立地优化自己的目标而不考虑或部分考虑另外一层的目标。上层决策者首先制订它的决策，下层决策者依据此决策信息制订一个使下层目标达到最优的决策方案并反馈给上层决策者，然后上层决策者再寻找使得上层目标函数达到最优的方案。基于这一机制，双层规划问题中每一层决策者制订的决策都会互相影响各自的目标最优值，最终使得每层决策者都获得自己的最优目标值。

因此，极速模式的数学模型可进一步定义为一个双层规划问题（Bilevel Programming Problem，BLPP），其数学表达式为

$$\begin{cases} \min_Q F_t(Q_0, Q) & \text{s.t.} \quad (AQ_0 \leqslant b) \cap (AQ \leqslant b) \\ \min_Q f_t(Q_0, Q) & \text{s.t.} \quad (AQ_0 \leqslant b) \cap (AQ \leqslant b) \end{cases} \tag{7-28}$$

式中　　　　Q_0——非线性规划的迭代初始值；

$\min_Q f_t(Q_0, Q)$——下层规划，其中 Q 为决策变量；

$\min_Q F_t(Q_0, Q)$——上层规划，其中 $F_t(Q_0, Q) = \min_Q f_t(Q_0, Q)$，$Q_0$ 为决策变量。

可见，在极速模式的双层规划数学模型中，下层规划求得在某个 Q_0 初始值时的局部最小值，并将其反馈至上层，然后上层规划再求得不同的 Q_0 时得到的局部最小值中的最小值，力求得到全局最小值。尽管双层规划并不能保证一定能求得全局最优解，但其特有的双层迭代算法可以较好地解决非连续型函数的最小化问题，使结果更接近全局最优解。

（2）优化模式　供液系统的优化模式是指在满足液压支架跟随采煤机速度要求的前提下，通过合理规划供液策略，使支架执行具体动作的过程中减少系统压力波动，尽量达到稳压供液过程。由分析可知，优化模式的数学模型属于多目标规划问题，其优化目标为：$(v_z \searrow v_c) \cap (Q \to Q_p)$。可定义优化模式的数学模型表达式为

$$\min_Q z(Q) = \omega_1^+ \cdot \max\{f_v(Q) - v_c, 0\} + \omega_2^+ \cdot \max\{Q - Q_p, 0\} - \omega_2^- \cdot$$
$$\min\{Q - Q_p, 0\} \quad \text{s.t.} \quad AQ \leqslant b \tag{7-29}$$

式中　　$\max\{f_v(Q) - v_c, 0\}$——可记为 d_1^+，表示液压支架速度超过采煤机速度的正偏差变量；

ω_1^+——d_1^+ 的权系数；

$\max\{Q - Q_p, 0\}$——可记为 d_2^+，表示决策供液流量超过稳压供液流量的正偏差变量；

ω_2^+——d_2^+ 的权系数；

$-\min\{Q - Q_p, 0\}$——可记为 d_2^-，表示决策供液流量低于稳压供液流量的负偏差变量；

ω_2^-——d_2^- 的权系数。

该多目标规划问题的目标函数为 $z(Q) = \omega_1^+ \cdot d_1^+ + \omega_2^+ \cdot d_2^+ - \omega_2^- \cdot d_2^-$，即多个目标的正负偏差和，使其最小化即可可达到 $(v_z \searrow v_c) \cap (Q \to Q_p)$ 的优化目标。

通过上述分析，优化模式的多目标规划问题被转换成有约束的非线性极值问题，其求解算法同极速模式。同样，$f_v(Q)$ 为非连续型函数，为尽量获得全局最优解，同样应用双层规划方法求解。可定义优化模式的双层规划数学模型表达式为

$$\begin{cases} \min_Q Z(Q_0, Q) & \text{s.t.} \quad (AQ_0 \leqslant b) \cap (AQ \leqslant b) \\ \min_Q z(Q_0, Q) & \text{s.t.} \quad (AQ_0 \leqslant b) \cap (AQ \leqslant b) \end{cases} \tag{7-30}$$

式中　　　　Q_0——多目标规划的迭代初始值；

$\min_Q z(Q_0, Q)$——下层规划，其中 Q 为决策变量；

$\min_Q Z(Q_0, Q)$——上层规划，其中 $Z(Q_0, Q) = \min_Q z(Q_0, Q)$，$Q_0$ 为决策变量。

上述多目标规划的算法为线性加权和法，该方法可以较好地解决优化模式中的多目标规划问题，求得合理的供液策略，实现智能供液。

3. 硬件结构与技术实现

工作面供液系统的设备组成采用模块化组合架构，包括智能控制中心、乳化液泵组模块、乳化液配制模块、水质处理模块等。各个设备模块作为智能控制中心的子系统，可以根据需要任意搭载和组建，整个系统由供液回路和电控回路相互连通，通过智能控制中心集中、协同控制各个设备模块工作，实现工作面供液功能。工作面智能供液系统架构如图 7-29 所示。

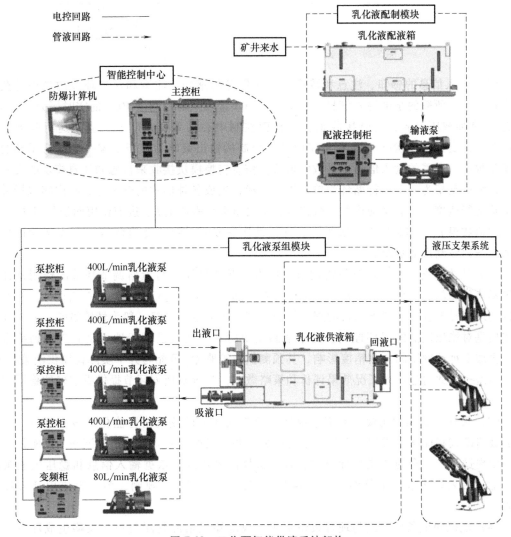

图 7-29　工作面智能供液系统架构

在供液系统智能控制模型中，理智与决策模块用于设计实现自适应液压支架运行联动的供液策略智能控制功能，通过建立合理的物理符号系统，实现"信息输入→知识判断→策略输出"的智能控制。基于物理符号系统的理智与决策模块功能设计如图 7-30 所示。

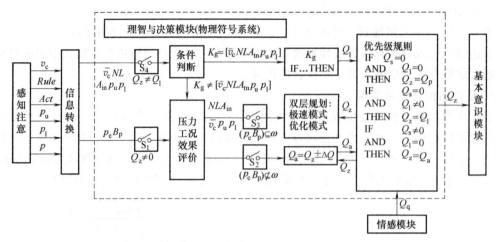

图 7-30　基于物理符号系统的理智与决策模块功能设计

（1）输入信息的感知、注意和转换　输入信息的感知、注意和转换环节的作用是获取物理符号系统所需的全部输入信息。感知注意模块接收来自控制层 PLC 的实时压力 p、卸荷压力 p_u 和加载压力 p_l，同时接收来自工作面控制中心的采煤速度 v_c、支架运行联动规则 $Rule$ 和当前支架动作状态 Act。供液策略智能控制的输出策略为液压支架一个运行循环的供液流量数组，所需的输入信息也是数组形式。信息转换模块接收来自感知注意模块的实时信息，以液压支架为一个运行循环为单位进行转换，生成各种形式的全信息，其内容包括采煤机平均运行速度 $\bar{v}_c$、支架动作数量数组 N、支架动作行程数组 L、进液作用面积数组 A_{in}、卸载压力值数组 p_u、加载压力值数组 p_l、支架动作完成时系统压力值数组 p_e、支架动作过程中系统压力波动次数数组 B_p。

（2）压力工况效果评价与策略调节　压力工况效果评价与策略调节环节的作用是评价情感模块预测的稳压供液策略是否达标，并对不达标的策略进行微调，直至其达标。初始时期的物理符号系统由于缺乏完善的规范知识，其输出的智能策略一般为情感策略，而该环节的实质是对稳压供液的闭环控制。由于情感模块的神经网络是基于地面试验数据训练生成的，再加上神经网络的预测精度影响，其预测供液策略 Q_q 可能与井下实际稳压供液策略 Q_p 存在误差，因此通过压力工况效果评价和策略微调，为策略规划环节提供更准确的稳压供液策略 Q_p。

（3）极速模式和优化模式的策略规划　策略规划是供液策略智能化的核心环节，主要完成极速模式和优化模式的规划问题求解任务，并生成相应的规范知识。该环节其实是一个知识发现过程，由全局智能目标导控，合理选择两种模式，依据输入信息和稳压供液策略 Q_p，通过规划算求出最优解，生成规范知识的 IF…THEN 规则，为知识应用环节提供基础。

（4）规范知识条件判断与理智策略生成　规范知识条件判断与理智策略生成环节是知识的应用过程，调取知识库中的规范知识，将其条件部分与输入信息进行逻辑判断。若匹配成功，则可输出相应的理智策略 Q_l；若无法匹配，则输出结果为 $Q_l=0$。规范知识来源于策略规划环节，存储在知识库中，形式为 IF…THEN 规则。初期的知识库可能较为缺乏，但随着物理符号系统的不断执行，策略规划环节将会提供越来越多的规范知识，使知识库越来越完善。

（5）智能策略输出的综合决策　智能策略输出的综合决策环节的作用是综合判断系统生成的情感供液策略 Q_q、调节供液策略 Q_a 和理智供液策略 Q_l 的输出优先级，决策输出智能供液策略 Q_z。该环节由决策模块驱动，其优先级判定规则为 IF...THEN 形式，三种供液策略的优先级由高到低为：$Q_l \rightarrow Q_a \rightarrow Q_q$。

根据以上理论和流程便可在 Simulink 建立智能供液的理智与决策模块控制模型，具体内容略。

思考题

7-1　煤矿井下高水基乳化液的主要成分是什么？各部分占比为多少？煤矿井下综采工作面为什么要使用高水基乳化液介质？

7-2　支架电液控制阀为几位几通阀？由哪几部分组成？

7-3　高水基乳化液泵站电磁卸荷阀的工作原理是怎样的？

7-4　假设在对电液控制阀通电后液压支架不动作或动作缓慢，试从液压系统原理上分析可能的原因。

参考文献

[1]　王国法. 高效综合机械化采煤成套装备技术［M］. 徐州：中国矿业大学出版社，2008.

[2]　袁瑞甫，范京道. 综采工作面智能化开采技术［M］. 北京：应急管理出版社，2022.

[3]　付翔. 支架运行自适应智能供液理论与技术研究［D］. 太原：太原理工大学，2017.

[4]　范京道. 智能化无人综采技术［M］. 北京：煤炭工业出版社，2017.

[5]　廖瑶瑶. 大流量高水基换向阀动力学特性研究［D］. 太原：太原理工大学，2015.

第 8 章 综采装备数字孪生技术

8.1 数字孪生技术概述

数字孪生（Digital Twin，DT）最初由美国的 Michael Grieves 博士提出，该技术最早被应用于航空航天领域内。数字孪生技术由于具有实时反应物理实体真实状态的可计算性、面向整个生命周期的广泛集成性、以虚控实和虚实融合的多物理多学科动态可扩展性，因此在理论层面和应用层面不断取得进展，应用范围已经广泛涉及能源、船舶、航天、医疗、智慧城市等众多领域中。目前矿山数字孪生技术在理论和应用方面也已经有了较多成果。

智能化煤矿融合了物联网、云计算、大数据、人工智能等新一代信息与计算技术，以构建矿山生产的全面感知、实时互联、分析决策、自主学习、动态预测、协同控制的完整智能系统为发展方向。对于综采装备来说，包括位置、姿态、动作状态等运行状态信息的全面感知，是实现装备间协同控制、智能控制的前提。数字孪生技术作为一种新型的数字化技术，可以实现对综采装备系统的全面监测和精细化管理，为装备系统的可持续发展提供支持。

在仿真分析技术相对成熟的情况下，相关学者尝试将综采三机的运动仿真引入虚拟环境中进行。由于虚拟现实软件一般均包含有三维建模功能，故早期学者们在对液压支架进行虚拟运动仿真时，多在虚拟现实软件中直接完成液压支架的三维建模。

由于早期虚拟现实软件三维建模功能一般、动作控制等模块较为简单，该方法所实现的液压支架虚拟运动仿真存在着模型粗糙、部件联动仿真度差等问题。随着建模软件、虚拟现实软件的发展，一些学者尝试利用不同软件实现装备的建模与运动仿真过程。谢嘉成等利用 UG 软件进行液压支架的三维建模，经过运动学解析后使用编程控制的方式在 Unity3d 软件内实现了液压支架的动作虚拟仿真，液压支架虚拟仿真模型如图 8-1 所示。

通过整合不同软件的优势，液压支架的运动仿真能够具有较高的模型精度，同时动作控制也具有较高的精确性与可靠性。但对于实际综采工艺来说，液压支架的运行控制远比固定动作参数的单机虚拟运动仿真复杂得多。因此，学者们对更为实际的工作面液压支架运动问题进行了虚拟仿真研究。

这些研究以更为实际的工况问题为背景，进一步提高了液压支架群虚拟仿真方法的有效性。但也存在一些不足，即现有研究对于液压支架间的协同运行仿真研究较少，对于煤层地形对液压支架的位姿影响分析及相关的虚拟仿真研究仍处于初级阶段，需进一步研究液压支架群虚拟运行方法，实现对真实工况的更全面、更可靠的模拟仿真。

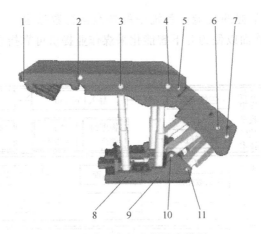

图 8-1　液压支架虚拟仿真模型

1—伸缩梁、护帮板销轴　2—顶梁、前梁销轴　3—前立柱杆销轴　4—后立柱杆销轴

5—掩护梁、顶梁销轴　6—前连杆、掩护梁销轴　7—后连杆、掩护梁销轴

8—前连杆体销轴　9—后连杆体销轴　10—底座、前连杆销轴　11—底座、后连杆销轴

　　谢嘉成等针对智能化无人开采，提出了一种数字孪生综采系统，实现综采过程的全要素集成与融合、装备协同高效开采，提高了生产率；吴淼等将数字孪生技术应用于综掘巷道的并行施工工艺中，在工程效益方面具有重大优势；丁华等将数字孪生的高度逼真的仿真特性与深度学习较为出众的数据挖掘能力相结合，提出了数字孪生与深度学习融合驱动的采煤机健康状态预测方法，实现采煤机状态的精准预测；葛世荣等首次对数字孪生智采工作面进行准确的定义，详细阐述了数字孪生智采工作面的组成架构，构建方法以及与之相关的关键技术；王佳奇等以数字孪生五维模型为基础，针对传统煤矿安全管理中的不足，构建了瓦斯事故数字孪生模型，指出数字孪生模型能够实现瓦斯事故的预防和快速响应；张旭辉等以悬臂式掘进机模型为研究对象，提出一种数字孪生驱动的悬臂式掘进机智能操控系统，实现虚拟掘进与物理掘进的深度融合，为未来真正实现无人开采提供借鉴；迟焕磊等针对工作面的监控管理不足，开发了一套工作面数字孪生三维监测系统，实现了所有工作设备的实时监测、数据与模型的多维融合、设备工况分析与异常预警和自动化开采仿真等；李新等提出了一种井下变电所巡检机器人数字孪生系统，利用数字孪生的特性远程控制机器人的巡检功能，对检测数据进行分析与显示。

　　综上所述，从单机虚拟运动仿真开始，到目前的多装备协同仿真、装备与煤层协同仿真等，对矿山的虚拟仿真研究已取得了较大进展，数字化矿山建设、煤矿智能化等也对现有的虚拟仿真技术提出了更高要求。

　　本章针对矿山生产数字孪生系统的时空特性和重构复杂性，设计综采工作面数字孪生系统，重构产品全生命周期阶段的典型应用场景，实现复杂装备系统的智慧化管理和优化，有效提高了装备系统的可靠性和效率。系统基于精确建模理论与方法、数字孪生行为仿真模型实现了综采装备联合运行可靠性验证与运行状态可视化分析，并且突破了故障预测及反馈优化设计等各项关键技术；在结合模型预测控制、状态反馈控制等先进自主控制方法的基础上，对更加安全高效的智能化综采方案进行充分设计与仿真实现；同时，利用系统中的虚拟控制器能够对各类综采装备进行仿真操控，并且提供通过虚拟监控面板对综采工作面"三机"工作情况进行实时掌握的功能，系统中的各类运行数据也可以随时导出以进行分析，并且可以反馈至物理工作面以便为井下智能化采煤作业提供可靠指导。虚拟系统构建的基本框架如图 8-2 所示。

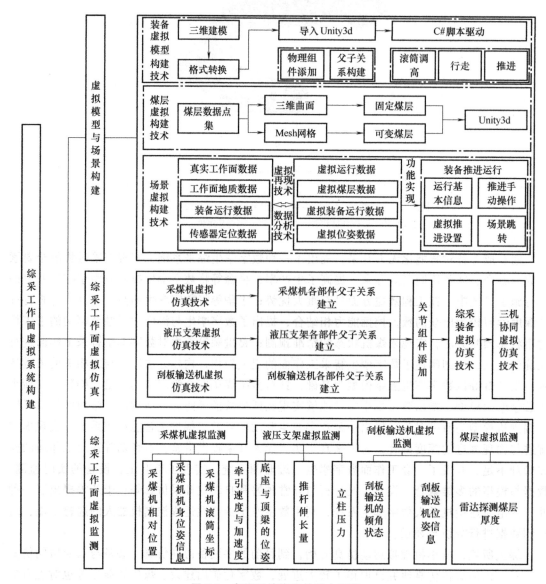

图 8-2　虚拟系统构建的基本框架

8.2　虚拟模型与场景构建技术

为实现综采工作面的透明化监测，构建精准的虚拟环境是重中之重。本节主要对装备虚拟模型构建技术、煤层虚拟构建技术、场景虚拟构建技术三方面进行讲解。

构建综采装备和煤层的数字化模型，将其导入虚拟场景中，并进行模型修补，包括材质渲染、父子关系设置、碰撞模型修补、物理材质设置、刚体属性设置、运动关节绑定，以及基于装备的运动规律编写装备虚拟运行控制脚本，使模型的外观、物理属性和运动规律与真实装备一致。利用 Unity3d 虚拟引擎独特的模型仿真方法，构建父子关系，分析装备运动规律，并通过控制脚本控制对象各部件联动，实现虚拟仿真。

8.2.1　装备虚拟模型构建技术

虚拟环境下综采装备的建模技术已经较为成熟，其构建过程如图 8-3 所示。首先，在 UG 软件内对实际装备进行三维建模，对于有相对运动关系的部件，以连接销轴为界限分别进行部件建模；完成 UG 环境下的建模后需要将模型导入至 3DMAX 内进行格式转换，这一步将模型由 STL 格式转换为 FBX 格式，转换过程中要注意部件的单位比例及坐标轴是否发生变化；完成模型格式转换后，将模型导入至 Unity3d 内，至此，虚拟环境下的装备模型已基本建立。

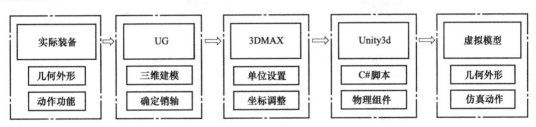

图 8-3　装备虚拟模型构建过程

1. 液压支架虚拟模型构建

根据上述装备虚拟模型构建方法，对液压支架进行 1∶1 比例的虚拟模型构建。液压支架虚拟模型如图 8-4 所示。

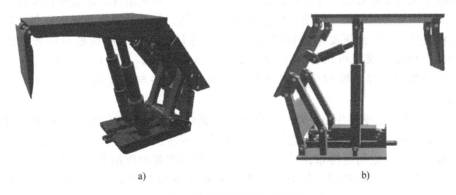

a)　　　　　　　　　　　　　　　　b)

图 8-4　液压支架虚拟模型

a）仿真虚拟模型　b）简化样机模型

完成液压支架虚拟模型构建后，通过添加 C#脚本实现虚拟液压支架各个动作的仿真控制。根据液压支架的运动学分析可知，在支护高度及顶梁俯仰角给定的情况下，液压支架立柱伸长量、平衡千斤顶伸长量、后连杆倾角等各部件的形态确定且唯一。

基于液压支架 DH 坐标系（包括 4 个参数：链接长度、链接旋转角度、链接偏移量和旋转角度）及相关运动学分析结果，为虚拟液压支架及样机模型添加控制脚本。通过脚本控制实现虚拟液压支架升柱、降柱、移架、推溜四种基本动作和伸出护帮板、收缩护帮板两种细致动作的仿真。用液压支架简化样机模型展示仿真动作示例如图 8-5 所示。

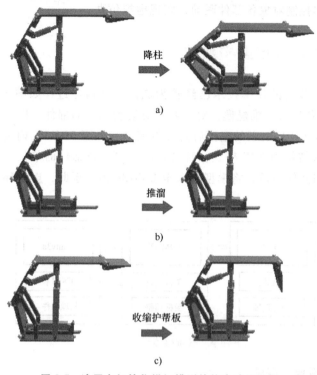

a)

b)

c)

图 8-5　液压支架简化样机模型的仿真动作示例

a）立柱升降　b）推移杆收回　c）护帮板收回

完成液压支架及煤层底板建模后，还需在模型上添加物理组件，才能模拟实际工作面中的液压支架与煤层之间的相互作用。根据模型类型不同，分别对液压支架底座部件添加刚体组件及盒状碰撞体，使液压支架虚拟模型受到重力作用；对煤层曲面模型添加刚体组件及网格碰撞体，使虚拟煤层可以体现对液压支架的支撑作用。在物理组件作用下，虚拟环境中的液压支架群与煤层模型可以实现对真实环境下装备与煤层物理属性及相互作用过程的模拟。

在 Unity3d 物理引擎作用下，液压支架姿态受到煤层底板形态的影响。在实际综采生产过程中，煤层底板对液压支架的姿态影响不仅发生在液压支架静止状态下，还发生液压支架的移架过程中。按一定间距排布在工作面的液压支架群在重力作用下，各液压支架姿态随煤层底板形态的变化而各不相同，如图 8-6a 所示；对于进行前移运动的液压支架，其运动过程中的实时姿态及位置也受到煤层底板的影响，如图 8-6b 所示。需要注意，图 8-6a 仅为说明煤层底板的形态对液压支架姿态的影响，而实际工作面中液压支架的姿态应该是煤层顶板及底板共同作用的结果。

2. 采煤机虚拟模型构建

采煤机是综采工作面的主导设备，其截割推动着工作面的推进，其结构如图 8-7 所示。

构建采煤机虚拟模型，在 Unity3d 中创建材质球（Material），调整与其相关的材质属性，并赋值给采煤机，使采煤机渲染效果更加逼真。采煤机虚拟模型如图 8-8 所示。

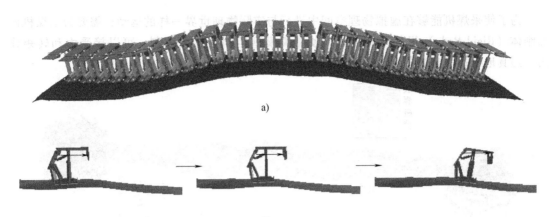

a)

b)

图 8-6　液压支架姿态受煤层底板影响

a）液压支架群工作面布置　b）液压支架连续推进

图 8-7　采煤机的结构

图 8-8　采煤机虚拟模型

　　创建材质球，调整其属性，包括颜色、纹理、光泽等，利用该功能为物体上颜色或添加纹理等，使得物体在 Unity3d 中渲染得更加逼真。创建的材质球可以添加到任何模型或场景，便捷易操作。材质球属性见表 8-1。

表 8-1　材质球属性

属性名称	功能
Shader	材质着色器选择，包括标准、纹理、UI、FX 等
Rendering Mode	指定材质的渲染模式，可选择不透明或透明等模式
Emission	指定材质的辐射颜色
Tiling	指定材质的平铺尺寸
Offset	指定材质的偏移

为了使采煤机能够在虚拟物理空间中进行与实际物理世界一样的运动，需要为采煤机添加刚体（Rigid Body）组件及碰撞体，使虚拟模型运动受物理控制，可以接受力和转矩作用，逼真地模拟真实装备运动。采煤机碰撞体及物理组件的添加如图 8-9 所示。

图 8-9　采煤机碰撞体及物理组件的添加

采煤机导向滑靴、行走滑靴及滚筒都分别添加了胶囊碰撞体及网格碰撞体（Mesh Collider），由于只有对两个刚体对象都添加了碰撞体之后，两装备才会在 Unity3d 物理引擎下具有碰撞效果，因此采煤机需要发生接触碰撞的组件均须添加碰撞体。由于采煤机行走滑靴及滚筒为不规则体，因此给它们添加网格碰撞体，胶囊碰撞体是由一个圆柱体和两个半球组成的组合体，酷似胶囊而得名胶囊碰撞体，设置其重量、弹性等物理属性，对采煤机在刮板输送机上的碰撞行走运动进行限制，约束采煤机与轨道的啮合行走。为行走滑靴添加了铰链关节（Hinge Joint），使其与机身相连，模拟行走滑靴与机身的刚性铰接关系，对滑靴在 X、Y、Z 三个方向产生的旋转角度进行约束，模拟真实的物理行为。

3. 刮板输送机虚拟模型构建

刮板输送机为采煤机的行走提供行走轨道，并起着运输煤料的作用。对刮板机进行三维建模的方法与固定煤层的构建方法一样，根据固定煤层的构建技术对刮板输送机进行三维建模，将刮板输送机各部件导入 Unity3d 中。根据实际刮板输送机装备特点，为虚拟刮板输送机添加材质球、碰撞体、连接关节及刚体组件，并进行结构、外观的设计。刮板输送机虚拟模型如图 8-10 所示。

图 8-10　刮板输送机虚拟模型

刮板输送机中部槽间通过哑铃销连接，为中部槽添加铰链关节，模拟中部槽的连接关系。采煤机行走需要滑靴与刮板输送机发生碰撞，同时刮板输送机放置在煤层底板上需要与煤层发生碰撞，为刮板输送机中部槽添加碰撞组件，使其与采煤机及煤层底板发生碰撞。在刮板输送机机头、过渡槽、中部槽和机尾连接的中心点位置添加铰链关节组件，对其相对运动关系进行约束，设置各部件间锚点连接的位置、旋转轴方向及限制角度，使相邻两中部槽以锚点为中心在极限旋转角度范围内实现相对旋转,模拟真实的中部槽连接。刮板输送机物理组件的添加如图 8-11 所示。

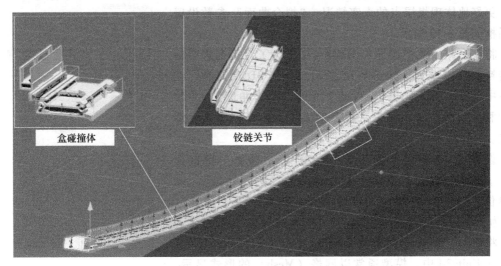

盒碰撞体 铰链关节

图 8-11 刮板输送机物理组件的添加

8.2.2 煤层虚拟构建技术

煤层虚拟模型的构建过程就是将煤层参数化的过程,煤层的参数化是综采智能化研究发展的必然趋势,可以使综采工作的研究更加方便。煤层参数化所用到的煤层及装备数据包括井下煤层勘探数据、钻孔点数据、工作面两巷揭露数据、绝对地质高程值及装备开采运行数据。虚拟煤层参数的获取是首先通过钻孔煤层高程数据得到相对区域内的煤层大致走势,再利用采煤机截割数据,得到采煤机开采过程中的摇臂调高所对应的煤层变化情况,对煤层模型做进一步细化构建。虚拟煤层的构建分为不随截割变化的固定煤层构建,以及随截割变化而变化的可变煤层构建。固定煤层用于采运装备虚拟推进的截割试验,可变煤层用于采运装备虚拟推进的运行过程。

固定煤层模型的构建采用点云技术,由数据处理得到的三维煤层点,通过 UG 软件进行三维拟合,拟合成固定煤层三维模型,反映煤层的信息,具体构建流程为:首先,将处理好的煤层数据导入三维建模软件 UG 中,形成三维点云;然后,利用逆向工程中的拟合曲面功能对点进行参数化拟合;接着,将拟合结果导出为 STL 格式,并导入 3DMAX 中将模型转化为 FBX 格式;最终,将其导入 Unity3d 中形成模型,并为模型添加网格碰撞体,使其具有碰撞的物理特性,以此来对采运装备起到支撑的作用。固定煤层及装备的三维建模流程如图 8-12 所示。

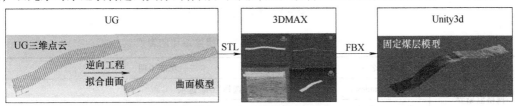

图 8-12 固定煤层及装备的三维建模流程

在固定煤层三维模型构建过程中，利用 UG 曲面拟合 U、V 补片数设置能使得拟合曲面的最大误差及平均误差最小，更好地体现煤层点的真实情况，"拟合曲面"参数设置对话框如图 8-13 所示。

将 STL 格式的模型导入 3DMAX 中是为了对模型进行格式转换及单位设置，如图 8-14 所示。导入 3DMAX 时，在软件中设置"焊接阈值"、自动平滑的"平滑角度"，并取消"移除双面"及"统一法线"的设置，使模型表面光滑平整。

设置"系统单位比例"为"厘米"，"公制"单位为"米"，模型便放大了 10 倍。由于推进路径的规划是以 mm 为单位，Unity3d 环境中的度量为 m，因此，为了保证以 mm 为单位的路径在以 m 为单位的环境中试验结果的显著性，将模型放大 10 倍后导入 Unity3d 中。

在 Unity3d 中，模型通常以网格（Mesh）的形式显示，将固定煤层导入 Unity3d 后，为其添加网格渲染器（Mesh Renderer）及网格碰撞体（Mesh Collider）组件，使物体可

图 8-13 "拟合曲面"参数设置对话框

以将网格渲染到屏幕上并具有碰撞效果，使固定煤层更真实，同时能对采运装备进行起到支撑作用。网格渲染器与网格过滤器（Mesh Filter）组件配合使用，用于渲染网格过滤器组件中的网格；网格碰撞体组件可以为任何网格形状的模型添加碰撞效果，使得不规则多边形曲面具有碰撞效果。网格渲染器组件及网格碰撞体组件的属性见表 8-2。

图 8-14 利用 3DMAX 进行格式转换及单位设置

表 8-2 网格渲染器组件及网格碰撞体组件的属性

组件名称	属性名称	功能说明
网格渲染器	Cast Shadows	是否投射阴影，选择"On"选项
	Receive Shadows	是否接收阴影，勾选"状态"选项

（续）

组件名称	属性名称	功能说明
网格渲染器	Light Probes	是否使用全局照明,选择"Blend Probes"选项
	Materials	网格使用的材质,为模型添加煤壁材质
网格碰撞体	Convex	表示网格碰撞体可以是凸多边形的,设置是否启用凸多边形碰撞体
	Is Trigger	表示是否设置为触发器,默认为"False"
	Cooking Options	对碰撞体进行逻辑优化的一组选项,默认为"Default"
	Mesh	为网格碰撞体填充网格信息
	Material	表示网格碰撞体使用的物理材质,可以将你想要的材质拖拽到网格渲染器组件的"Materials"选择框中

关于动态可变煤层的构建,应用网格构建技术实现。利用三维点云数据生成由一系列的顶点和边构成的网格,进而动态构建成面。网格构建技术是通过 Unity3d 提供的一个允许脚本创建和修改的 Mesh 类实现,通过 Mesh 类生成或修改物体的网格,做出随截割动态变化的煤层效果。根据数据特点选择较优的网格结构,由顶点构建三角网格,通过顺序访问顶点来连续绘制出三角形,从而绘制出 Mesh 面。

将动态 Mesh 面的构建过程编写为 FGtools 函数,以便绘制曲面操作的频繁调用。FGtools 函数包括五个输入参数,分别是 data、xSize、ySize、L 和 mesh,分别用来储存顶点数据坐标、顶点排列方式、网格正反面生成顺序及 Mesh 网格生成面。同时定义 4 个 int 类型的数字,分别记为 a、b、c、d,用它们来控制曲面正反面的绘制逻辑。mesh 三角形构建逻辑编程如下:

```
int[] triangles=new int[(xSize-1)*(ySize-1)*6];
for(int ti=0,vi=0,y=0;y<(ySize-1);y++,vi++)
{
for(int x=0;x<(xSize-1);x++,ti+=6,vi++)
{
triangles[ti]=vi;
triangles[ti+a]=triangles[ti+b]=vi+xSize;
triangles[ti+c]=triangles[ti+d]=vi+1;
triangles[ti+5]=vi+xSize+1;
}
}
```

利用网格构建技术,可以根据数据点实时生成煤层,在 Unity3d 场景中创建一个空物体,将煤层构建 C#脚本赋给空物体,并为其添加网格过滤器、网格渲染器及网格碰撞体组件,生成煤层网格。

8.2.3　场景虚拟构建技术

将采煤机运动及综采装备推进运动集成到一起,构建综采装备协同推进虚拟场景及 UGUI 界面,便于操作者监测及操作,以友好的交互界面提高综采装备协同推进虚拟系统的

211

再设计和使用效率。

1. UGUI 界面设计技术

将装备运行位姿及性能信息实时展现出来，让操作者可以实时获悉装备的运行状态，需要构建 UGUI 用户交互界面。UGUI 是 Unity3d 引擎中的一种用户界面开发工具，它支持个性化定制，使用灵活，创建轻松。为整个综采工作面制作 UI 界面，实现采运装备运行数据的显示及运动控制等功能。UGUI 界面设计的步骤如下。

（1）创建 Canvas 所有 UI 组件元素都必须在 Canvas 画布下展现，在 EventSystem 组件的统一管理下触发。在"Hierarchy"视图上右击，选择"UI-Canvas"选项，创建一个 Canvas。

（2）添加 UI 元素 UI 元素是 UGUI 界面功能实现的主体，装备信息通过 UI 元素进行呈现。在"Hierarchy"视图上右击，选择"UI"选项，即可创建想要的 UI 元素，对其进行布置。

（3）布局设计 UI 组件 在"Inspector"视图中，对 UI 元素的属性进行设计，包括位置、大小、颜色、字体、贴图资源等。

（4）设计贴图素材 可以对 UI 元素进一步优化设计，将贴图图片设置为"Sprite"格式，为 UI 组件"Source Image"元素赋予贴图资源。

（5）交互设计 设计交互 UI 组件，如"Button""Toggle""Input Field"等，为它们添加事件响应函数，并利用代码实现相应的逻辑，实现操作者对设备运行的控制。

为采运装备推进运动设计 UGUI 交互界面，有利于操作人员对装备运行的监测与控制，用到的组件分为监测组件及交互组件两大类，UI 组件及其功能见表 8-3。

表 8-3 UI 组件及其功能

组件功能分类	组件名称	功能
监测	Text/TextMeshPro	用于文本的显示，文本类型为 string 类型
	Image/Raw Image	用于图片的显示，图片要设置为 Sprite 类型
	Panel	用于背景底色的设置
交互	Button	按钮组件，单击按钮触发物体动作，添加 On Click（）方法实现相应的命令
	Toggle	复选框组件，勾选复选框执行相应的命令
	Input Field	输入文本显示组件，显示类型为 string

界面设计与装备的联合呈现需要利用相机组件来实现，以呈现出多维的视觉角度，使得庞大的综采工作面在进行推进截割时的截割动作更易于观察，相机（"Camera"）组件的属性如图 8-15 所示。

通过设置相机组件的"清除标志"参数设置相机显示模式，选择"纯色"选项；利用"背景"参数设置相机背景的颜色；当有多个相机在场景中显示时，通过设置"深度"参数对相机的显示层级设置，"深度"值越小，优先显示级别越高，值相同时，后完成设置的相机先显示；还可以利用"Viewport 矩形"中"X""Y""W""H"的值来设置多个相机同时显示时相机在屏幕中的位置。

2. 综采装备协同推进虚拟场景搭建

为了使综采装备的推进操作、信息及方案更易被使用者所理解，构建综采装备协同推进

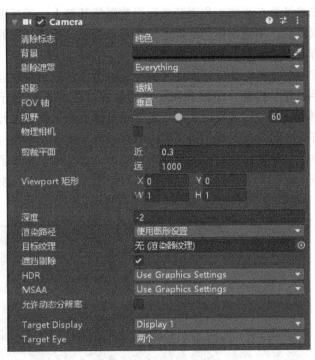

图 8-15　相机组件的属性

虚拟场景，将采煤机截割运动、刮板输送机推进及综采装备协同推进集成到虚拟场景中，并构建综采装备推进基本信息面板、采煤机推进手动调节面板、综采装备推进设置面板及场景跳转面板，体现实际运行的煤层、装备、位姿等信息，再现综采装备推进运行状态。综采装备协同推进虚拟场景如图 8-16 所示。

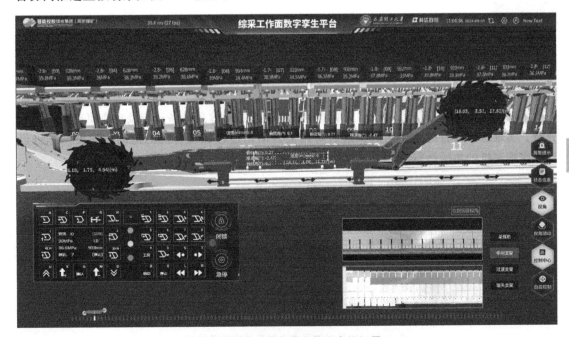

图 8-16　综采装备协同推进虚拟场景

213

综采装备虚拟推进场景在真实工作面装备运行数据的基础上，通过虚拟现实技术对实际工作面开采进行虚拟再现，实现虚拟场景推进信息的可视化、推进过程的手动操控、推进路径规划设置以及到仿真推进场景的跳转功能。

系统中的基本控制部分基于井下真实的装备控制器操作手册与实际应用资料，对井下液压支架与采煤机的手动或半自动（电液控制）控制过程与控制逻辑进行了充分的还原。通过系统中的基本控制部分，使用者可以在虚拟场景中对虚拟综采装备进行与真实井下综采相似的电液控操控，可进行的操控主要包括采煤机手动牵引与截割、喷雾过程，以及液压支架单机单动作控制、单机自动动作控制、成组自动控制等。虚拟场景采用了与真实综采场景完全相同的控制器面板，其中，采煤机仿真控制器面板如图 8-17a 所示，液压支架仿真控制器面板如图 8-17b 所示。

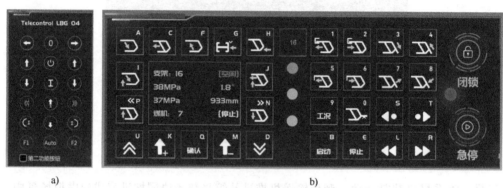

图 8-17　仿真控制器面板

a）采煤机仿真控制器面板　b）液压支架仿真控制器面板

8.3　综采工作面虚拟仿真技术

综采工作面虚拟仿真技术的总体路线如图 8-18 所示，基于采煤机虚拟仿真技术、液压支架虚拟仿真技术、刮板输送机虚拟仿真技术完成各部件每一子部分父子关系的配置，添加关节组件使虚拟仿真模型更加贴近真实物理模型，通过对综采装备运行及动作驱动逻辑进行分析，实现综采装备的动作仿真，最后对跟机自动化过程和装备间的运动协同关系进行设计，实现三机的协同运行。

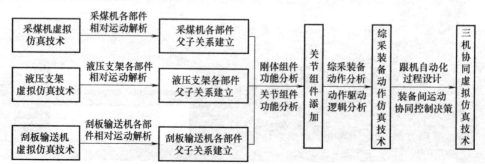

图 8-18　综采工作面虚拟仿真技术的总体路线

214

8.3.1　装备虚拟仿真技术与父子关系建立

完成各装备模型的格式转化与导入后，需要依据装备零部件之间的相对运动关系为综采装备建立合适的父子关系。设置零部件之间的父子关系一方面可以使子物体随父物体进行整体移动或转动，另一方面可以获得子物体在父物体坐标系中的相对坐标，便于后期对子物体进行监测或控制。

1. 采煤机虚拟仿真技术

采煤机主要由滚筒、摇臂、机身、滑靴、液压缸和各个销轴组成，以左滑靴和右滑靴为父物体，其余为子物体，建立的采煤机的父子关系如图 8-19 所示。

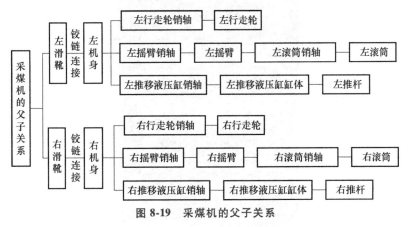

图 8-19　采煤机的父子关系

2. 液压支架虚拟仿真技术

液压支架主要由护帮板、顶梁、掩护梁、前连杆、后连杆、立柱、底座和各个销轴组成，以底座作为父物体，其余作为子物体，分层次、逐渐递进地建立液压支架的父子关系，从而实现液压支架的相应动作，液压支架的父子关系如图 8-20 所示。

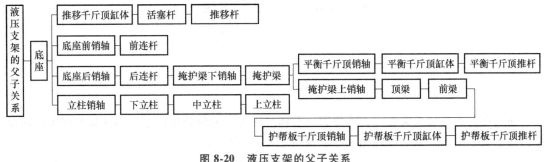

图 8-20　液压支架的父子关系

215

3. 刮板输送机虚拟仿真技术

由于刮板输送机各节中部槽都各自为一个整体且具有独立的运动，因此，不需要对每节中部槽单独设置父子关系，只需约束各节中部槽之间的运动关系，使其具有各个方向的运动并约束运动角度。关节组件中角色关节主要用于形成"布娃娃"效果，能建立各个方向的旋转效果并约束极限值，适用于中部槽之间的约束关系，因此使用角色关节建立中部槽之间的约束关系，刮板输送机的关节连接示意图如图 8-21 所示。

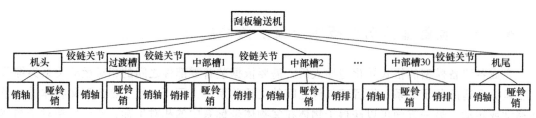

图 8-21　刮板输送机关节连接示意图

所用角色关节参数设置如图 8-22 所示。

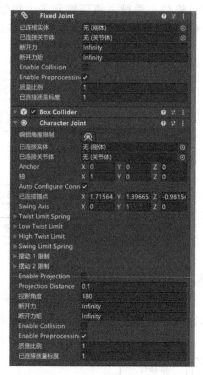

图 8-22　角色关节参数设置

8.3.2　关节组件添加

在建立合适的父子关系后，需要通过刚体组件为综采装备中的主要部件赋予刚体物理属性，关于赋予刚体物理属性的相关参数说明见表 8-4 所示。

表 8-4　赋予刚体物理属性的相关参数说明

参数	参数说明
Mass	刚体的质量,单位是千克(kg)
Drag	空气阻力,0 代表没有空气阻力,无限大的值代表物体在外力停止作用时会立即停下来,即惯性消失
Angular Drag	物体受到力矩而发生旋转运动而受到的阻力,0 代表没有阻力,但是与空气阻力参数不同的是,无限大的值并不能让物体在失去外力矩作用时立即停止旋转
Use Gravity	是否受重力影响

（续）

参数	参数说明
Is Kinematic	是否符合动力学规则,选中时,物体不会受到物理引擎的影响,只能通过修改"Transform"参数移动物体
Interpolate	插值选项,如果发现刚体移动有卡顿,可以尝试勾选此参数复选框,有"None""Interpolate""Extrapolat"三个选项 "None"选项表示不使用插值,"Interpolate"选项用于设置根据上一帧的"Transform"参数使运动平滑化,"Extrapolat"选项用于设置根据估算的下一帧的"Transform"参数使运动平滑化
Info	只读信息,如刚体的速度、角速度、惯性张量、质心坐标、唤醒(睡眠)状态

为了使装备模型实现在虚拟场景中的仿真运动,需要在 Unity3d 中对带有刚体组件的机械部件添加装配约束,这一过程可以通过各种关节组件完成。Unity3d 中的关节组件一共分为 5 大类:铰链关节、固定关节、弹簧关节、角色关节和可配置关节,不同关节组件所对应的具体功能见表 8-5。

表 8-5　Unity3d 关节组件功能

关键组件类型	所对应的运动副
铰链关节 (hinge joint)	将两个物体以铰链的形式绑定在一起,当力量大于铰链的固定力矩时,两个物体之间就会产生拉力
固定关节 (fixed joint)	将两个物体永远以一定的相对位置固定在一起,即使发生物理变化,它们之间的相对位置也不变
弹簧关节 (spring joint)	将两个物体以弹簧的形式绑定在一起,挤压它们会得到向外的力,拉伸它们将得到向内的力
角色关节 (character joint)	可以模拟角色的骨骼关节
可配置关节 (configurable joint)	可以模拟任意关节的效果

在 Unity3d 中完成综采装备的虚拟装配后,可以通过添加各类规则碰撞体或网格碰撞体实现实体模型之间的相互碰撞仿真,虽然碰撞体与模型相互独立,但是可以通过编辑调整的方式产生类似刚体碰撞的效果。可以勾选碰撞体组件中的"Is Trigger"复选框,进而以碰撞体发生相互作用作为自定义事件的触发条件,从而能够实现模型干涉检测等功能。经过以上操作便可以在 Unity3d 中搭建与真实综采场景物理属性相仿的虚拟综采场景。

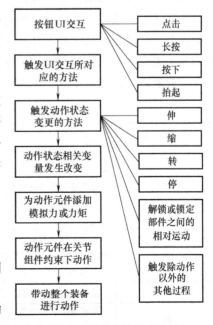

图 8-23　综采装备基本动作仿真控制的实现逻辑

8.3.3　综采装备动作仿真技术

综采装备基本动作的仿真控制通过 UI 与 C#脚本相结合来实现,其实现逻辑如图 8-23 所示。

采煤机在工作过程中需要不断地进行行走和割煤动作,需要对采煤机行走、摇臂调高和滚筒转动等动作进行仿真。采煤机行走是通过将滑靴和机身铰接,控制滑

217

靴沿路径点移动，为采煤机提供行走速度，实现采煤机的行走；摇臂调高通过解析推移千斤顶和摇臂之间的关系，实现两者的协同动作；滚筒转动需要赋予滚筒旋转函数，再确定旋转速度。

液压支架基本动作仿真控制的实现原理与采煤机基本相同，液压支架的主动件主要为千斤顶。液压支架动作与受控主动件的对应关系见表 8-6。

表 8-6　液压支架动作与受控主动件的对应关系

液压支架动作	对应的受控主动件	液压支架动作	对应的受控主动件
升柱或降柱	前立柱、后立柱	掩护梁侧推板伸出/收回	掩护梁侧推千斤顶
护帮板展开或收回	护帮板千斤顶	调整液压支架	平衡千斤顶
前梁摆动	前梁千斤顶	推溜与移架	推移千斤顶
顶梁摆动	顶梁千斤顶	拉后溜	拉后溜千斤顶
掩护梁摆动	掩护梁千斤顶	抬底调架	抬底千斤顶
侧护板伸出或收回	侧护板千斤顶		

刮板输送机在采煤过程中负责运输煤炭，主要由机头、机尾和中部槽三部分组成，各个中部槽之间通过哑铃销连接。刮板输送机与液压支架连接，在采煤机截割之后液压支架进行推溜，之后刮板输送机作为支撑点，而液压支架进行移架，实现装备的不断推进。

8.3.4　三机协同虚拟仿真技术

在单台液压支架动作的基础上，还需实现液压支架群自动化跟机动作。在适当的时间或动作节点执行既定的动作是实现液压支架群与采煤机协同运行的基础，当采煤机执行不同工艺段的任务时，液压支架的动作策略也需要相应地进行调整。采用集中控制的方式实现液压支架群跟机自动化控制，即以计算机作为中央控制器，利用它来同时接收整个工作面液压支架群与采煤机的监测数据，根据工作面装备位姿与运行状态做出决策，然后将动作指令下发给对应的液压支架与采煤机。三机协同运行过程中部分自动化状态说明见表 8-7。

表 8-7　三机协同运行过程中部分自动化状态说明

自动化状态	执行操作
01	选择左滚筒割底;选择右滚筒割顶;选择上行牵引方向;选择中部截割牵引速度;开启滚筒截割;执行完毕后进入下一自动化状态
02	监测滚筒是否达到指定初始位置;待滚筒达到指定初始位置后进入下一自动化状态
03	判断液压支架跟机状态是否正常;若正常,则经过指定时间后起动采煤机牵引;若不正常则进行提示;执行完毕后进入下一自动化状态
04	监测采煤机是否达到工艺段变换位置;待采煤机达到工艺段变换位置后停止牵引;选择左滚筒割顶;选择右滚筒割底;选择斜切进刀牵引速度;选择下行牵引方向;确认执行正常后进入下一自动化状态
05	监测滚筒是否达到指定初始位置;待滚筒达到指定初始位置后进入下一自动化状态
06	判断液压支架跟机状态是否正常;若正常,则经过指定时间后起动采煤机牵引;若不正常则进行提示;执行完毕后进入下一自动化状态
⋮	⋮

8.4 综采工作面虚拟监测技术

在实际综采场景中通过安装各类传感器可以实现对综采装备位姿与运行状态，以及煤层地质情况的实时监测，相应地，可以在虚拟场景中通过获取数据或数值计算的方式实现对综采装备及煤层的实时监测。

8.4.1 综采装备虚拟监测技术

综采装备虚拟监测技术的总体路线如图 8-24 所示，主要包括实现采煤机虚拟监测、液压支架虚拟监测和刮板输送机虚拟监测。其中，采煤机虚拟监测主要需要对采煤机相对位置、采煤机机身位姿信息、采煤机滚筒坐标和牵引速度与加速度进行监测；液压支架虚拟监测主要需要对底座与顶梁的位姿、推杆伸长量和立柱压力进行监测；刮板输送机虚拟监测主要需要对刮板输送机的倾角状态和刮板输送机位姿信息进行监测。

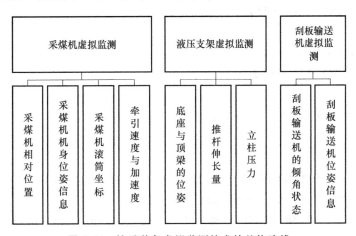

图 8-24 综采装备虚拟监测技术的总体路线

1. 采煤机虚拟监测

对采煤机机身位置与三轴倾角、采煤机牵引位置、滚筒坐标、牵引速度与加速度进行实时监测，可以在 Unity3d 中调取模型在世界坐标系下的三轴倾角与三维坐标，但是需要进一步进行坐标系转换才能得到想要的位置与倾角信息，具体实现代码如下：

```
float[] GetInpectorEulers(Vector3 angle)
{
    float x=angle.x;
    float y=angle.y;
    float z=angle.z;
    if (Vector3.Dot(transform.up, Vector3.up) >=0f){
        if (angle.x >=0f && angle.x <=90f){
```

```
                    x=angle.x;
                }
                if (angle.x >=270f && angle.x <=360f){
                    x=angle.x-360f;
                }
            }
        if (Vector3.Dot(transform.up, Vector3.up) < 0f){
            if (angle.x >=0f && angle.x <=90f){
                x=180-angle.x;
            }
            if (angle.x >=270f && angle.x <=360f){
                x=180-angle.x;
            }
        }
        if (angle.y > 180){
                y=angle.y-360f;
            }
            if (angle.z > 180){
                z=angle.z-360f;
            }
            return new float[] { x, y, z };
}


PitchAngle.text = " 俯 仰 角 （ 度 ）:" + Math.Round ((GetInpectorEulers
(CaiMeiJi.transform.eulerAngles)[2]), 3);
RollAngle.text = " 横 滚 角 （ 度 ）:" + Math.Round ((GetInpectorEulers
(CaiMeiJi.transform.eulerAngles)[0]), 3);
HeadingAngle.text ="偏航角(度):"+
Math.Round ((- 90-GetInpectorEulers (CaiMeiJi.transform.eulerAngles )
[1]), 3);
X.text = " （ " + Math.Round (CaiMeiJi.transform.position [ 0 ]-ZuoBiao-
Xi.transform.position.x, 2) +", ";
Y.text = Math.Round (CaiMeiJi.transform.position [ 1 ]-ZuoBiaoXi.tran-
sform.position.y, 2) +", ";
Z.text = Math.Round (CaiMeiJi.transform.position [ 2 ]-ZuoBiaoXi.tran-
sform.position.z, 2) +") (米)";
```

　　在真实场景下一般采用轴编码器定位与分布式红外定位的方式分别确定采煤机相对于刮板输送机或液压支架群的位置，在虚拟场景中可以利用 Ray 射线类和 RaycastHit 射线投射碰撞信息类实现类似的分布式红外定位方式。具体实现代码如下：

```
int CMJ_WeiZhi;
bool flag;
for (int i=0;i<=117;i++){
flag = Raycast (ZhiJia[i].position, Vector.forward, 100, Layer-
Mask.GetMask("CMJ_"));
if (flag){
        CMJ_WeiZhi=i;
}
}
```

采煤机滚筒坐标可以通过获取采煤机机身位姿的类似方法获取，采煤机牵引速度与加速度可以通过 C#代码调取 Unity3d 刚体组件中运动监测信息获取，如图 8-25 所示。

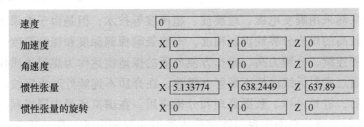

图 8-25　Unity3d 刚体组件中运动监测信息

2. 液压支架虚拟监测

需要对液压支架底座位置与三轴倾角、顶梁倾角、立柱压力、推杆伸长量数值进行实时监测。液压支架底座与顶梁的位姿、推杆伸长量采用定位定姿方式实现，与采煤机机身位姿信息获取方式类似。液压支架立柱压力的虚拟监测可以采用数值模拟计算的方式实现。液压支架的整个工作过程可以分为四个阶段，即初撑阶段、增阻阶段、恒阻阶段、降架阶段。在初撑阶段，立柱逐步上升，并逐步达到初撑力；在增阻阶段，支架达到初撑力后，随着顶板缓慢下沉，封闭在立柱下腔的液压力缓慢升高，立柱的推力也随之增大，直到立柱下腔压力达到安全阀动作压力为止；在恒阻阶段，立柱在安全阀的调解下维持在较为稳定的工作压力范围内；在降架阶段，支架顶梁脱离顶板而不再承受顶板压力。一般情况下，移架前需先降架 100 ~ 200mm，破碎顶板需要带压移架。在设定支护高度后，可以根据液压支架升柱时间与立柱压力的关系编写 C#程序，完成理想情况下液压支架立柱压力的虚拟监测，液压支架的工作特性曲线如图 8-26 所示，立柱压力在经过初撑阶段（$0 \sim t_c$）与增阻

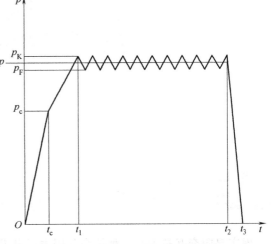

图 8-26　液压支架的工作特性曲线

221

阶段（$t_c \sim t_1$）两个线性增长阶段后，在安全阀的调节下进入恒阻阶段（$t_1 \sim t_2$），在降柱阶段（$t_2 \sim t_3$），液压缸内液体被抽出，立柱压力迅速下降。

3. 刮板输送机虚拟监测

刮板输送机可依托液压支架或采煤机进行定位定姿，因为液压支架和刮板输送机的活动之间存在联结关系，所以刮板输送机的位置可以由液压支架位姿结合液压支架中推杆的行程与各铰接点的转动角度计算得到，出于降低监测成本考虑，可以只安装推杆行程传感器，也能得到刮板输送机的大致位置信息。一般情况下，采煤机滑靴与刮板输送机支撑平面稳定接触，采煤机支撑滑靴倾角能在一定程度上反映所接触段刮板输送机的倾角状态，通过采煤机实时位姿信息能够反推出与采煤机接触段的刮板输送机位姿，结合从液压支架与采煤机出发的位姿数据，理论上能够较为准确地计算出刮板输送机位姿。

8.4.2　煤层虚拟监测技术

传统的煤岩探测采用瞬变电磁、地震波、超声波等技术，但是由于综采工作面中采煤机的自动调高需要较高的煤岩分界线识别精度，不能兼顾探测深度和探测精度，因此采用探测速度快、探测过程连续、分辨力高、操作方便灵活的探地雷达作为煤层地质探测的工具较为合适。探地雷达通过发射天线向地下发射电磁波，在介质不连续处产生回波，接收天线接收到这些回波信号后，进行采样、数据处理和分析应用。在虚拟场景中同样利用 Ray 射线类和 RaycastHit 射线投射碰撞信息类实现与物理雷达类似的探测方式。探地雷达在虚拟场景中的布置如图 8-27 所示。

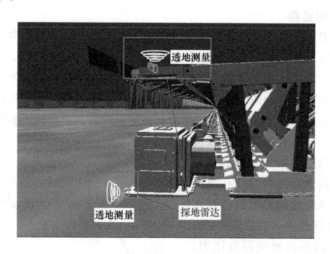

图 8-27　探地雷达在虚拟场景中的布置

8.5　综采工作面虚实双向交互技术

虚实双向交互技术是一种综合利用虚拟世界和实际世界的技术，是使二者能够相互影响和相互作用的系统或方法。这种技术的目标是创造一个无缝融合虚拟和实际体验的环境，使使用者能够在虚拟和实际之间自由转换。

8.5.1 由虚到实的交互技术

由虚到实的交互技术是虚实双向交互技术中的一部分，它涉及虚拟环境中的信息、状态或行为影响到实际世界中对象的运动。以下是一些常见的由虚到实的交互技术。

（1）手柄或控制器交互技术 使用专门设计的手柄或控制器来使虚拟环境和真实物理环境进行交互的方式。这些手柄通常具有按钮、摇杆、触摸屏等部分，用户可以通过操作这些部分在虚拟系统中移动、选择对象，进而控制实际物理模型的运转。

（2）手势识别技术 采用类似于 Kinect 相机等采集设备，通过识别用户的不同手势，对比虚拟系统中的数据库来实现虚拟和现实的交互的技术。采集设备可以捕获用户的手部动作，并将其转换为虚拟环境中的动作，进而通过通信手段将动作传递到实际物理模型上面。

（3）语音识别交互技术 通过语音命令进行虚拟环境和实际环境交互。依靠语音识别技术，用户可以轻松地执行动作、移动对象或进行操作，无需使用手柄或控制器，就可以控制虚拟系统中物体的运动进而影响到真实物理场景的运转。

（4）目光注视的交互方式 利用眼睛的注视来进行交互。这种技术通常用于虚拟现实环境中，用户可以通过眼睛的注视来选择虚拟环境中的对象或操作界面，并进行相应的操作。例如，用户可以通过眼神注视来选择菜单项、单击按钮或移动物体等。

在综采工作面数字孪生系统中，虚拟控制器对综采设备的实际控制涉及如下步骤。

（1）数据库管理 分析传感器采集的数据是实现远程控制的先决条件，通过对传感器数据的集中管理，可以获取传感器的当前状态，追溯传感器历史数据，进而实现感知对象的行为预测，通过对集中存放的数据群进行分析，有望实现不确定性事件的预测感知。综采设备远程控制过程中数据库管理的主要任务是确保全系统各种各样的数据互联、交换与共享，保证数据的正确性、一致性与完整性。

综采工作面数字孪生系统采用 Unity 轻量级数据库 SQLite 作为数据存储与管理支撑，数据库中存储了 GIS（Geographic Information System，地理信息系统）数字高程矩阵数据、综采装备运行与控制数据、综采自动化与半自动化工艺参数、用户操作记录数据、用户个人账户数据等一系列数据，在系统中后端程序需要不断地与数据库进行数据交互才能实现其对应功能。数据库的连接与断开，以及数据的增、删、改、查等基本操作均基于 Mono. Data. Sqlite 库中的对应方法实现。轻量级数据库的应用保证了系统运行效率，极大提高了系统的可靠性与可拓展性。数据库中数据的储存结构与数据库信息显示如图 8-28 所示。

（2）通信方式 虚拟控制平台与上位机和实际物理机器之间的各种通信方式的优缺点见表 8-8。

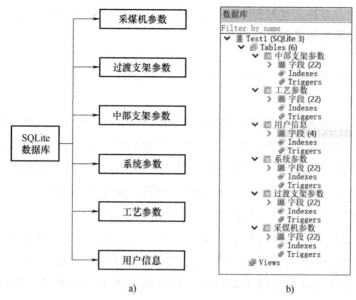

图 8-28　数据库中数据的储存结构与数据库信息显示

a）SQLite 数据库中数据的储存结构　b）数据库信息显示

表 8-8　各种通信方式的优缺点

通信方式	优点	缺点
TCP/IP 通信	可靠性高:TCP 协议是面向连接的协议,能确保数据可靠传输 顺序保证:数据按发送顺序到达,不会乱序 错误检测和重传:TCP 通信包含错误检测和重传机制,可确保数据的完整性	延迟相对较高:与 UDP 通信相比,TCP 通信的连接建立和断开会导致较高的延迟 资源消耗:TCP 连接需要维护状态信息,会占用较多的资源
UDP 通信	低延迟:由于无连接性,UDP 通信通常具有较低的延迟 简单:相对于 TCP 通信,UDP 通信的实现较为简单,适用于实时性要求高的场景	不可靠:UDP 通信不保证数据传输的可靠性,不提供错误检测和重传机制 乱序:数据包可能以不同的顺序到达接收端
HTTP 通信	简单易用:HTTP 协议是应用层协议,易于理解和实现 广泛支持:在互联网上广泛应用,被浏览器、服务器等各类应用采用	延迟较高:由于 HTTP 通信是基于 TCP 协议的,所以其连接建立和断开会导致较高的延迟 无状态:HTTP 协议是无状态协议,每个请求都是独立的,无法保存客户端状态
Modbus 通信	适用于工业控制:Modbus 通信常用于工业自动化和控制系统,支持串口(RS232、RS485 等)和 TCP/IP 通信 简单可扩展:Modbus 协议相对简单,易于实现和扩展	安全性较低:Modbus 协议安全性较差,容易受到攻击 速度较慢:对于大规模数据传输,速度相对较慢
OPC UA 通信	安全性高:OPC UA 协议支持高级安全特性,包括加密和身份验证 灵活性:支持多种数据类型和结构,适用于各种应用场景	复杂性:OPC UA 协议相对复杂,实现和配置较为繁琐 资源消耗:需要较多的计算资源和较大的带宽
串口通信	稳定可靠:稳定性较高,不易受到干扰 成本较低:硬件成本较低,适用于一些简单的设备连接场合	传输速率低:串口通信速率相对较低,不适用于大规模数据传输和高速通信 距离限制:串口通信受到距离限制,通常只能用于近距离设备连接

关于常见的各种通信方式，综合对比如下。

1）用途：TCP/IP、UDP、HTTP 通信通常用于一般数据传输，而 Modbus 和 OPC UA 通信更专注于工业自动化和控制领域。

2）可靠性：TCP 通信提供可靠性，UDP 通信不保证可靠性，Modbus 和 OPC UA 通信有错误检测和纠正机制。

3）安全性：OPC UA 通信提供高级安全性，Modbus 通信安全性相对较弱，TCP/IP 和 UDP 通信需通过其他手段增强安全性。

4）复杂性：HTTP、UDP 通信相对简单，TCP 通信复杂度中等，Modbus 通信较简单，OPC UA 通信相对较复杂。而串口通信常用于连接 PLC、传感器、执行器等设备，实现数据采集、控制和监控。

选择通信方式时需要考虑通信距离、速率、稳定性等因素，根据具体应用场景选择合适的接口类型和通信协议。

（3）构建综采工作面数字孪生模型　基于综采系统的物理工作面、虚拟工作面、数字孪生系统的交互驱动运行，借助孪生数据系统实现各部分信息数据的收集、融合分析、处理，推动各部分系统运转。在数据虚实方面，将下位机采集到的综采工作面装备的传感器信息以字符串的方式通过串口通信方式实时发送至 Unity3d 上位机的数据接收处理子系统，按照所约定的传输协议进行字符串分割，并利用 floatParse() 函数将数据由字符串格式转换为可以作为装备位姿重构的浮点型数据；在获得可驱动重构的数据格式后，根据装备的实际运行特性对异常数据进行剔除与修补，保证数据的全面性；由于传感器检测误差的存在，采用卡尔曼滤波与均值滤波融合的方式对数据进行处理，可得到能够驱动装备位姿重构的较稳定的数据。而对整个综采工作面装备位姿检测来说，信息采集系统是存在一定盲区的，应根据装备间的相对运动关系与相对位置关系确定。

（4）虚拟监控平台　为使物理装备运行数据显示和运行控制更加直观和方便，使用 Unity3d 搭建了物理装备运行的虚拟监控平台，能够为物理试验平台提供传感器数据可视化面板、物理装备控制虚拟面板和物理装备姿态三维可视化监测。

Ardity.unitypackage 是基于 Serial.Port 类开发的脚本插件，通过在 Unity3d 场景中创建串口对象实现与电脑串口的数据读写。Arduino 开发板与上位机之间通过 USB 通信线缆连接，最终实现虚拟场景与单片机之间的通信，通过虚拟场景中 UI 界面控制物理装备运行和传感测量数据显示，液压支架和采煤机虚拟模型可通过监测数据驱动进而还原物理装备姿态，实现对物理装备运行的三维可视化监测和虚拟场景反向控制。物理装备、物理装备感控系统与虚拟感控平台集成结果如图 8-29 所示。

225

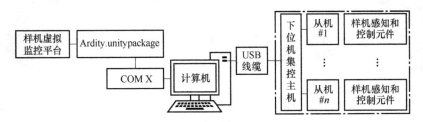

图 8-29　物理装备、物理装备感控系统与虚拟感控平台集成结果

综采设备虚拟操控平台与虚拟仿真平台之间的通信利用机载防爆计算机采集控制平台的操控指令,通过5G通信系统将PLC中包含的数据信息上传到上位机中,虚拟仿真平台通过读取和解析数据信息驱动虚拟装备运动。虚拟现实交互平台与物理综采设备之间的通信也是通过5G通信系统实现数据传输。

PLC采集多源传感器信息,并将收集的多源数据通过5G通信系统实现数据传输,供虚拟交互平台调用,实时修正虚拟综采设备运动状态。数据传输示意图如图8-30所示。

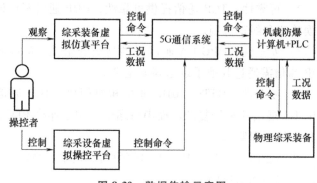

图 8-30 数据传输示意图

数据传输过程中,如何协调物理空间与虚拟环境之间的信息是需要考虑的首要问题。在综采设备远程虚拟操控系统建立过程中,采用基于统一坐标系的数据协调方法将物理空间信息实时映射到远程控制的可视化虚拟交互界面。

8.5.2　由实到虚的交互技术

由实到虚的交互技术是虚实双向交互技术的另一个重要方面,它允许实际世界中的对象、行为或信息影响到虚拟环境中的内容或反馈。这些技术的发展为用户提供了更加丰富、沉浸式的体验,并在许多领域中产生了重要影响。

1. 传感器技术实时数据反馈

数据传输的实时性是保证远程控制有效性和安全性的前提。虚拟系统运行中需要物理综采设备实时的位姿、采煤工况等方面的数据。传输到远程监控平台的位姿数据用于虚拟综采设备位姿的实时更新,因此,数据传输量越小,虚实环境之间的操作同步延迟影响越小。通过采用高效的微处理器、实时操作系统以及高效的协议编码、解码算法,可减小协议打包、解包延迟时间。对于煤矿装备,可以采用煤矿井下光纤环网加上合理的采集和传输参数设置来解决通信延迟问题。图8-31所示是综采工作面数字孪生系统使用到的部分传感器。

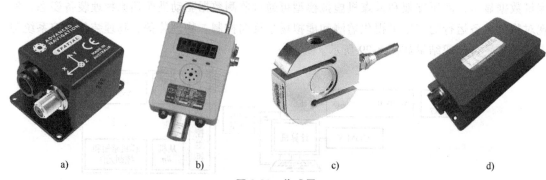

a)　　　　　　　b)　　　　　　　c)　　　　　　　d)

图 8-31 传感器

a)惯性导航传感器　b)红外传感器　c)压力传感器　d)倾角传感器

将各种传感器安装在综采工作面的采煤机、液压支架、刮板输送机等设备上，这些传感器可以捕捉机器的运动、环境的变化等。从真实矿井下获取设备运行数据、煤岩地质数据等，并将这些数据利用相关通信协议传递到上位机，转换为虚拟环境中的信息，虚拟控制器对数据进行解析处理，结合虚拟控制模型驱动虚拟系统的运转，以实现实时的交互效果。

在数据通信方面，综采工作面虚拟现实系统主要是使用 Httpserver 协议实时传输传感器数据到 Unity3d 虚拟运行平台。主要通过以下步骤进行。

（1）设置数据采集设备　设置传感器数据采集设备，并将数据转换为需要传输的数据格式，如 JSON 格式。

（2）编写 Httpserver 程序　编写使用 Httpserver 协议的程序，用于接收传感器数据并将其传输到 Unity3d 虚拟控制台。该程序包含开启服务器监听的代码，以及接收传感器数据并解析为 JSON 格式的代码。

（3）实现 WebSocket 或长轮询机制　使用 WebSocket 或长轮询机制实现实时数据传输。使用 WebSocket 可以实现双向通信，从而能够实时推送传感器数据到 Unity3d 虚拟控制台。长轮询机制通过反复进行 HTTP 请求并保持连接来实现实时数据传输。

（4）在 Unity 中实现 WebSocket 或长轮询机制　在 Unity3d 虚拟控制台中实现 WebSocket 或长轮询机制的代码。在这些代码中，接收从 Httpserver 程序发来的 JSON 格式数据，并解析为变量。

（5）实时更新 Unity3d 虚拟控制台的显示状态　在 Unity3d 虚拟控制台的 UI 界面中使用前一步解析得到的变量来实时更新传感器数据的显示。这可以通过使用 Text 组件、Image 组件等 UI 元素来实现。

通过以上步骤，可以实现使用 Httpserver 协议实时将传感器数据传输到 Unity3d 虚拟控制台。值得注意的是，在这个过程中需要保证网络连接的稳定性，确保传感器数据能够可靠地传输到 Unity3d 虚拟控制台，以实现实时显示和控制。

2. 实体物体的影响

实际世界中的物体可以与虚拟环境中的对象进行互动，如用户通过触摸、移动或旋转实体物体，可以触发虚拟环境中的相应动作或变化。

3. 实际行为的影响

用户在现实世界中的行为可以影响虚拟环境中的内容或反馈，例如，用户的动作、姿态或声音可以触发虚拟角色的动作或触发虚拟环境中的特定事件。

4. 物体识别和跟踪

通过计算机视觉技术，识别实际世界中的物体，并将其映射到虚拟环境中。

8.6　综采工作面数字孪生系统构建与测试

8.6.1　系统构建

综采工作面数字孪生系统基于虚拟现实技术、用户交互技术和交互设计理论对综采工作面数字孪生平台界面进行设计开发，实现对综采工作面设备及环境进行虚拟检测和仿真，同时还可以实时读取并呈现设备和环境数据，为综采工作面提供清晰的、可视化的、用户体验良好的仿真和监测系统界面。

系统首先通过对综采工作面整体的功能结构进行分析，构建综采工作面各个设备的三维模型，然后在 Unity3d 开发平台中，运用 UGUI 设计开发出适应综采行业、满足用户需求的综采工作面仿真与监测界面交互框架，随后运用 Photoshop、Illustrater 软件对界面视觉元素进行设计，最后将视觉元素导入系统平台，并应用于交互界面，从而提升综采工作面数字孪生系统界面的美观程度。系统通过使用 Unity3d 开发平台中的各种组件和外部插件，为整个综采工作面仿真运行提供更加真实的体验，同时合理地使用 C#脚本驱动各个设备之间的仿真运动和逻辑控制。

本系统由综采工作面数字孪生平台界面设计、综采工作面数字孪生平台界面开发、综采工作面数字孪生平台功能开发三个部分组成。

下面以太原理工大学综采工作面数字孪生平台为例介绍其具体操作。

1. 登录管理平台

进入系统后，系统会自动弹出登录界面，如图 8-32 所示。将用户名和密码输入到指定的文本框中，即可以完成系统登录。如果用户名或密码输入错误会出现"用户名或密码错误请重新输入"的登录错误提示。

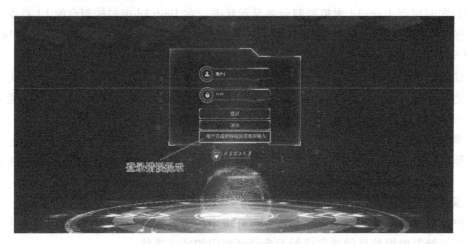

图 8-32　登录界面

2. 场景漫游和全方位监测

在综采工作面数字孪生平台中能直观看到系统内的各装备，可以通过键盘和鼠标完成场景漫游、实现全方位监测。如图 8-33a 所示，运用交互界面的小视窗，即右下角的状态监测窗口，可以快速了解整个综采工作面各设备的相对运动位置，实现多视窗监测。图 8-33b 展示了场景漫游界面效果。如图 8-34 所示，该系统能全方位监测采煤装备各个虚拟传感器的数据。

3. 单机控制与监测

在控制中心，选择不同机器控制面板，包括支架控制器（端头支架、过渡支架、中部支架及采煤机）。该控制面板与井下实际电液控制器按 1∶1 的比例复制，可以根据真实电液

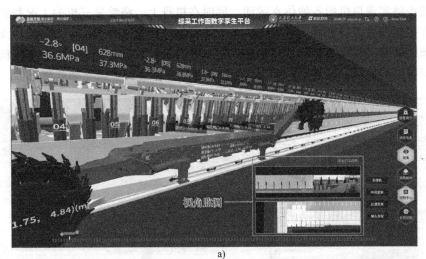

a)

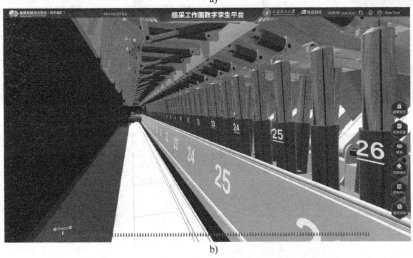

b)

图 8-33 场景漫游界面

a）多视窗监测 b）漫游界面效果

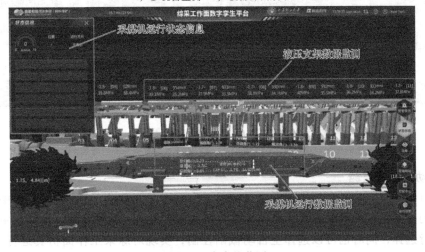

图 8-34 全方位监测

控制器功能按键实现单机的各种仿真运动。同时在机身上，将综采三机的工况数据进行可视化展示。在控制参数面板中可以对各种装备配置参数进行修改与调试，可对液压支架的工作阻力、推溜时间和采煤机滚筒的抬高和卧底量等进行设计。图 8-35a 所示为采煤机控制面板与采煤机运行监测面板。图 8-35b 所示为液压支架控制面板与液压支架监测面板。

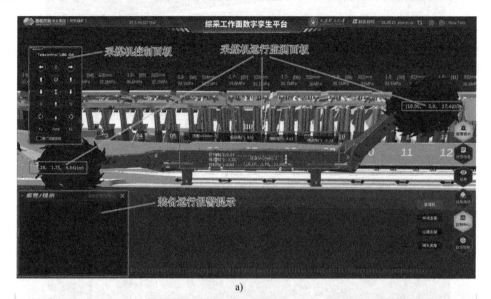

a)

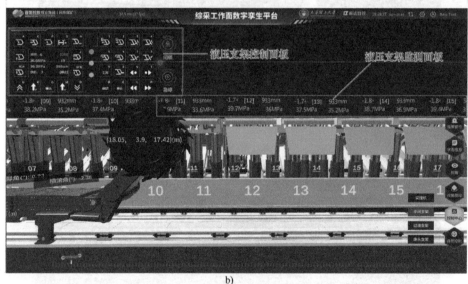

b)

图 8-35　控制面板与监测面板

a）采煤机控制面板与采煤机运行监测面板　b）液压支架控制面板与液压支架监测面板

4. 自动控制与监测

选择自动控制，打开自控控制台进行综采工作面的自主截割。在自控控制台中可以选择液压支架的支架工艺和移架方式，可以对采煤机的运行方向、数据处理、滚筒自主调高和牵引速度进行选择，同时也可以选择全自动截割控制，实现对综采工作面仿真运行。图 8-36a 所示为"自控控制台"主操作面板界面，在右侧工具栏中选择"自控参数"设置按钮，系统会弹出"自控参数设置"界面，如图 8-36b 所示，可以对采煤工艺参数和工艺段配置参数进行修改。

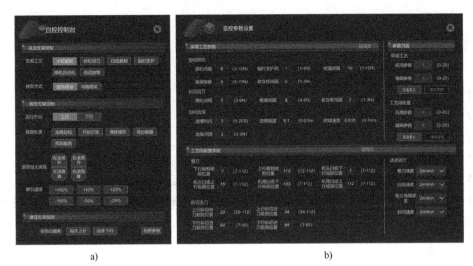

a)　　　　　　　　　　　　　　　　　b)

图 8-36　"自控控制台"主操作面板与"自控参数设置"界面

a)"自控控制台"主操作面板　b)"自控参数设置"界面

8.6.2　系统测试

1. 反向控制测试

反向控制测试现场如图 8-37 所示，已顺利对系统液压支架群反向控制功能进行测试，上位机利用工业环网通过 TCP 通信方式发送指令信号，使用"CAN 总"和"CAN 邻"方式对液压支架电液控制器进行控制，进行单动作与成组动作控制，通过控制虚拟液压支架控制面板发送与动作对应的指令。为保持上位机性能，将信号发送指令的部分代码另开线程发送，以减少上位机性能消耗、减少主线程压力。同理，采煤机反向控制时，上位机利用工业环网将指令信号发送至采煤机控制面板，使采煤机做出相应工艺动作。

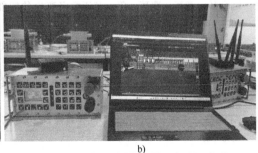

a)　　　　　　　　　　　　　　　　　b)

图 8-37　反向控制测试现场

a)采煤机反向控制　b)液压支架反向控制

231

2. 虚实联动现场测试

上位机利用工业环网通过 HTTP 通信方式对下位机传感器数据信息进行读取，将读取信息进行分割解码，对需要的信息进行提取，上位机对请求的实时信息进行可视化显示，通过读取的数据驱动虚拟场景综采三机产生与之对应的工艺动作，实现虚实联动。

思考题

8-1　数字孪生技术的特性是什么？

8-2　构建综采装备数字孪生平台的目的是什么？

8-3　简述虚拟装备的构建过程。

8-4　简述虚拟场景 UGUI 设计技术。

8-5　综采工作面虚实双向交互技术中由虚到实的交互技术有哪几种？

8-6　虚拟控制平台与上位机和实际物理机器之间的通信方式有哪几种？请简述其中一种方式的优缺点。

参考文献

[1]　谢嘉成，王学文，杨兆建. 基于数字孪生的综采工作面生产系统设计与运行模式 [J]. 计算机集成制造系统，2019，25（6）：1381-1391.

[2]　吴淼，李瑞，王鹏江，等. 基于数字孪生的综掘巷道并行工艺技术初步研究 [J]. 煤炭学报，2020，45（S1）：506-513.

[3]　丁华，杨亮亮，杨兆建，等. 数字孪生与深度学习融合驱动的采煤机健康状态预测 [J]. 中国机械工程，2020，31（7）：815-823.

[4]　葛世荣，张帆，王世博，等. 数字孪生智采工作面技术架构研究 [J]. 煤炭学报，2020，45（6）：1925-1936.

[5]　王佳奇，卢明银. 基于数字孪生的煤矿瓦斯事故安全管理 [J]. 煤矿安全，2020，51（8）：251-255.

[6]　张旭辉，张超，王妙云，等. 数字孪生驱动的悬臂式掘进机虚拟操控技术 [J]. 计算机集成制造系统，2021，27（6）：1617-1628.

[7]　迟焕磊，袁智，曹琰，等. 基于数字孪生的智能化工作面三维监测技术研究 [J]. 煤炭科学技术，2021，49（10）：153-161.

[8]　李新，李飞，方世巍，等. 基于 UE4 的井下变电所巡检机器人数字孪生系统 [J]. 煤矿安全，2021，52（11）：130-133.

[9]　王显政. 能源革命和经济发展新常态下中国煤炭工业发展的战略思考 [J]. 中国煤炭，2015，41（4）：5-8.

[10]　王国法，王虹，任怀伟，等. 智慧煤矿 2025 情景目标和发展路径 [J]. 煤炭学报，2018，43（2）：295-305.

[11]　GRIEVES M，VICKERS J. Digital Twin：Mitigating Unpredictable，Undesirable Emergent Behavior in Complex System [M] // KAHLEN J，FLUMERFELT S，ALVES A. Transdisciplinary Perspectives on Complex Systems：New Findings and Approaches. Berlin：Springer，2017.

第 9 章　综采工作面集成配套与智能化系统

综采工作面集成配套是指综采工作面生产所需的一系列装备和系统的集合，以确保工作面的高效、安全运行。集成配套是指以液压支架、采煤机和刮板输送机为核心的综采工作面装备的选型配套，高产高效的综合机械化采煤的关键是装备配套合理，充分发挥装备的生产效能。智能化系统是现代煤矿提高生产率、降低安全风险的重要工具，旨在实现从开采到管理的全方位智能化覆盖，提高矿区运营的效益和安全性。本章将围绕综采工作面集成配套与智能化系统展开。

9.1　综采工作面装备配套关系

综采工作面的装备一般是成套布置的，根据煤层赋存条件、综采工作面生产能力及装备新旧接替的要求，综采工作面通常是国产和进口装备交叉配套使用，因此综采装备间的多种匹配是必然的，不同的采煤机、液压支架和刮板输送机可配套成不同的综采工作面。为了安全、高效地进行综合机械化采煤，使综采工作面装备都能发挥最大的生产潜力，必须使它们在性能参数、结构参数、工作面空间尺寸，以及装备相互连接的形式、强度和尺寸方面互相适应以实现合理配套。

9.1.1　综采工作面中部装备配套关系

所谓综采工作面中部，是指与刮板输送机标准中部槽部分对应的工作面区段。综采工作面中部装备配套关系一般以采煤机、工作面刮板输送机和液压支架三种装备的配套横断面，即通常所说的中部配套断面图予以表达。如图 9-1 所示，综采工作面中部配套断面图表示采煤机完成割煤动作、液压支架完成移架动作后的工作面剖视图，既涉及三种装备之间的配套关系和配套尺寸，也涉及装备与工作面煤壁之间的布置位置关系。

从综采工作面安全生产出发，支架前立柱到煤壁的无立柱的空间宽度 R 越小越好。

$$R = B_1 + E + W + X + d \tag{9-1}$$

式中　B_1——采煤机滚筒厚度（mm）；

　　　E——采煤机滚筒与刮板输送机铲板间的距离（mm）；

　　　X——液压支架前立柱与刮板输送机电缆槽之间的间隙（mm）；

　　　d——液压支架前立柱倾斜时立柱的水平投影距离（mm）；

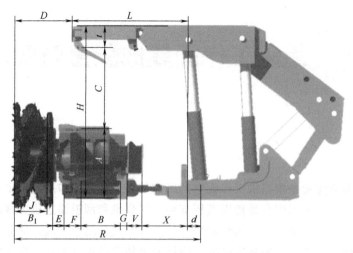

图 9-1　综采工作面中部配套断面图

W——工作面刮板输送机的宽度（mm）。

工作面刮板输送机的宽度 W 的计算式为

$$W = F + B + G + V \tag{9-2}$$

式中　F——刮板输送机铲煤板的宽度（mm）；

　　　B——刮板输送机中部槽的宽度（mm），由刮板输送机型号确定；

　　　G——刮板输送机导向机构的宽度（mm），包括采煤机与刮板输送机工作面侧的间隙；

　　　V——刮板输送机电缆槽的宽度（mm）。

1. 采煤机与液压支架的尺寸配套关系

采煤机与液压支架之间无直接连接关系，却有两个相对位置关系需要予以重视。

第一个关系是采煤机机身最高点与对应处液压支架顶梁底面的相对位置关系。根据式（9-3），采煤机沿工作面往返割煤时，采煤机机身要在支架顶梁下顺利通过，应保证二者在正常工作状态下不产生干涉，即采煤机不能割到液压支架顶梁。为达此要求，通常，二者在高度方向上的距离 C 应保持有足够的安全间隙。

$$H = A + C + t \tag{9-3}$$

式中　H——液压支架的支护高度（mm）；

　　　A——采煤机的机身高度（mm），包括采煤机机身下部刮板输送机的高度；

　　　C——采煤机与液压支架在高度方向上的距离（mm）；

　　　t——对应位置液压支架顶梁的厚度（mm）。

采煤机与液压支架的另一个相对位置关系是工作面煤壁到液压支架顶梁端部的距离 D，即端面距，也称为梁端距。梁端距 D 过小，可能导致采煤机滚筒与顶梁发生干涉，即发生割顶梁事故；梁端距 D 过大，将会增大液压支架梁端距及相应的控顶距（从煤壁到切顶线的距离），不利于采煤机上方的顶板管理。采煤机滚筒与液压支架顶梁端部间的距离等于液压支架梁端距减去采煤机滚筒宽度与截深所得的差值。梁端距可通过采煤机、液压支架和工作面刮板输送机三者的配套尺寸链予以精确计算确定，即

$$D = R - d + J - L = W + X + E + B_1 + J - L \tag{9-4}$$

式中　L——液压支架立柱到顶梁前段的顶梁悬臂长度（mm）；

　　　J——采煤机截深（mm）。

通常，梁端距应比采煤机滚筒向液压支架方向偏摆 5°时的距离 D_1 大 50~60mm，如图 9-2 所示，否则，便需通过加大液压支架梁端距 D 予以调整。为便于计算，在设备选型阶段，就应充分掌握图 9-1 所示各尺寸。考虑到综采工作面采高变化时，液压支架梁端距也随之变化，因此，为提高计算的准确度，还应掌握液压支架梁端距随采高变化的规律及具体数值，计算应依据实际梁端距进行。

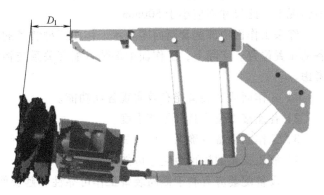

图 9-2　采煤机滚筒偏摆 5°的中部配套断面图

2. 采煤机与刮板输送机的配套关系

采煤机与刮板输送机的配套应确保采煤机能有效实现其功能、在刮板输送机上顺畅运行，在任何情况下都不得出现两者发生干涉、采煤机掉道等现象，同时还应保证采煤机的横向稳定性，并便于采煤机驾驶人操作。采煤机和刮板输送机的配套位置还应保证采煤机机身下具有尽量大的过煤断面等。

采煤机与刮板输送机的配套断面图如图 9-3 所示。图中尺寸表示两者配套后应该保证的尺寸和间隙，其中：h_0 是采煤机牵引齿轮与刮板输送机销排无链牵引中心高；δ_{p1} 是采煤机机身与刮板输送机电缆槽挡板之间的间隙；E 是采煤机滚筒与工作面刮板输送机铲板间的距离；M 是采煤机机身下的过煤高度。

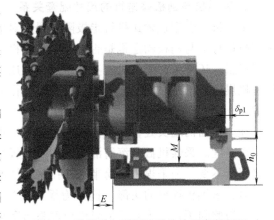

图 9-3　采煤机与刮板输送机的配套断面图

对于以上各尺寸间隙，除 h_0 外，均需要进行检验和校核，并且应在采煤机通过刮板输送机弯曲段时进行检验。检验时还需注意采煤机拖缆中心与刮板输送机电缆槽中心对齐与否。

3. 刮板输送机与液压支架的配套关系

刮板输送机通过电缆槽挡板侧槽帮上推移耳板上的推拉头与液压支架推移机构相连接，以实现推移刮板输送机和拉移液压支架，保证综采工作面成套设备循环推进的功能。刮板输送机与液压支架的配套应重点注意两个问题。其一是下部配套，即推移耳处的配套问题，推移耳板应具有足够的强度，并应大于推拉头的强度，这是一个基本原则。推移耳板的推溜中心和拉架中心位置应仔细选定，以保证推移刮板输送机时，其铲板处于最佳状态（既不出现漂溜，又不出现扎底现象，并具有最小推移阻力），拉架时不会出现液压支架底座前端扎底现象，两种耳板中心的位置应分别根据工作面底板性质和液压支架推移机构确定，推移耳

235

板处还应保证在推、拉两种状态下，推拉头不与刮板输送机推移耳板或槽帮干涉。液压支架底座前端不与刮板输送机槽帮干涉属于上部配套问题，应保证拉架后液压支架和刮板输送机电缆槽之间具有合理间隙。上部配套要注意的另一个尺寸是液压支架前的行人通道宽度，一般情况下，此尺寸不应小于 500mm。

综采工作面中部配套断面图表示工作面三种装备的基本配套关系，同时也表示了三种装备的布置位置。实际上，工作面中部装备配套关系应将三者综合在一起并根据以下原则予以考虑。

1）工作面成套装备能有效实现各项功能。

2）各连接部位应具有足够强度。

3）工作面装备应确保工作人员能安全操作和通行。

4）液压支架的控顶距应尽可能小。

5）设备配套应有利于提高装备工作可靠性和延长使用寿命。

9.1.2　综采工作面两端头装备布置

在两端头处，综采工作面设备配套关系较中部要复杂一些，需要考虑的问题也比较多。

1. 采煤机与刮板输送机的尺寸配套关系

采煤机沿着刮板输送机行走极限位置所对应的配套关系，受许多因素的影响和制约，如采煤机机身下与刮板输送机是否干涉、采煤机摇臂头与刮板输送机煤壁侧槽帮是否干涉。对于薄煤层，还需考虑采煤机机身最高点与液压支架是否干涉等。其中，采煤机摇臂头与刮板输送机煤壁侧槽帮之间的配套尺寸关系对工作面是否能割通、采煤作业是否能正常推进十分关键。

在工作面两端头处，刮板输送机煤壁侧槽帮逐渐升高，逐步过渡到刮板输送机机头架和机尾架高度。采煤机截割滚筒沿着工作面底板割煤，滚筒回转中心到工作面底板的垂直高度始终保持不变，为采煤机滚筒半径。在这种情况下，当采煤机向刮板输送机机头或机尾方向运行时，采煤机摇臂的头部（简称为摇臂头）距刮板输送机煤壁侧槽帮上缘的间距便逐渐减小。当此间距减小为 0 且采煤机摇臂头与刮板输送机煤壁侧槽帮沿槽宽方向有重叠时，随着采煤机向机头和机尾方向前进，采煤机摇臂头将被刮板输送机侧槽帮抬起，致使采煤机滚筒脱离工作面底板，形成所谓"留底煤"的工作面割不透的问题。

由上述原因造成的"留底煤"问题一般都在刮板输送机过渡槽的爬行段开始，越向机头和机尾越严重。此问题可通过刮板输送机变线予以解决。刮板输送机变线指刮板输送机无链牵引导轨和铲板分别向煤壁侧水平偏移和加宽。通常，刮板输送机的变线大都从其过渡槽前 3~5 节中部槽处开始，所需要的变线槽数量和具体的变线量由采煤机摇臂头和刮板输送机煤壁侧槽帮沿刮板输送机宽度方向的重合宽度而确定，重合宽度越大，所需变线总量和变线槽数量也越大和越多，反之则越小和越少。当两者无重合宽度时，刮板输送机不需要变线或者只需要很小的变线量。每节溜槽的变线量依据采煤机能否顺利通行而定。

2. 刮板输送机与转载机的配套关系

刮板输送机和转载机之间主要有两种卸载方式：端卸和侧卸。这两种卸载方式在配套时需要考虑的问题也不尽相同。

（1）端卸　卸载方式为端卸时，刮板输送机和转载机之间应重点考虑以下问题。

1）卸载距离的确定：卸载距离指刮板输送机机头链轮中心到转载机机身中心线的水平距离，它决定转载机相对于刮板输送机的位置。卸载距离过大，部分煤可能卸载不到转载机上，会堆积在刮板输送机和转载机之间，从而加重刮板输送机底链带回煤现象；卸载距离过小，会造成刮板输送机卸载点处转载机上的堆煤现象，同样会加重带回煤现象。合适的卸载距离应该是煤在刮板输送机卸载后，正好落在转载机机身中心线处。卸载距离可根据刮板输送机链速和卸载高度，利用抛物线原理计算。

2）卸载高度的确定：卸载高度偏小会加剧刮板输送机底链带回煤现象；卸载高度偏大则会加剧卸载点处的煤尘问题，还可能影响采煤机的极限位置。

3）转载机机尾位置的确定：在机头卸载点，煤应卸载到转载机中部槽内，不应卸载到机尾过渡槽内。据此，转载机机尾位置应确保刮板输送机推移一个步距后，煤仍然卸载到转载机中部槽内。

（2）侧卸　卸载方式为侧卸时，综采工作面大都使用交叉侧卸方式，交叉侧卸刮板输送机机头和转载机机尾为一体式结构，为避免刮板输送机机头在推移过程中带动转载机左右偏摆，同时为了减小推移阻力，在紧靠输送机卸载点附近的转载机落地段上应布置有 3~5 节活动旋转槽，使转载机在此处可蛇形弯曲，从而减少刮板输送机机头处的推移阻力和防止转载机整体摆动。

3. 刮板输送机与液压支架的配套关系

在工作面两端头处，通常需要布置刮板输送机的驱动装置，因此，刮板输送机和液压支架的配套关系将不同于工作面中部，需要特殊考虑以下问题。

1）刮板输送机和液压支架的连接关系：当刮板输送机驱动装置布置在刮板输送机与液压支架之间时，二者之间需要布置过渡推移装置。通常将刮板输送机机头架或机尾架及过渡槽和推移横梁连接在一起，液压支架通过推移横梁推移刮板输送机机头架或机尾架和过渡槽。推移横梁沿着纵向布置有多个均布的推移点，以保证推移横梁相对于液压支架左右偏移时，推移横梁和液压支架能保持合适的连接状态。

2）移动顺序：在工作面中部，液压支架动作顺序一般为采煤机通过后先拉架再推移刮板输送机。而在工作面两端头，由于刮板输送机驱动装置的布置，此处的液压支架将大大滞后于工作面中部的液压支架。为此在工作面两端头，应采用先推移刮板输送机再拉架的动作流程。

3）推移力的需求：在工作面两端头，由于驱动装置等装备的存在，机头部和机尾部的推移阻力比中部要大得多，为此在两端头液压支架的推移千斤顶需要慎重考虑。

9.2　综采工作面装备集成配套实例

9.2.1　薄煤层综采装备集成配套实例

薄煤层综采是指针对厚度在 1.3m 以下的煤层的综合机械化采煤技术。薄煤层综采技术的特点在于通过将落煤、装煤、运输、支护、采空区处理等工序全部实现机械化，极大地提高生产率。图 9-4 所示为某煤矿薄煤层综采装备集成配套图。

图 9-4　某煤矿薄煤层综采装备集成配套图

9.2.2　中厚煤层综采装备集成配套实例

中厚煤层综采是一种在地下开采时，针对厚度在 1.3～3.5m 之间的煤层的采煤方法。图 9-5 所示为某煤矿中厚煤层综采装备集成配套图。

图 9-5　某煤矿中厚煤层综采装备集成配套图

9.2.3　大采高综采装备集成配套实例

大采高综采是一种针对厚煤层的采煤方法，它采用综合机械化手段，实现一次采全厚的单一长壁采煤。其核心在于通过提高采煤工作面的采高，提高煤矿的生产率并降低人员伤亡风险。在大采高综采中，采煤工作面的采煤机、刮板输送机和液压支架等实现配套组合，确保采煤的主要生产工序全部实现机械化。这种方法主要应用于煤矿井巷结构较为完善、产量较大的情况。图 9-6 所示为大采高（采高为 7m）综采装备集成配套图。

图 9-6　大采高综采装备集成配套图

9.2.4 放顶煤综采装备集成配套实例

放顶煤综采指沿缓倾斜厚煤层的底板或在急倾斜厚煤层某一分段的底部布置采煤工作面进行采煤，采落的煤装入前部刮板输送机，上部煤体受煤自重力和矿山压力等作用，在工作面液压支架后方冒落，并通过放煤口放到工作面前部或后部的刮板输送机上。使用综采液压支架进行放顶煤开采称为"综采放顶煤采矿法"，简称为"综放"。此方法具有掘进率低、效率高、适应性强、成本低、投入产出效果好等优点，将特厚煤层的储量优势变成生产和效益优势，成为我国厚煤层及特厚煤层矿井实现集约化高产、高效生产的技术发展方向之一。图 9-7 所示为放顶煤综采成套装备集成配套实例。

图 9-7　放顶煤综采成套装备集成配套实例

9.3　综采工作面及装备智能化系统

综采工作面及装备智能化系统是现代煤矿开采领域的一项重要创新。它将采煤机、液压支架、刮板运输机、乳化液泵站及供电系统等多个子系统有机整合，不仅解决了运行过程中的安全问题，将工人从危险的工作面转移到安全的监控中心，还大幅减少了工作面区域的工作人员数量，提高了开采效率。同时，它也有助于实现安全、高产、高效的采煤目标，为煤矿行业的可持续发展注入新的活力。

9.3.1　智能化供液、供电系统

1. 智能化供液系统

我国煤矿智能化建设持续高速发展，对综采工作面的智能化成套装备提出了更高的要求。其中，智能供液系统作为为液压支架提供工作介质的关键装备，主要由回液过滤站、乳化液泵站、高压过滤站、净水站、净化水箱、配液站、集控主机、在线检测实时配比控制器和组合变频器等组成。净水站将水按照 10t/h 的质量流量排入净化水箱，之后通过抽水泵实现配比进水，与此同时配液站通过配比泵、循环泵，按照一定的油位和浓度实现配比进油。

配比进水与配比进油协同实现回液过滤站的自动配液和补液，回液过滤站、乳化液泵站、高压过滤站通过管道连接，其中乳化液泵站和高压过滤站由集控主机控制，集控主机和组合变频器又由在线检测实时配比控制器控制，净化水箱、集控主机、组合变频器、乳化液泵站之间存在动力输送。该系统被视为整个工作面液压系统的心脏，随着工作面智能化水平的提升，智能化供液系统的重要性也变得更加突出，智能化供液系统架构如图 9-8 所示。

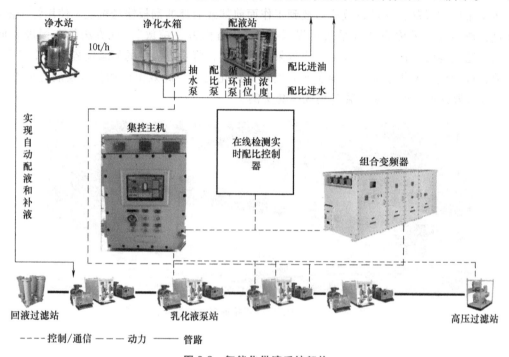

图 9-8　智能化供液系统架构

　　智能供液技术的关键技术包括智能控制、高压大流量乳化液泵技术、工作介质质量综合保证技术及安全节能高效供液技术。其中，智能控制基于工作面开采工艺的流量需求函数，通过电液控制系统传递给供液系统，实现用液需求的预知预判和及时响应。高压大流量乳化液泵技术采用新型结构，能够适用于 7m 大采高工作面，流量达到 630L/min，压力达到 40MPa。工作介质质量综合保证技术包括乳化液自动配比、浓度在线监测和矫正、多级过滤技术和水处理技术。安全节能高效供液技术针对综采智能供液系统的大功率、高压力、高载重特点，涵盖远距离供液技术、永磁直驱技术和主管路爆管保护技术。

2. 智能化供电系统

　　智能化供电系统的稳定运行对保障煤矿生产和安全具有至关重要的作用，传统的煤矿供电系统存在着诸多问题，如供电设备老化、线路过载等，给煤矿生产带来了很大的风险，为了解决这些问题，越来越多的煤矿开始探索智能化技术在供电系统中的应用。智能化供电系统架构如图 9-9 所示，它展示了矿井自动化以太环网的网络结构，包含了监控中心（包括打印机、监控服务器、操作员站、服务站）、地面配电所、地面中心变电站、井下变电所、井下中央变电所和移动变电站。这些设备通过以太环网连接在一起，共同组成智能化供电系统。其中，监控中心可以远程监测井下变电所、地面配电所的运行状态。

　　智能化供电系统的关键技术为：①利用传感器和监测设备对供电系统的电能质量、电

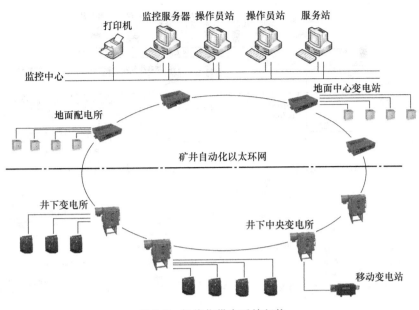

图 9-9　智能化供电系统架构

流、电压、温度等关键参数进行实时监测和预警；②针对综采工作面的需求，设计和研发高效、可靠的供电设备，包括变压器、电缆、开关设备等，以满足大电流供电、高温环境、防尘和防爆等特殊要求；③建立远程监测与控制系统，通过互联网、物联网等技术手段，实现对供电系统的远程监测与控制；④建立安全监控系统，对供电设备和供电系统进行实时监控；⑤利用大数据分析和智能决策算法，对供电系统的历史数据和实时数据进行分析和处理，提供决策支持和优化方案。

9.3.2　智能化通信系统

随着煤矿智能化综采工作面的大范围建设，具备独立控制中心的子系统越来越多，要想统筹管理众多设备，必须使各类设备依托于数据建立起相互之间的联系，这就需要高效的数据交互手段。为此在建设智能化综采工作面时需要以可视、可监、可控为原则，以实现智能化工作面连续割煤为标准，测试各系统在实际工况下的运行情况，图 9-10 所示为智能化通信系统架构。

综采智能化通信系统由通信基础设施、通信设备、数据传输与处理系统、监测与控制系统和用户界面与人机交互五部分组成。各部分介绍如下。

1）通信基础设施包括无线通信网络和有线通信网络。无线通信网络主要使用无线传感器网络（WSN）和无线局域网（WLAN）技术，提供终端设备之间的无线通信；有线通信网络主要使用光纤、电缆等传输介质，提供高速、稳定的数据传输。

2）通信设备包括终端设备和通信设备。终端设备主要包括智能手机、手持终端、传感器、监测设备等，用于采集和传输数据；通信设备主要包括通信基站、交换机、路由器等，用于数据的传输和转发。

3）数据传输与处理系统用于实现数据的传输、存储和处理。数据传输系统包括数

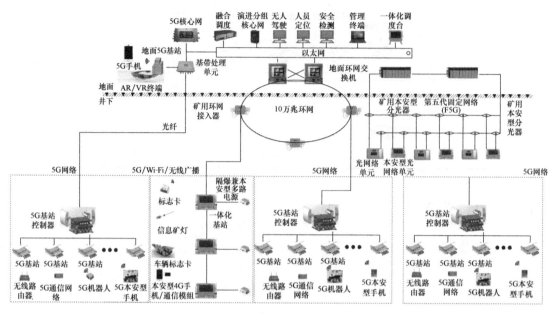

图 9-10 智能化通信系统架构

据传输协议和数据传输通道，确保数据的安全和可靠传输；数据处理系统包括数据采集、处理和分析的软件和算法，用于对采集的数据进行处理和分析，提供决策支持和优化方案。

4）监测与控制系统用于对综采工作面的设备和环境进行监控和控制。监测系统通过传感器和监测设备对工作面的电力、温度、湿度、气体等关键参数进行实时监测，提供实时数据和状态信息；控制系统通过控制设备和执行器对工作面的设备和过程进行控制，实现自动化和远程控制。

5）用户界面与人机交互提供用户与系统之间的交互界面，包括图形界面、语音界面等，人机交互技术还包括语音识别、手势识别等技术，提供更便捷和人性化的交互方式。

9.3.3 智能化视频监控系统

在实际应用中，视频监控能够清晰直观地展现设备的运行工况，减少设备停机后的原因问答等环节，利用监控中心，监控人员能够根据视频显示及时、有效地启停设备。智能化视频监控系统以视频数据采集为核心，与设备的远程控制系统共同构建可视化的远程干预操作模式，智能化视频监控系统架构如图 9-11 所示，在井下将本安摄像机、防爆摄像机检测到的图像信息，在井下光纤无线基站的支持下，通过万兆交换机与地面核心交换机等万兆工业环网，由存储服务器、视频服务器、音视频调度台等将检测画面实时传输至工业大屏幕与监控客户端，实现煤矿开采视频监控。

为实现工作面全景监控、自动跟机视频切换功能等，还可使用云台摄像仪等拓宽监控范围。

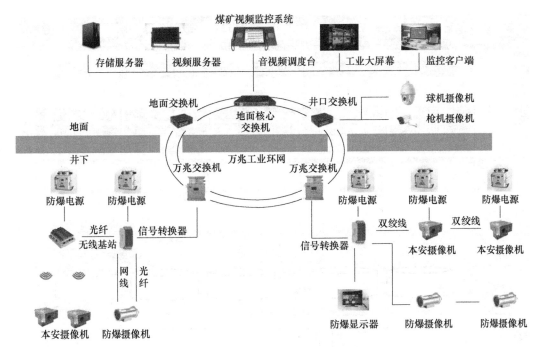

图 9-11　智能化视频监控系统架构

9.3.4　地质保障系统

煤矿地质保障是一项基础性、长期性、贯穿于煤矿全生命周期的重要工作，服务于资源勘察、高产高效矿井设计建设、隐蔽致灾因素探查、灾害防治、智能开采等各个环节，发挥着关键作用，在近些年取得了长足的进展，在我国煤炭工业健康快速发展中发挥了不可或缺的重要作用。图 9-12 所示为综采工作面地质保障系统架构。

地质保障系统可以为地质工作者提供更好的工作环境和条件，提高地质勘查和矿山开采的效率和质量，各模块的作用如下。

1）数据源：通过传感器和监测设备采集到的综采工作面的地质数据，数据来源于原始地质图件和对接系统。

2）数据库：对采集到的地质数据进行处理、分析与存储，提取关键信息，包括三维模型数据和地质保障数据。

3）管理层：主要实现数据的接入、数据整合、数据建模与修正、数据管理、系统管理。

4）二三维 GIS：基于地质数据和预警信息，为决策者提供科学的参考，帮助其制订合理的生产计划和安全措施。

5）应用层：根据地质数据的变化预测模型，包括通用功能、多维可视化、地质工作报表、地质与工程分析、地质预测应用等。

6）展现层：将地质数据以图形、图表等形式展示，用户可以直观地了解工作面的地质情况，可对透明掘进、透明开采、透明防治水等过程的地质信息进行监测。

243

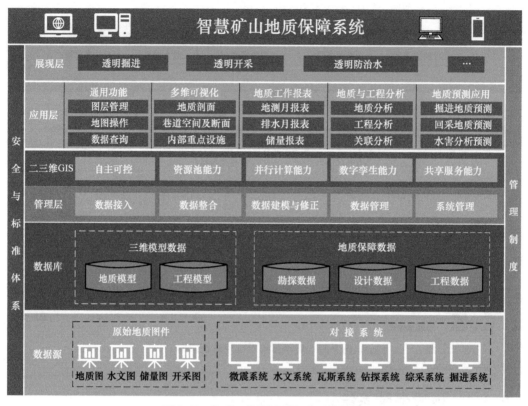

图 9-12 综采工作面地质保障系统架构

9.3.5 顺槽远程集中控制系统

综采工作面顺槽远程集中控制系统是一种用于煤矿生产的先进技术系统，其架构如图 9-13 所示。该系统通过远程集中控制的方式，实现对综采工作面顺槽的监控和管理，提高了生产率和安全性。系统通常包括硬件设备和软件系统，可以实现对采煤机、刮板输送机等装备的远程监测和控制。该系统包括采煤机控制系统、三机控制系统、视频监控系统、液压支架控制系统、顺槽皮带控制系统和乳化液泵站控制系统六个控制系统，通过接口、上位机及集控中心的配置可以实现对采煤机、刮板输送机及液压支架的远程监测和控制。通信接口使用 100BASE-TX、RS485、RS232、CAN、USB 来实现控制指令及数据的传输，通信协议使用 TCP/IP、EIP、CAN 等；上位机要求使用 Windows7 及以上操作系统、Linux 操作系统及 WinSever2019 操作系统。系统配有液压支架操作台、采煤机/集控操作台，以

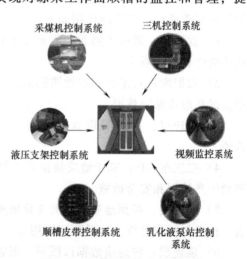

图 9-13 顺槽远程集中控制系统

此实现数据处理及控制指令的输出；配有可视化大屏，能够实时显示监测数据，其中，大屏尺寸为 21.5in（1in = 0.0254m），最佳分辨率为 1920mm×1080mm；系统集控中心规模为 4m×1.5m×1.8m，能够实现整体功能。

顺槽远程集中控制系统主要功能如下。

1）可以实现对煤矿生产现场的实时监测和数据采集，对生产参数进行分析和处理，提高了生产的自动化水平。通过远程集中控制系统，操作人员可以在控制中心实时监控和管理多个工作面，提高了生产管理的效率和精度。

2）可以监测顺槽工作面的各项参数，包括瓦斯浓度、温度、风速、风压等，通过数据采集设备将这些数据实时传输到集中控制中心。集中控制中心通过数据分析和处理，可以实时监测工作面的状态，并进行预警和报警。

3）可以实现对工作面的远程控制。操作人员可以通过集中控制中心远程控制采煤机、通风设备等设备的启停、调节和检修，提高了工作面的安全性和效率。

9.3.6　智能化地面调度中心

智能化地面调度中心是设立在地面调度室的综采工作面智能化集控中心（见图 9-14），能够与工作面智能化集控中心的信息联络和数据共享，实现对远端智能化综采设备的运行数据监测、视频监视和远程操控。

图 9-14　智能化地面调度中心

1. 数据服务中心

数据服务中心采用行业统一的数据交换标准规范协议，满足煤矿采掘业务系统数据服务的要求；通过数据采集、数据存储、数据服务、数据管控，实现采掘数据的全面场景化接入，实现分析决策与可视化展示，无具体的应用平台，应用软件各自独立部署运行，但有统一的门户或访问入口。有基于虚拟化等技术的应用平台，应用软件在虚拟化平台中各自独立部署运行，并可以通过应用平台进行互联互通。数据中心具备信息安全防护功能，网络安全满足等保二级要求，具备主动防御、主机流量采集、分析溯源、场景分析能力。

2. 综合智能管控系统

综合智能管控系统具有数据采集、治理、集成能力，能满足生产控制、安全管控、生产管理、经营管理等系统对数据应用的要求，具备对工作面装备进行远程操控的功能，能实现一键启停及智能操控，以及采煤作业规程、计划、任务、现场作业、分析优化等智能化管理；能够与生产经营管理系统互联互通；具有生产计划与过程管理能力，可实时感知、精准分析、自主决策、动态调控和协同控制。

综合智能管控系统具备综采工作面三维地质模型构建功能，并根据地质装备和掘进过程中揭露的实际地质信息对模型进行实时动态修正，可应用数字孪生等技术对工作面装备进行三维重现，实时反映装备的位姿与作业环境信息，能够根据采集的装备数据实现掘进工作面远程操控和仿真；具备综采工作面环境（粉尘、瓦斯、应力等）智能监测功能，并具备对监测环境数据的智能分析功能，以及各工序的智能联动、异常信息推送至区域警示装备与单兵装备等功能。该系统具备装备智能故障诊断、预测与预警功能以及数据采集、治理、集成能力，可对"采、掘、机、运、通"等主要生产环节进行全流程的实时监控。

9.3.7　智能化人员定位系统

煤矿井下智能化人员定位系统又称为煤矿井下人员位置监测系统、煤矿井下作业人员管理系统，监测井下人员位置，具有携卡人员出（入）井时刻、重点区域出（入）时刻、限制区域出（入）时刻、工作时间、井下和重点区域人员数量、井下人员活动路线等的监测、显示、打印、储存、查询、报警、管理等功能。智能化人员定位系统架构如图 9-15 所示，在地面上通过控制网络地面交换机，将读卡器与定位分站中接收的数据，由数据传输接口传送至监控主机，并在 LED 大屏上实时显示信息，实现人员定位的可视化。

该系统能高效、精准地实现施工人员实时定位、电子围栏、视频联动、区域报警、紧急求救、考勤管理等功能，助力井下施工人员安全管理。该系统的优势如下。

1）建有按精确定位名称取得安全标志的人员精准定位系统：满足最大静态定位误差不大于 0.3m，最大动态定位误差不大于 7.3m。

2）能够与安全管控系统实现联动，单兵装备应具备所处环境参数的实时采集功能，且能显示本地和远程环境参数。

3）具备精准定位功能、无线语音通话功能、危险状态下逃生信息的实时获取功能。

4）具备井下所有区域的安全状态实时评估功能，预警信息具有与人员单兵装备进行实时互联的功能，单兵设备具备身份识别、人员健康状况检测、任务接收与反馈、作业指引、数据上传、在线升级功能。

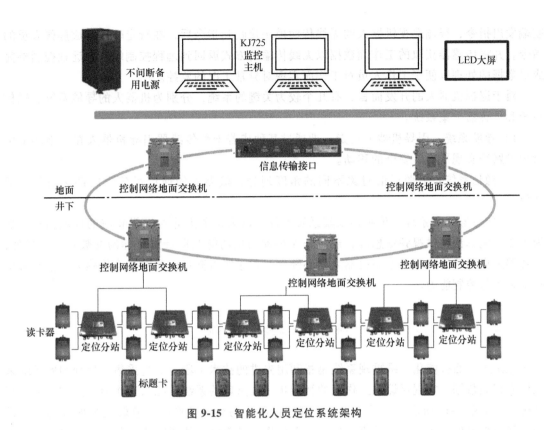

图 9-15　智能化人员定位系统架构

9.3.8　智能化机器人巡视系统

传统的人工巡视存在工作效率低、劳动量大和环境恶劣的通病，在巡检效率和企业效益提升方面都存在不少问题。随着人工智能技术、自动识别技术及机器人行业的快速发展，智能巡视机器人既能降低人力消耗，又能准确提供检测精度，已经逐步发展为与人工巡检"并驾齐驱"的巡检新模式。智能化机器人巡视系统架构如图 9-16 所示，该系统通过远程控

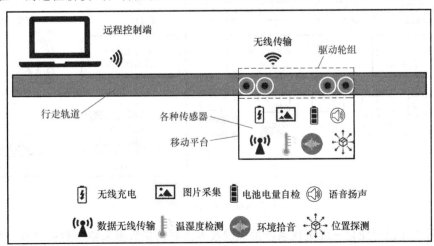

图 9-16　智能化机器人巡视系统架构

制端发出指令，智能巡视机器人的无线传输模块接收到指令后，在行走轨道完成操作人员的指令，并将传感器获取的工作面数据以无线传输的方式返回到远程控制端，在远程控制端完成对数据的处理以便于工作人员对工作面实现对异常工况的监控。

对于巡视机器人的开发而言，有几个较为关键的系统，分别为机器人的导航系统、通信系统和传感器采集系统。

1）导航系统：引导机器人行走，即通过某种或若干种传感器引导机器人在二维环境中沿预设路径实现平稳、安全的移动。

2）通信系统：依照通信对象不同的角度划分，机器人的通信可分为内部通信与外部通信。

3）传感器采集系统：传感器采集系统不仅可以为机器人算法提供相应的环境信息，如为视觉导航算法提供视频信息等，还可作为某种测量功能获取特定目标的参数指标。另外，传感器采集系统的建立还考验机器人核心硬件与程序能否满足同时对多个传感器与控制机构提供采集与控制能力。

9.3.9 综采工作面智能化三维重现系统

综采工作面智能化三维重现系统是指利用先进的技术手段，通过采集、处理和展示综采工作面相关数据，实现对综采工作面的智能化三维重现的系统。综采工作面智能化三维重视系统架构如图9-17所示，该系统通过将现实世界中的综采工作面信息转化为虚拟的三维模型，使综采工作面的情况能够直观地呈现在操作人员面前。使用智能探测、智能采集及智能存储等智能化手段获取各类地质数据，将数据传输到该系统中完成三维重现，并利用数据关联、分析、挖掘与决策等各类智能化分析技术对数据进行处理。该系统为矿井生产提供多元化应用，包括智能设计、智能开采、快速掘进、无人驾驶及数据分析。

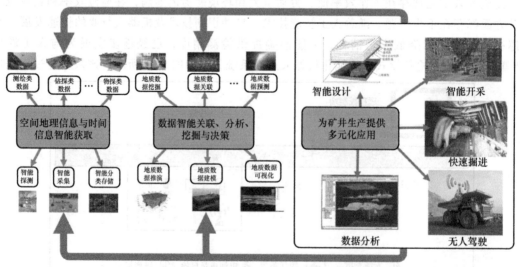

图 9-17　综采工作面智能化三维重现系统架构

此综采工作面智能化三维重现系统的关键技术主要包括数据采集、数据处理和数据展示三个方面。

1）数据采集：为了获取综采工作面的准确信息，需要使用高精度的数据采集设备。常用的数据采集设备包括激光扫描仪、摄像机等，激光扫描仪可以通过扫描矿井工作面，获取其几何形状和地质构造等信息。摄像机可以拍摄矿井工作面的照片或视频，获取实时的工作面情况。

2）数据处理：在数据采集完成后，需要对采集到的数据进行处理和分析，提取出关键信息，并生成三维模型。数据处理的关键技术包括计算机视觉、图像处理和数据挖掘等，计算机视觉和图像处理技术可以用于对采集到的图像和视频进行处理，提取出特征点、边缘线等关键信息，数据挖掘技术可以对采集到的数据进行深入分析，挖掘出隐藏在数据中的规律和模式。

3）数据展示：数据展示是将处理后的数据以直观的方式呈现给用户的过程。常用的数据展示技术包括虚拟现实技术和增强现实技术，虚拟现实技术可以将用户带入虚拟的矿井工作面环境中，通过佩戴虚拟现实头盔或使用虚拟现实眼镜，让用户沉浸式地体验矿井工作面的情况，增强现实技术可以将虚拟的矿井工作面信息与实际场景相结合，通过智能手机、平板电脑等设备，将虚拟信息叠加在真实的场景中，使用户可以在实际环境中观察和操作矿井工作面。

思考题

9-1　综采工作面设备配套主要涉及哪些内容？

9-2　采煤机与液压支架配套应注意哪些问题？

9-3　采煤机与刮板输送机配套的主要要求是什么？关键配套尺寸有哪些？

9-4　刮板输送机与液压支架配套应注意哪些问题？

9-5　说明工作面两端头处采煤机与刮板输送机的配套特点。

9-6　说明端卸式输送机与转载机配套应注意的问题及侧卸式输送机与转载机配套的关系。

9-7　说明工作面两端头处刮板输送机与液压支架的配套特点。

参考文献

[1]　刘春生. 滚筒式采煤机理论设计基础 [M]. 徐州：中国矿业大学出版社，2003.
[2]　王国法. 高效综合机械化采煤成套装备技术 [M]. 徐州：中国矿业大学出版社，2008.
[3]　王国法，等. 综采成套技术与装备系统集成 [M]. 北京：煤炭工业出版社，2016.
[4]　戴绍诚，等. 高产高效综合机械化采煤技术与装备 [M]. 北京：煤炭工业出版社，1998.

第 10 章 采煤工作面智能化技术实践典型案例

10.1 煤矿综采装备山西省重点实验室智能化升级实践

10.1.1 综采成套装备实验系统装备的情况

煤矿综采装备山西省重点实验室 30m 综采成套装备实验系统的主要装备如下。

1）液压支架：ZZ4000/18/38 型液压支架 20 台。

2）采煤机：MG250/600-1.1D 型采煤机 1 台。

3）刮板输送机：SGZ764/630 刮板输送机 1 部（30m）。

4）转载机：SZZ764/164 型转载机 1 部。

5）破碎机：PCM110 型破碎机 1 台。

6）组合开关：QJZ2×400/1140 型组合开关 1 台。

该综采成套装备实验系统形成一个长 30m 的小型综采工作面，如图 10-1 所示。它与现有的煤矿综采工作面设备及运行情况相似，可以模拟综采工作面的实际工作情况。本实验系统可用于进行本科生综采装备整体运动学方面和煤矿综采工作面开采方法的教学实践，为学生了解综采工作面装备结构原理及运行情况提供实物支撑，同时为研究生综采装备研究提供实验条件。

图 10-1 综采成套装备实验系统

10.1.2　液压支架电液控制系统改造

为了满足电液控制系统使用要求，在每台液压支架内增加手动反冲洗过滤器（过滤精度为 25μm），改变原有筒式过滤器的过滤方式。

完成液压支架电液控制系统改造后，系统可实现如下功能。

1）液压支架配置电液控制系统，能够完成各种动作功能。

2）电液控制系统显示菜单语言为中文。

3）每台液压支架完成一个工作循环的时间不超过 8s。

4）液压支架可实现成组程序自动控制，包括成组自动移架和成组自动推溜。

5）液压支架可实现邻架电控的手动、自动操作，实现本架电磁阀按钮的手动操作。

6）配备红外线发射、接收装置，可与工作面采煤机实现联合自动动作。同时，具有接收采煤机数字信号、实现联动的功能。液压支架能满足与采煤机、刮板输送机联动进行自动割煤的要求，在三角煤区域也能实现自动拉架。具备与采煤机配合进行全自动化的双向、单向、部分截深割煤功能。可以实现任意截深手动和自动推溜。实现无人自动化工作面。

7）对立柱的工作压力、推移千斤顶的行程、采煤机的位置、方向进行监测，能将数据传输至控制中心显示，并且能远程操作液压支架。

8）液压支架及采煤机、刮板运输机、转载破碎机、乳化液泵站等其他装备的信息都能够通过数据传输系统上传并显示，能接入终端用户的现有通信系统，向第三方提供数据格式，采用 OPC 协议。

9）电液控制系统设有声音报警、急停、本架闭锁及故障自诊断功能，人工手动操作便捷，能够在线进行参数调整设定。

10）电液控制系统的电源为本质安全型，供电电压为 AC 127V 50Hz（可接 220V 电压）。

11）电液控制系统具备防水防尘能力，装置外壳防护等级不低于 IP67。

12）电液控制系统具备抗干扰能力，不允许有误动作。

13）电控系统连接器的插接可靠，有较好的抗砸、抗挤、抗拉能力，且插接灵活。同时要有很好的防水、缓蚀性。

14）电液换向阀组为整体式结构，阀芯采用插装式，材质为不锈钢。

15）电控系统为非主-从机型，当工作面控制系统与顺槽控制主机断开后，仍能完成各种操作功能和操作模式设置。

将改造前、后的液压支架电液控制系统做对比，如图 10-2 所示。

10.1.3　综采成套装备实验系统智能化改造

综采成套装备实验系统的智能化改造是通过改造并配套自动化核心部件和装置，实现该综采工作面的自动化动作。改造完成的综采成套装备实验系统如图 10-3 所示。综采成套装备实验系统智能化改造可以实现如下功能。

（1）实现采煤机、液压支架、刮板输送机的协调运行　通过检测采煤机、液压支架、

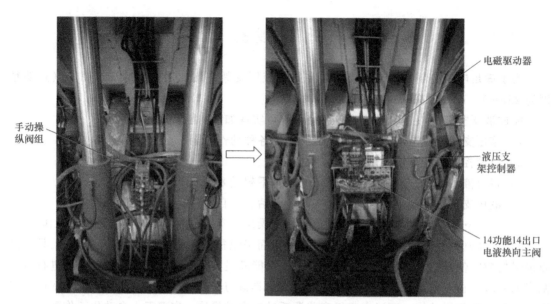

电磁驱动器

手动操纵阀组

液压支架控制器

14功能14出口电液换向主阀

图 10-2　液压支架电液控制系统改造前后对比

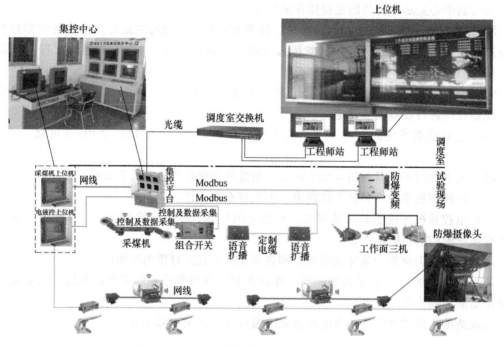

图 10-3　改造完成的综采成套装备实验系统

刮板输送机的运行姿态，实现采煤机、液压支架、刮板输送机干涉自动停机闭锁。通过监测采煤机在工作面的位置，实现采煤机记忆截割。通过控制采煤机的牵引方向、采高和速度，实现采煤机、液压支架、刮板输送机的协调运行。

（2）远程数据监测和控制　实现采煤机、液压支架、刮板输送机、转载机、组合开关的远程数据监测和控制。

（3）优化采煤工艺参数　优化采煤工艺参数，实现采煤机、液压支架工作模式的决策与参数调整，实现工作面端头、过渡、中部支架和采煤机、刮板输送机的协调运行。根据采煤工艺的要求，采用端头斜切进刀一次采全高的采煤工艺。在工作面的中间段，以采煤机的位置坐标为引导，由液压支架电液系统自动完成跟机拉架的控制运行。在端头斜切进刀的区域范围内，工作面集中控制系统根据采煤机的位置、速度、运行方向发出控制指令，液压支架控制系统执行成组或单架指令，配合完成斜切进刀的采煤工艺。根据端头架、超前架、转载机的运行先后工序要求，工作面集中控制系统根据各装备的返回状态信息和工艺要求发出启停指令，接到动作信号后各装备自动完成每个控制循环周期并实时返回当前状态标志信号。

（4）视频监控系统　通过在液压支架、采煤机和其他关键点上分别安装防爆摄像头（见图 10-3），实现对整个工作面的视频监控。以采煤机位置为坐标，实现对采煤机的视频跟踪切换，完成对整个工作面装备的可视化管理，通过网络对视频图像进行远程传输，在地面调度中心便可进行远程监视和数据存储。通过视频监控子系统，实现整个实验场地中的转载机、乳化液泵站等重点工作区域的视频监控，进而实现采煤机与刮板输送机、液压支架间的姿态位置关系视频监控。

（5）通信控制系统　建立无线通信网络，实现采煤机无线数据采集和控制，实现无线视频监控；建立有线网络，实现组合开关、防爆变频器的远程数据采集和控制，实现调度中心与现场的远程通信数据采集和控制。

（6）集控系统　通过工作面集中控制操作平台，集控系统可实现如下功能。

1）采集采煤机的位置信号作为整个记忆截割和追机拉架的坐标，实现端头的精确定位，避免采煤机超出行程割断电缆，并实现视频图像的跟机切换。

2）实现采煤机的远程集中控制、状态监测和故障报警。

3）实现液压支架电液控制系统远程集中控制、状态监测和故障报警。

4）实现组合开关的远程状态监测、分合闸控制和故障报警。

5）通过上位机远程操作，实现三机的联动运行。

6）通过控制防爆变频，实现刮板输送机、转载机、破碎机的远程启停。

7）通过操作集控中心的本安操作台，实现采煤机和液压支架电液控制系统的远程控制。

8）实现工作面试验现场启停设备的语音报警。

10.2　黄陵煤矿中厚煤层综采工作面智能化技术实践示范

10.2.1　黄陵一号煤矿基本情况

陕西省黄陵矿业有限公司一号煤矿（简称为黄陵一号煤矿），位于陕西省延安市黄陵县，经过多年的发展，已成为一个集煤炭开采、加工、销售于一体的现代化煤矿企业。核定生产能力为 600 万 t/a，可采煤层为 2 号煤层，井田面积为 $184km^2$，地质储量为 3.59 亿 t，可采储量为 2.81 亿 t，其煤炭产品黄陵一号深受市场和用户欢迎，具有低硫、低磷、低灰、高发热量等特点，广泛用于发电、冶金、化工等领域。矿井采用平硐开拓、单水平开采、分区抽出式通风、综合机械化长壁后退式采煤，主运输采用带式输送机，辅助运输采用无轨胶轮车，煤层自燃倾向性为Ⅱ类，属水文地质类型中等的高瓦斯矿井。2020 年，黄陵一号煤矿被列入国家首批智能化示范煤矿建设名单。

10.2.2　黄陵一号煤矿综采工作面设备情况

1. 液压支架

根据煤层赋存条件和顶板控制要求，确定液压支架中部支架型号为 ZY7800/15/30D，端头支架型号为 ZY7800/15/32D。液压支架配置电液控制系统，并实现液压支架初撑力自动补偿、平衡千斤顶自动调节和跟机自动化等智能化自适应调整和动作功能。综采工作面两顺槽超前支架为：ZTC28560/19/32A（进风超前）和 ZTC63528/19/32B（回风超前）。

2. 采煤机

根据生产能力和煤层赋存条件，经理论分析计算选用 MG620/1660-WD 型大功率矮机身采煤机，采煤机具备可配置复杂工艺程序的记忆截割功能，以满足不同工作面的采煤工艺要求；自动控制具有高精度，行走位置检测分辨力不大于 10mm，具有线性插值、采高精度与牵引速度的自适应调节与预期控制等功能。

3. 工作面运输系统

根据采煤机最大割煤能力和工作面参数确定刮板输送机型号为 SGZ1000/2×855，驱动方式为"高压变频器+变频电动机+摩擦限矩器+行星减速器"，采用平行布置。综采工作面采用交叉侧卸方式；转载机为 SZZ1000/525 型，配备 MY1200 转载机自移系统；破碎机为 PLM3000 型，通过 DY1200 自移机尾与带式输送机搭接。

10.2.3　黄陵一号煤矿综采工作面智能化实践

1. 采煤机控制系统

通过网络平台对采煤机进行采高、位置、记忆截割等工况数据和姿态情况实时监测和远程控制。采煤机通过安装调高液压缸行程传感器，实时计算出采煤机摇臂的高度，从而实时监测采煤机采高；在采煤机牵引部安装位置传感器，精确地对采煤机在工作面的位置及走向进行定位。利用一个循环进行人工就地操作示范，使采煤机进行示范刀的学习，然后在下个循环实现自动割煤，从而实现记忆割煤。在顺槽控制中心通过远程控制台向顺槽监控计算机发布控制指令，来控制采煤机各种动作；利用视频及数据监控信息，可以随时进行对工作面采煤机运行的远程控制。

2. 液压支架电液控制系统

液压支架电液控制系统利用网络平台传输控制命令，通过电液控制液压元件驱动液压支架液压缸动作，完成液压支架的动作控制。在采煤机上安装红外发射器，发射数字信号，每台液压支架上安装 1 个红外接收器，接收红外发射器发射的数字信号，来监测采煤机的位置和方向信息，依据现场不同环境条件中对应的采煤生产工艺，开发液压支架跟机自动化工艺流程。液压支架电液控制系统通过对采煤机位置及运行方向的识别，实现工作面液压支架跟随采煤机作业的自动化控制功能，包括跟机自动移架、自动推溜、跟机喷雾等控制，从而达到液压支架动作与采煤机运行位置的动态耦合。在顺槽控制中心通过远程控制台来控制液压支架的升柱、降柱、抬底、推溜等动作；利用视频及数据监控信息，可以随时进行对工作面液压支架跟机的远程控制。

3. 综采工作面运输智能控制系统

通过将刮板输送机、转载机、破碎机、胶带运输机和泵站控制系统进行集成，实现对工作面运输设备的一键启停控制。综采工作面运输系统如图 10-4 所示。通过对综采工作面三机动力单元布置温度、压力、振动等传感器实时监测它们的工作状态，并进行故障诊断与预警。

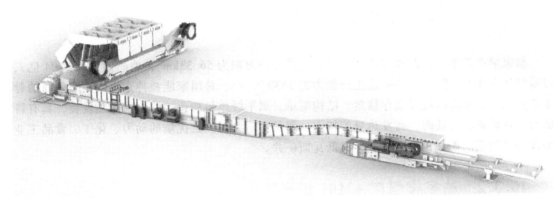

图 10-4　综采工作面运输系统

4. 视频监控系统

视频监控系统是远程操作人员眼睛的延伸，是进行遥控作业的基础。为进一步提高视频监控系统的性能，在刮板输送机机头和机尾、转载机机头和机尾、设备列车、远程配液点等区域各安装 1~2 台矿用本安型云台摄像仪；每 6 台液压支架配备 3 台矿用本安型摄像仪，安装于液压支架的顶梁上；监控中心安装 2 台彩色摄像仪。通过高清摄像仪的合理优化布置，实现工作面、工作面巷道及重要岗位的高清无盲区视频监控。

利用视频监控系统传送的工作面图像，操作人员能够根据煤层变化情况、滚筒截割情况、液压支架状态等信息，对采煤机进行远程干预，进而避免在地质条件变化或煤层变化时采煤机截割到顶、底板等情况的发生。视频监控系统可通过通信手段获取采煤机的运行位置和方向，使视频监视器能够跟随采煤机自动切换高清视频摄像仪，以保证割煤作业、液压支架跟机动作、推移刮板输送机等远程控制的高精度和高可靠性。

5. 集成供液系统

通过在顺槽口集中设置水处理系统和自动配比系统，完成对工作面乳化液的自动配比和远程供液。

6. 工作面装备状态监测与健康诊断系统

通过智能控制系统对采煤机、液压支架、刮板输送机主要部件的运行时间、运行距离等数据进行记录，实现对关键元部件剩余寿命的预估和预警，形成预防性维护报告，及时提醒更换磨损部件，减少维护时间和大故障发生的概率。

7. 端头、巷道设备远程遥控系统

通过配置端头、巷道设备远程遥控系统，在端头架推溜前，便可由端头架发送邻架控制命令，启动转载机控制器并使其执行准备阶段动作。转载机控制器进行声光报警，端头架执行推溜动作与转载机控制器执行前移阶段动作共同进行，完成转载机自移功能。通过电液控制系统实现工作面两巷超前支架、转载机和带式输送机机尾自动动作的功能。

10.3 榆家梁煤矿薄煤层综采工作面智能化技术实践示范

10.3.1 榆家梁煤矿基本情况

榆家梁煤矿地处陕西省神木县店塔镇，其井田面积为 56.33km²，地质储量为 5.04 亿 t，可采储量为 3.84 亿 t，矿井核定生产能力为 1630 万 t/a，是国家能源神东煤炭集团公司的骨干矿井之一。井田内煤层赋存稳定，结构简单，属平缓单斜构造。井田内煤质优良，具有特低灰、特低硫、特低磷、高发热量等特点，属长焰不黏煤，是优质的动力、化工、食品工业用煤和民用煤。矿井瓦斯含量低，属低瓦斯矿井。

10.3.2 榆家梁煤矿 43101 综采工作面情况

榆家梁煤矿 43101 工作面位于 4^{-3} 煤北翼一盘区，属盘区首采面，工作面长度为351.4m，推进长度为 1809.4m，煤层厚度为 1.0~1.7m，平均厚度为 1.47m，厚度小于 1.3m 的面积占 33%，工作面设计采高为 1.4m，设计采出率为 95%，煤层埋深为 74m，倾角为3°~5°。该工作面位于榆家梁井田中北部，地质储量为 120.1 万 t，可采储量为 114.1 万 t。榆家梁煤矿 4^{-3} 煤层厚度为 1.0~1.3m 的面积占比为 9.8%。4^{-3} 煤为不黏煤（BN），属低灰、特低磷、低硫，发热量为 6100kcal/kg（1cal=4.1868J）。

43101 工作面老顶为细粒砂岩，厚度为 13.7~18.2m，平均厚度为 15m，呈灰白色，成分以长石、石英为主，水平层理。直接顶为泥岩，厚度为 0.2~2.21m，平均厚度为 1.2m，呈灰色，泥质结构，具有水平层理、质软、易冒落特点。直接底为泥岩，厚度为 1.1~1.7m，平均厚度为 1.4m，呈深灰色，含岩屑及植物化石，遇水泥化严重。

43101 工作面地表为黄土沟壑区，地表标高为 1186~1294m，最大高度差为 108m。工作面上部有 4^{-2} 煤 42216-1、42215、42214 工作面采空塌陷区，42216-1 工作面房采采空区，4^{-2} 煤小窑大伙盘煤矿，以及 4^{-2} 煤火烧区，层间距为 22~25m。回采段过张明沟薄基岩段，4^{-3} 煤层上覆基岩最薄处为 7m。地层总的趋势是以极缓的坡度向西北倾斜的单斜构造，倾角为 1°~3°，断层不发育，后生裂隙发育。

榆家梁煤矿 43101 工作面配置 ZY9200/09/18D 型二柱掩护式液压支架，支护强度为0.99~1.06MPa。采煤机选用 MG2×200/890-WD1 型，采高范围为 1.3~2.5m，总装机功率为890kW，与 LASC 技术相融合。刮板输送机选用 SGZ800/1400 型，装机功率为 2×700kW，采用智能柔性变频控制，根据煤量进行刮板输送机的智能调速。转载机选用 SZZ1000/400 型，装机功率为 400kW。破碎机选用 PLM2000 型，功率为 375kW。表 10-1 为榆家梁煤矿 43101 综采工作面配套装备。榆家梁煤矿 43101 使用国产装备，实现全工作面记忆截割，通过统一通信协议平台实现了数据和控制指令的高速传输和高可靠性的远程控制。

表 10-1　榆家梁煤矿 43101 综采工作面配套装备

序号	装备名称	型号	数量
1	采煤机	MG2×200/890-WD1	1 台
2	中间支架	ZY9200/09/18D	197 台
3	过渡支架	ZYG9200/10/20D	3 台
4	端头支架	ZYT9200/13/26D	6 台
5	刮板输送机	SGZ800/1400	1 部
6	转载机	SZZ1000/400	1 部
7	破碎机	PLM2000	1 台
8	自移机尾	ZY2700	1 台
9	自动化系统	—	1 套

10.3.3　榆家梁煤矿 43101 综采工作面智能化实践

1. 构建精确的三维地质模型

通过采集工作面四周一定范围（2km）内的煤层钻孔数据、当前工作面及相邻工作面的巷道煤层素描数据构建工作面的三维初始模型。使用定向钻孔对未开采的煤体进行超前勘探，软件可以自动识别顶、底板煤岩分界线，再利用测量工具获取煤岩分界点的坐标信息。预先对工作面进行横向勘探（实际工作面长 350m，可贯穿煤岩 20~30 次），解决了长工作面的勘探难题，实测精度可达 0.2m；在工作面安排地测技术人员每天测量 1 次，揭露煤层与顶板交线的绝对坐标数据，利用已采区域数据预测邻近未采区域煤层变化趋势。将上述工作面探煤定向钻的见煤点数据、勘探线剖面图煤层数据、煤层顶板高程和煤厚相关的高精度数据导入三维模型系统中，对三维初始模型进行动态优化，生成可用于指导实际生产的具有绝对坐标的精确的三维地质模型。

2. 构建实测三维数字模型

研发并应用搭载了先进的三维激光扫描和惯性导航技术的轨道机器人，如图 10-5 所示，对工作面进行三维扫描，进而建立工作面实测三维数字模型。

三维激光扫描装置通过扫描物体表面，实现三维点云数据提取，具有高效率、高精度的优势，可以用于获取高精度、高分辨力的数字地形模型，进而实现工作面空间三维坐标定位。机器人以刮板输送机电缆槽为轨

图 10-5　轨道机器人

道，最大巡检速度为 60m/min，10min 内可完成全工作面扫描。结合导入工作面的绝对坐标，构建出工作面高精度实测模型，实测精度为 0.1m。

3. 采煤机自主智能割煤新工艺

借助矿井地质勘探钻孔和开切眼、回撤通道及两巷道等实测地质信息，构建工作面三维初始模型，利用煤岩分界线对初始地质模型进行修正。生产过程中每天对工作面的顶、底板进行测量写实，用实测数据二次修正三维地质模型，并动态优化模型算法，实现系统自学习、自优化，生成更精确的三维地质模型。通过截割模板软件对工作面三维地质模型和点云实测模型进行对比，在综合分析煤层变化趋势、工作面平直度、当前割顶底情况和采煤机运行情况等大数据基础上，优化算法并制订未来 10 刀的割煤策略，给出采煤机下一刀滚筒调整曲线，实现自主智能割煤。

4. 远程干预视频保障系统

工作面条件复杂多变，各类传感器也存在一定的误差，针对工作面可能发生的异常情况，如液压支架丢架、局部过渡不平稳，需要进行远程干预。工作面布置了 104 台高清摄像仪，其中 69 台照向液压支架，35 台照向煤壁。此外，还有 4 台视频巡检机器人，视频巡检机器人搭载了红外及可见光双视摄像仪、拾音器，实现视频、音频监测功能。视频巡检机器人上的云台摄像仪可以实现 360°旋转，可以全方位、多角度地监视工作面，保证了远程干预的安全可靠。

5. 刮板输送机自动调速技术

根据采煤机红外发射器信号获取煤机的位置数据，并将其作为刮板输送机转速变化的控制信号。将输送机转速变化值和变化阶段输入自动化主机控制软件中，在变频开关中将初始速度设置为 0，并将实际运行速度与采煤机位置进行关联。当采煤机在 1~70 架时转速为 900r/min、71~120 架时转速为 1000r/min、121~200 架时转速为 1200r/min，阶段速度变化时间为 10s，可防止速度冲量损坏设备。

6. 采煤机电缆拖拽系统

采煤机电缆自动拖拽技术通过在刮板输送机电缆槽内布设的链条，解决了拖拽电缆多层叠加和采煤机掉道的问题。在刮板输送机电缆槽内布设链条，按照牵引小车运行速度、位置与采煤机之间的关系，建立采煤机位置与拖缆系统转矩间的数学关系，控制牵引小车的转矩和速度，使牵引小车拖拽电缆与采煤机同步，解决了薄煤层工作面由电缆堆叠层数多导致的液压支架与电缆夹板相互干涉的问题。采煤机电缆拖拽系统如图 10-6 所示。

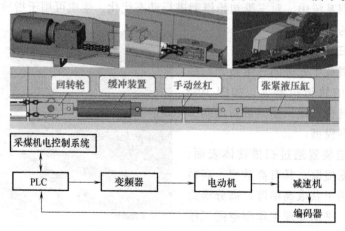

图 10-6　采煤机电缆拖拽系统

7. 超前支架自动化联动改造

在单台液压支架上安装云台摄像仪，可以根据需要远程控制、调节镜头进行全程监控，配合控制软件实现对超前支架的远程控制；超前支架通过连接杆相连，同时在液压支架两侧加装侧推液压缸，使其具备迈步式行走和调直功能；根据超前支架移架顺序和工作面机尾推移工艺对超前支架程序进行针对性改造，使其具备与工作面液压支架联动、自动拉架等功能。

8. 工作面液压支架人员接近防护系统

自动化工作面已实现液压支架自动跟机拉架和远程干预功能，保障了现场检修和巡视人员的安全。液压支架控制器接入了人员接近防护系统，该系统主要由感知设备和标识卡组成，感知设备检测到人员随身携带的标识卡信号时，立即转发给控制器，使得控制器闭锁，自动屏蔽液压支架自动跟机和远程操作功能，保障现场作业人员的安全。

10.4 塔山煤矿特厚煤层综采工作面智能化技术实践示范

10.4.1 塔山煤矿基本情况

塔山煤矿位于山西省大同市西南约 30km 处，其井田面积为 $123.7km^2$，设计生产能力为 1500Mt/a，核定生产能力为 2500Mt/a，批准开采山 4 号、2 号、5（3-5）号煤层，现开采山 5（3-5）号煤层。矿井工业储量为 29.87 亿 t，剩余可采储量约 14.99 亿 t。

10.4.2 塔山煤矿 8125 综采工作面情况

塔山煤矿 8125 工作面位于一盘区西翼东部，工作面对应地表为沟谷与山梁地段，中部为沟谷与山梁地段及村庄，南部的村庄已搬迁，盖山厚度为 465~564m。煤层厚度为 16.4~20.03m，结构复杂，煤层在采位 0~192m 和 907~1265m 范围内局部分层为 3^{-1} 号和 3^{-2}-5 号，其中，3^{-1} 号煤层总厚度为 5.10~5.25m，平均厚度为 5.17m，3^{-2}-5 号层总厚度为 14.92~15.47m，平均厚度 15.19m，3^{-1} 号与 3^{-2}-5 号煤层层间距为 0.80~1.42m，岩性为黑色泥岩，其余地方为合并层。

1. 割煤系统

割煤系统采用德国 Eickhoff 公司的 SL500AC 型双滚筒采煤机，智能化程度高，采煤机牵引部安装了牵引编码器，可确定采煤机位置，采煤机摇臂处安装有倾角传感器，可监测和控制采煤机滚筒高度，同时安装有各类传感器，可查看采煤机位置、速度、滚筒高度、牵引速度和方向、冷却水流量、压力、油箱温度，以及采煤机各电动机电压、电流、功率、温度、采煤机启停状态、故障信息等，同时具备远程控制、姿态控制功能；采煤机自带随机瓦斯探头，具有报警、限速、超限停机功能，并具备智能调速、自动调高、程序割煤功能。同时，通过动力电缆可将采煤机运行工况传输至设备列车上的集控台计算机。集控中心可以通过人为按键方式或者通过系统内部程序方式向采煤机发送控制指令进行远程控制，包括截割控制、牵引控制、摇臂升降控制等。

2. 支护系统

工作面共配备 142 台液压支架，其 ZF15000/27.5/42D 型中部支架 134 台，ZFG/13000/27.5/42H 型过渡支架 7 台，ZTZ20000/27.5/42 型端头支架 1 台。

配套的电液控制系统能够提供通信数据接口并开放控制权限；配套液压支架有线传感器，能够监测工作面液压支架高度、液压支架倾角、前后柱压力、液压支架推移行程、护帮姿态、采煤机位置方向；能够实现液压支架邻架控制、隔架控制、成组控制、自动移架、自动推溜、自动伸收护帮板、自动放煤、升降立柱、顺槽远程控制。电液控制系统具备液压支架初撑力自动连续补偿功能，并可执行多次，能保证液压支护质量。电液控制系统有声光报警、急停、闭锁及故障自诊断显示功能。液压支架控制器和井下主控计算机上都具有显示液压支架的各种工作参数的功能，液压支架控制器和井下主控计算机同时具有故障诊断、显示及报警功能。电液控制系统可根据惯导系统提供的补偿值对刮板输送机进行自动调直。

3. 运输系统

运输系统采用美国卡特彼勒公司的 PF6/1142 和 PF6/1342 型刮板输送机，它们性能可靠、保护齐全。带式输送机具备带速、温度等各种智能监测保护功能，能使用变频器进行智能控制。集中控制中心可通过工作面通信系统及传送带监测与保护系统监测刮板输送机、转载机、破碎机的各电动机电压、电流、启停状态等运行情况，可实现集控中心运输系统的远程控制和智能无人操控。

4. 供液系统

供液系统采用浙江中煤科技有限公司的智能供液系统，能远距离供液，具备根据工作面用液情况启停多台乳化液泵站的控制功能。乳化液泵站出液压力可设定并可将出液压力波动范围控制在 3MPa 以内，具备装备监测点故障报警、显示、记录与储存等功能，有高压自动反冲洗，油温、油位、出液压力超限保护，吸空保护，乳化液泵电磁卸荷、清水泵油温、油位超限保护等功能；系统配置了反渗透过滤器、全自动高压反冲洗过滤站，具备乳化液自动配比、乳化液浓度在线监测功能。该供液系统还具有顺序启停、单启停、一键启停功能。

5. 供电系统

供电系统的组合开关具备数据接口，可通过 Modbus 通信协议将相关数据传输至集控中心，集控中心可通过操作键盘进行分合闸操作，也可通过软件对装备进行远程参数整定功能。供电系统具有过流、短路、过压、欠压、漏电等故障监测和保护功能。

6. 集控中心

集控中心系统功能包括在巷道集控中心、地面调度中心远程监控工作面装备运行工况，并进行故障报警，进而实现协同控制、集中控制，一键启停。集控中心安装有通信系统及传送带保护系统，具备与工作面及传送带沿线的语音通话功能。

10.4.3 塔山煤矿 8125 综采工作面智能化实践

1. 工作面智能化一键启停

智能化系统具备对综采设备一键启停、单设备启停以及对各设备进行远程控制和干预的功能，并具有在监控中心对综采装备数据集成、处理、故障诊断、管理等功能，有助于实现对工作面及顺槽设备的监控。

2. 工作面智能化记忆截割

采用自由曲线记忆截割方式，按照示范刀所记录的工作参数、姿态参数、滚筒高度轨迹进行智能化运算，形成记忆截割模板，按照实际学习的采煤工艺实现全工作面自动截割运行。同时，在自动截割过程中，可以根据工作面情况进行在线修正，使截割模型能够始终准确反映工作面的实际情况。

3. 全工作面自动跟机

根据采煤工艺实现全工作面自动跟机，通过中部割通刀、机头机尾割三角煤、一键放煤及多轮分组依次放煤等功能，实现工作面自动连续生产。

4. 工作面智能化远程集控

实现在地面分控中心和井下顺槽集控中心对综采工作面采煤机、液压支架、运输装备、供液装备进行运行工况监测、远程控制和自动化控制。依托一键启停功能，工作面的装备能够依次自动起动，装备数据能够高速上传，控制信号能够实时下达。当生产过程状态或装备工况数据出现异常时，可及时调整装备运行状态，进行人工远程干预。

5. 工作面智能化视频监控

工作面每 6 台液压支架安装有一台本安云台摄像仪，实现工作面全覆盖监控、跟机视频等功能。

10.5　上湾煤矿特厚煤层综采工作面智能化技术实践示范

10.5.1　上湾煤矿基本情况

上湾煤矿位于内蒙古自治区鄂尔多斯市伊金霍洛旗境内，其井田面积为 $61.8km^2$，地质储量为 12.3 亿 t，可采储量为 8.3 亿 t，主采 1-2、2-2、3-1 煤层。煤质具有低灰、低硫、低磷和中高发热量等特点，属高挥发分长焰煤和不黏结煤，是优质的动力、煤制油、化工和冶金用煤。上湾煤矿的核定生产能力为 1400 万 t/a，服务年限为 65 年，定员近 500 人。

上湾煤矿采用斜井-平硐联合开拓方式布置，生产布局为一井一面，工作方式为连续采煤机掘进，装备世界先进的高阻力液压支架和大功率采煤机，进行长壁后退式综合机械化开采，实现了主要运输系统皮带化、辅助运输系统胶轮化、生产系统远程自动化控制和安全监控系统自动化，煤矿安全、生产、运输全面信息化、自动化。

10.5.2　上湾煤矿 12401 综采工作面基本情况

上湾煤矿 1-2 煤四盘区位于矿井中部，盘区东西倾向长度约为 4.05km，南北走向长度约为 5.7km，盘区面积为 $23.1km^2$，地表标高为 1030～1086m。盘区煤厚为 7.32～10.79m，平均可采厚度为 9.02m，煤层倾角为 1°～3°，属较稳定煤层。盘区地质储量为 2.5 亿 t，设计可采储量为 1.82 亿 t，共布置 12 个超大采高工作面，服务年限 13 年。

上湾煤矿 12401 工作面为 1-2 煤四盘区首采工作面，倾向长度为 299.2m，走向长度为 5254.8m，煤层倾角为 1°~3°，煤层厚度为 7.56~10.79m，平均厚度为 9.16m，埋深为 124~244m，回采面积为 1.572km²，地质储量为 2059.4 万 t，可采储量为 1930 万 t，采用倾斜长壁后退式一次采全高全部垮落法处理采空区的综合机械化采煤法。

上湾煤矿 12401 工作面：伪顶为泥岩，厚为 5.68~20.34m，抗压强度为 11.3~13.2MPa，普氏系数约为 1.32，坚固性较低，属不坚硬类不稳定型；直接顶为灰白色细粒砂岩，细粒砂状结构分选性好，孔隙式泥质胶结，含植物化石，厚为 2.1~8.07m，抗压强度为 18.7~36.9MPa，普氏系数约为 2.67，坚固性较强，属坚硬类不稳定型；基本顶为灰白色粉砂岩，呈灰白色，层面呈灰黑色，粉砂状结构，泥质胶结，水平、波状、交错层理均有出现，厚为 0.2~0.52m，抗压强度为 14.5~36.6MPa，普氏系数约为 2.32；直接底为黑灰色泥岩，呈黑灰色，泥质结构，断口平坦、致密，为块状构造，含植物化石，厚为 0.96~1.29m，抗压强度为 13.2~35.4MPa，普氏系数约为 2.15。

1. 8.8m 超大采高采煤机

建立了 8.8m 超大采高采煤机整机三维模型，对整机与关键零部件进行了动力学分析，确保了整机工作的稳定性，以及采高、质量增大后大部件连接的可靠性。研制了最大可承载 1250kW 的轻量化、大尺寸、高可靠性截割部。开发了高速、高可靠性重载采煤机行走系统，利用计算机三维模型进行动力学分析、精密数铣模拟、攻关热处理工艺分析等，优化了链轮齿形与结构，确保了链轮承载能力和可靠性，为整机生产能力的发挥提供了保障。

2. 超大工作阻力液压支架

采用工程类比及相似材料模拟的方法，确定工作面选择两柱掩护式液压支架，液压支架工作阻力为 26000kN，立柱液压缸直径为 600mm，液压支架中心距为 2.4m。液压支架采用三级护帮结构，最大护帮高度为 4.38m，研究了大流量液压系统匹配技术，在管径选取、缓解冲击、提高支撑能力等方面进行匹配性设计，使液压支架在支护强度选型、结构件抗冲击、主动支撑能力等方面有大幅提升，以满足液压支架快速移架要求。

3. 高强度大运量刮板输送机

针对 8.8m 超大采高综采工作面，研发了 SGZ1388/3×1600 型刮板输送机、SZZ1588/700 型转载机和 PLM7000 型破碎机的成套设备。新开发的自动张紧系统具有手动、自动功能及张紧异常检测功能，功能稳定可靠，使刮板输送机整个链条系统张力处于一个合理范围，减缓了各刚性部件的冲击，延长了链轮、链条、刮板等主要部件的使用寿命。研发了智能调速系统，通过检测刮板输送机上的负载情况及采煤机反馈的相关参数，进行相应的速度调整，以最优的能耗比进行运转，实现了节能降耗。研发了带有显示屏的智能控制系统，可以实时显示电流、电压、功率、瞬时煤量、累计输送煤量报警、故障等信息；能够存储 1 年以上历史数据；具备在线故障诊断功能。

4. 大流量乳化液泵站

通过理论计算确定了乳化液泵的主要参数，通过开发超大流量泵站蓄能系统、供回液系统、润滑冷却系统、在线故障诊断系统，以及高压大流量卸载阀和其配套元器件，满足了液压支架移架、推移刮板输送机及支护要求，液压支架完成一个移架循环的时间仅为 9s。HDP-1000-90 乳化液泵的主要技术参数见表 10-2。

表 10-2　HDP-1000-90 乳化液泵的主要技术参数

序号	主要技术特征	特征参数
1	额定电压/V	3300
2	最大流量/（L/min）	1350
3	乳化液箱总容积/L	10000
4	电动机功率/kW	1000
5	最大压力/MPa	37.5

5. 6000m 超长运输距离智能单点驱动带式输送机

带宽为 1.8m、运输距离为 6000m 的机头集中驱动带式输送机的驱动功率为 3×1600kW，输送量为 5000t/h。新开发的带式输送机整机减阻技术利用轻型低阻长寿命托辊，阻力低至 1.1N，与行业其他普通托辊相比，旋转阻力减小了 60% 以上；考虑压陷阻力，选用 PVC（聚氯乙烯）带面，带速由 4m/s 提高至 4.5m/s，整机阻力减小 20% 以上。此外，还实现了负载感知自适应电磁张紧系统和带式输送机整机稳态控制技术的成功研发。

10.5.3　上湾煤矿 12401 综采工作面智能化实践

超大采高智能化综采控制系统由网络型液压支架电液控制系统、工作面智能综采控制系统和工作面及两巷矿压监测与评价系统组成，解决了超大采高开采工艺、顶板、护帮板围岩控制、液压支架姿态与支护状态、设备协调联动控制等问题。

1. 网络型液压支架电液控制系统

网络型液压支架电液控制系统的核心控制器为自主研发的基于百兆以太网的液压支架控制器。

基于百兆以太网的液压支架控制器采用 100M 实时工业以太网通信，辅以工业现场总线（高速 CAN），将原有的液压支架控制器和工作面综合接入器、红外线定位系统集成，很大程度上简化了液压支架电液控制系统硬件架构，减少了工作面布线，同时解决了总线带宽的问题。该控制器可直接连接云台摄像仪、Wi-Fi 基站等设备，在工作面建立了一条高速通信链路，实现一网到底。网络型支架电液控制系统架构如图 10-7 所示。

同时，该控制器采用基于 SoftPLC 的通用控制单元组态化开发平台，硬件虽然是嵌入式硬件，但系统的软件架构更接近于主流 PLC 软件架平台，使得控制器嵌入式应用软件的开发效率大幅提高，开发难度大幅降低，向行业通用本安 PLC 方向发展。

网络型液压支架电液控制系统的关键核心功能为大采高全工作面液压支架自动跟机及远程干预控制功能。根据上湾煤矿超大采高工作面地质条件，设计超大采高工作面智能化跟机自动化工艺。护帮板采用依次跟机收放控制，同时缩短跟机移架距离、提高移架效率、减少空顶，可有效防止片帮、冒顶、煤块飞溅等安全事故，提高了工作面整体运行的安全性。全工作面跟机自动化率平均达到 80% 以上，中部跟机自动化率达到 90% 以上，平均干预率低于 28%。

1）大采高支架姿态实时监测功能。采用帕斯卡原理研发液压支架高度传感器，在软管两端都配置有高精度压力传感器，用高度产生的压差除以重力加速度及介质密度，可直接计

263

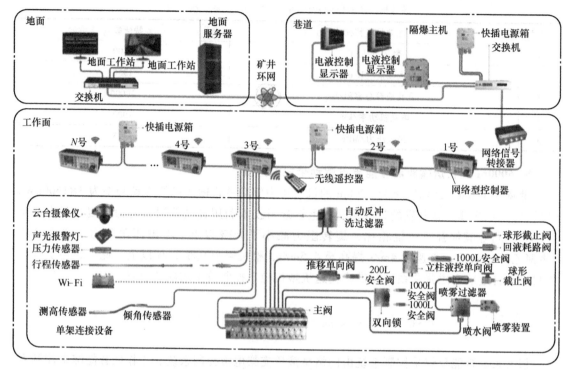

图 10-7　网络型支架电液控制系统架构

算出液压支架高度。同时，在测高传感器中集成倾角传感器，并配置掩护梁及底座倾角传感器，实现对液压支架顶梁、护帮板、底座的横滚角度的实时监测，测量误差<0.3°，高度误差<3cm，监测延时<50ms。通过对液压支架姿态与受力状态的监测分析，实现对液压支架可能出现的"低头""高射炮"状态进行感知，避免支护失效的情况出现。

2）多级护帮联动控制及防片帮功能。控制器接入护帮行程、接近传感器，实现三级护帮的联动控制，防止护帮板在收放时打到刮板输送机电缆槽。同时，配置护帮压力及立柱初撑力保证系统，为围岩监测、分析和评价提供数据基础，保障液压支架良好的围岩支护状态。建立了液压支架与顶煤围岩的耦合控制模型，实现电液控制系统与围岩监测系统联动，当遭受周期来压时，电液控制系统可主动提升液压支架初撑力与护帮支护压力。

3）大采高液压支架与大流量泵站联动控制功能。通过研究大采高工作面液压支架降柱、移柱、升柱时间对供液和乳化液泵站系统压力、流量的影响，以及采煤速度与液压支架移架时间的关系，提出了工作面液压系统速度分析理论，突破了超大采高工作面快速移架的技术瓶颈。采用大采高液压支架与大流量乳化液泵站联动控制技术，以决策树方法为基础，建立大数据自主决策模型，设计多泵变频联动专用算法，实现按需供液最优控制效果。

4）人员近感定位功能。为实现液压支架闭锁、保障人员安全，通过定位实现液压支架遥控器的自动近感连接，并对液压支架进行遥控。

2. 工作面智能综采控制系统

将 Longwall Mind5.0 集控系统软件平台与 TOS（Tianma Operation System，天玛操作系统）控制器结合，同时，适配大采高工作面通信网络，开发和部署了工作面大数据中心，设计出工作面智能综采控制系统。

（1）Longwall Mind5.0 集控系统软件平台　利用 Longwall Mind5.0 集控系统软件平台将远程控制技术分别部署在三岗合一工作站、巷道监控中心和地面分控中心，实现综采装备集中控制；控制系统平台软件由采煤机、液压支架、三机、乳化液泵站、供电、视频 6 大控制子系统构成，实现综采工作面采煤机、刮板输送机、喷雾系统装备之间的关联闭锁、互联互锁和一键启停控制等功能。

（2）TOS 控制器　随着工作面设备及接口的多样化，集控系统平台运行负载逐渐变大，给开发、维护和部署带来了诸多不便。因此，设计并研发了 TOS 控制器，如图 10-8 所示。采用 MVVM（Model-View-View Model，模型-视图-视图模型）开发架构方式，以低耦合、高内聚的接口设计，分离原系统业务逻辑层与视图模型，优化原拓扑结构，建立以 IPC（Industrial Personal Computer，工控机）为核心，与 Longwall Mind5.0 相结合的 TOS 解决方案。控制器具有丰富的内置接口，以便于扩展与维护，同时分离上位机软件的运行压力，达到对工作面装备稳定高效的集成控制。

图 10-8　TOS 控制器

（3）大采高工作面通信网络　建立有线与无线冗余的工作面工业以太网通信系统，研制开发了工作面 Wi-Fi 基站，具备无线网格网络组网功能，每 20 台液压支架或 50m 配置 1 个 Wi-Fi 基站，实现工作面无线网络全覆盖，同一无线局域网的移动设备可以实现全工作面无缝漫游。使综采工作面的移动设备、固定设备与巷道集控中心高效互联，将视频监控、能效监控、工业控制多网合一，实现工作面设备信息汇集、综采工作面装备远程控制通信。

（4）工作面大数据中心　以 Longwall Mind5.0 集控系统软件平台为基础，进行数据应用的研究。研发工作面大数据中心，采用 B/S 架构，具有全工作面数据采集分析、预警决策、输出报表等功能，对综采系统进行透明化监控，在内网中，可通过 Web 随时访问、查看所需信息，便于进行生产运行决策。定制开发矿用本安手机及手持终端应用软件，接入工作面网络，手持终端应用软件可实现工作面设备监测与控制，通过手机即可对液压支架进行无线遥控。同时，开发并部署工作面三维虚拟现实系统，实现实时监测信息的可视化、工艺的可视化等功能。

3. 工作面及两巷矿压监测与评价系统

通过在工作面两巷道安装围岩移动传感器、锚杆（索）测力计、钻孔应力计等巷道压力传感器，构建了大采高工作面超前段巷道围岩稳定性动态监测系统。对 12401 工作面回风巷和辅运巷道围岩动态进行监测，顶板离层量为 0~10mm，顶板锚杆增阻量为 0.9~23kN，表明巷道围岩稳定性良好。将液压支架初撑力不合格率、工作阻力高报率、安全阀开启率、液压支架不保压率、不平衡率等指标，作为巷道围岩稳定性综合评价指标，建立巷道围岩稳定性分析和评价模型。

10.6 正利煤业综采工作面智能化技术实践示范

10.6.1 正利煤业基本情况

正利煤业位于山西省吕梁市岚县，其井田面积为 9.26km²，资源储量为 2.2021 亿 t，可采储量为 0.7062 亿 t，服务年限为 36 年。批准开采煤层为 4-1 号、4 号、7 号、9 号，煤种为气肥煤和 1/3 焦煤，矿井采用立井开拓方式，设主立井、副立井、回风立井三座，全井田带压开采，水文地质类型为中等，涌水量为 160~170m³/h，属于瓦斯矿井。矿井年核定生产能力为 150 万 t。

10.6.2 正利煤业 14⁻¹104 综采工作面情况

正利煤业 $14^{-1}104$ 工作面整体呈单斜构造，工作面走向长 2017m，倾斜长 180m；煤层倾角为 6°~10°；开采的 4^{-1} 号煤，煤厚为 2.0~3.7m，平均煤厚为 3.26m；煤层直接顶为 5.4m 的细砂岩，局部相变为泥岩、砂质泥岩，老顶为 5.5m 粉砂岩；直接底为砂质泥岩，老底为 4#煤。煤层稳定，地质构造简单，采用走向长壁后退式一次采全高采煤方法，并采用全部垮落法处理采空区。

正利煤业 $14^{-1}104$ 工作面主要装备为 MG300/730-WD 型电牵引采煤机、SGZ-800/800 型刮板输送机、SZZ-800/315 型转载机、PLM1000 型破碎机、BRM315/31.5 型乳化液泵站，$14^{-1}104$ 运输顺槽采用 DSJ100/100/2×315 型带式输送机。

正利煤业 $14^{-1}104$ 工作面支护采用 ZZ6000/18/38D 型支部支架，工作面机头、机尾采用 ZZG6000/18/38D 型过渡架（各 3 台）；工作面端头采用 1 组 ZT12000/18/38 型端头支架；辅运顺槽采用 4 组 ZTC10000/18/38D 型超前支架支护顶板；运输顺槽密集外到端头支架梁端范围内的顶板采用单体带帽点柱或单体 π 型梁支护。

10.6.3 正利煤业 14⁻¹104 综采工作面智能化实践

1. 液压支架跟机自动化

液压支架安设位移、倾角、压力、行程、定位 5 类 13 个传感器，并加装精确推溜组件、自动反冲洗组件。该液压支架实现了如下 7 项功能。

1）采煤机后 8 台液压支架分 8 次完成自动推溜，采煤机前 3 台液压支架成组收护帮板。

2）在系统自动工作状态下，液压支架自动跟机，包括自动收护帮板、降架、喷雾、拉架、升架、伸护帮板、推溜等功能。

3）液压支架初撑力自动保持及补偿。

4）对液压支架动作实现了远程监控、状态分析和动作预警功能。

5）建立了液压支架故障容错机制，具有故障报警功能。

6）解决了液压支架窜头窜尾问题，通过端头设备定位系统、液压支架中心距管理系统、自动调架系统组成的定位管理系统实现。端头设备相对巷道位置的监测是设备定位管理的基准和基础，中心距管理系统是保证支架合理排布的基本依据，也是支架调架控制的基本依据。

7）配置拉架动作安全语音报警装置、自动喷雾装置。

2. 采煤机割煤自动化

采煤机新增了传感器，包括倾角传感器、D 齿轮传感器、振动传感器、同步磁开关，如图 10-9 所示。倾角传感器用于监测摇臂采高；D 齿轮传感器用于精确计算采煤机相对刮板输送机的位移量；振动传感器用于实现采高自适应调整；同步磁开关用于校准采煤机相对刮板输送机的位置。

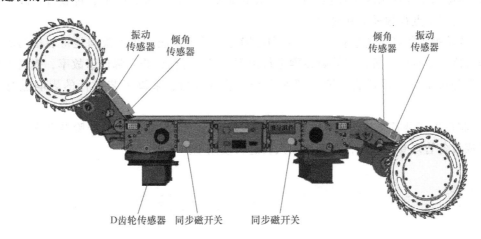

图 10-9　采煤机新增传感器

改造后的采煤机实现了以下 7 项功能。

1）采煤机具有记忆割煤功能。

2）采煤机牵引速度及姿态能随着瓦斯涌出量、采高、输送机弯曲程度的变化进行自适应调整。

3）自动割煤（含端头三角煤的自动割煤），并解决了机头、机尾浮煤扫不净的问题。

4）在系统自动工作状态下，利用预先设置好的工艺段进行端头斜切进刀。机头端头约在 34 号液压支架，机尾端头约在 97 号液压支架进刀。

5）通过采煤机上安装的振动传感器收集振动信号，通过进行频域、时域分析实现煤岩识别，结合采煤机负载变化自动调整采煤机摇臂姿态。

6）利用采煤机上的惯性导航系统检测采煤机行走轨迹，检测信息通过无线网络传输至集控站，计算机将信息转换为刮板输送机姿态和液压支架动作指令参数，自动精准推溜、拉移液压支架，并以刮板输送机为参照对液压支架进行调直，对采煤机探顶、卧底量进行控制，实现"三直两平"管理。

7）实现采煤机无线传输技术。

3. 远程自动化供液系统

建立地面乳化液配比站自动控制系统，实现地面乳化液自动配比站工作状态的监测及自动给液，工作面的供液系统参数的远程监控和自动控制，高压自动反冲洗过滤站的自动、手动、定时、定压反冲洗控制。

4. 自动化控制系统升级改造

增加顺槽集控中心、地面集控中心、采煤机控制系统、工作面视频监控系统、采煤工艺跟踪及矿压分析系统，进而实现了如下 5 项功能。

1）实现综采工作面设备一键顺序启停，装备启动顺序为顺槽胶带输送机→破碎机→转载机→刮板输送机。确认安全后，发出采煤机工作信号，采煤机自动确定采高、牵引速度。停止时，装备按逆序自动停机。

2）对供液、运煤、矿压、采煤工艺等各系统进行状态监测和集中自动化控制。

3）对综采工作面采煤全过程的视频采集和显示，包括端头、端尾、转载机、破碎机等特殊区域的固定点视频采集和显示。

4）故障处理管理系统包括故障预判和故障分级处理功能。故障预判是将装备的历史信息与当前信息做对比分析，对故障原因进行预判，以便提前检修，降低事故率，提高工作效率；故障分级是对已预判的故障按照对安全、装备寿命、采煤工艺执行的影响进行分级管理。

5）将厂家对装备维护、故障诊断处理的经验和用户对装备管理的经验融合在系统软件中而形成设备管理专家系统，帮助作业人员进行使用维护管理。

10.7 金辛达煤业综采工作面智能化技术实践示范

10.7.1 金辛达煤业基本情况

金辛达煤业的井田面积为 $11.0021km^2$，核定能力为 240 万 t/a。批准开采的 2 号煤层的煤为低硫、强肥煤，平均厚度为 1.19m，11（9+10+11）号为主焦煤，平均厚度为 5.01m。

矿井地质构造条件简单，矿井水文地质类型为中等，矿井正常涌水量为 $21.5m^3/h$，最大涌水量为 $102m^3/h$。矿井为低瓦斯矿井。煤层自燃发火倾向性为 II 级，煤尘具有爆炸性。

10.7.2 金辛达煤业 203 综采工作面情况

金辛达煤业 203 工作面切眼长度为 260m，走向长度为 1750m。煤层厚度为 0.8~1.3m，平均厚度为 1.2m。夹矸 0~2 层，厚度在 0~0.3 之间。煤层倾角为 0°~6°。煤层起伏相对较缓，属半亮型煤夹亮煤，质地松软，属于稳定可采煤层。老顶为砂岩，厚度为 7m；直接顶为泥岩，厚度为 1.4m；伪顶为泥岩、煤线，平均厚度为 0.8m，直接底为泥岩，厚度为 1.3m；老底为泥岩，厚度为 6.8m。

工作面采用长壁后退式综合机械化采煤工艺，采用全部垮落法管理顶板。203 综采工作面装备配套明细见表 10-3。

表 10-3　203 综采工作面装备配套明细表

装备名称		制造公司	数量	参数
刮板运输机		宁夏天地重型装备科技有限公司（西北奔牛）	1 部	型号：SGZ800/1050 生产能力：1200t/h 运输机长度：260m 总装机功率：低速 2×263kW 高速 2×525kW
转载机		宁夏天地重型装备科技有限公司（西北奔牛）	1 部	型号：SZZ800/250 生产能力：1800t/h 总装机功率：高速 250kW 低速 125kW
破碎机		宁夏天地重型装备科技有限公司（西北奔牛）	1 台	型号：PLM2000 通过能力：2000t/h 总装机功率：200kW
胶带输送机		哈尔滨和平煤矿机械制造有限公司	1 部	型号：DSJ120/150/2×250 生产能力：1500t/h 胶带宽度：1200mm
乳化液泵		浙江中煤机械科技有限公司	2 台	型号：BRW-630/31.5 额定压力：31.5MPa 额定流量：630L/min 电动机功率：450kW
喷雾泵站		浙江中煤机械科技有限公司	1 个（2 泵一箱）	型号：BPW-400/16 公称压力：16MPa 额定流量：400L/min 电动机功率：125kW
液压支架	中间架	郑州煤矿机械集团有限责任公司	169 台	型号：ZY5200/12/28D
	过渡支架		4 台	型号：ZYG6800/14/32D
	端头支架 A		2 台	型号：ZYT9000/15/32D
	端头支架 B		1 台	型号：ZYT4000/17/32D
采煤机		上海创力集团有限公司	1 台	型号：MG2×200/930-WD1 切割功率：2×200kW×2 牵引功率：2×55kW 液压泵功率：20kW 滚筒直径：1500mm 滚筒截深：800mm 供电电压：3300V
电液控制系统		郑州煤机液压电控有限公司	1 套，包括：控制器 175 台、电液换向阀 175 台、电磁阀驱动器 175 件、压力传感器 175 套、位移传感器 175 套、红外传感器 175 个、姿态传感器 525 套、无线遥控 10 套	ZE07 型

（续）

装备名称	制造公司	数量	参数
自动控制系统	郑州煤机液压电控有限公司	惯性导航系统 1 套	ZE07 型
		视频监控系统 1 套	
		照明系统 1 套	
		顺槽集控系统 1 套	
		地面集控系统 1 套	
工作面多组合开关	山西长治贝克电气有限公司	2 台	—
泵站变频组合开关	华夏天信	1 台	—
工作面及皮带集中控制	天津华宁电子有限公司	1 套	KTC101

10.7.3 金辛达煤业 203 综采工作面智能化实践

金辛达煤业 203 综采工作面主要实现了以下智能化功能。

1. 一键启停

在顺槽集控仓和地面各设置一个井下中控室，且各安排 1 名操作人员，在自动化开采过程中通过各类子系统收集运行数据，巡视设备运行状态、设备工作姿态，实施远程干预控制，开启采煤新模式。操作台切换至"自动"模式下，按下"一键启停"按钮便可使工作面实现乳化液泵站、破碎机、转载机、刮板输送机、液压支架、采煤机等主要综采设备的逆煤流一键启停。依托网络通信功能，实现设备数据高速上传和控制信号实时下达，当生产过程出现特殊情况，如工作面顶板发生变化或液压支架未能移架到位而影响工作面连续推进时，可及时进行人工远程干预。

2. 液压支架跟机自动化

根据开采工艺，将液压支架跟机自动化划分为液压支架中部跟机、割三角煤自动跟机、自动推溜三种配合动作，通过设置液压支架自动跟机流程与采煤机所到位置来决策每个液压支架的执行动作；端头、端尾根据斜切进刀与割三角煤工艺来设定液压支架动作方式，从而达到整个工作面液压支架跟机自动化，实现工作面自动连续生产。

3. 采煤机记忆割煤

集控中心能够控制采煤机开启、停止记忆割煤功能，自动化开采过程中的全部工艺段均采用记忆割煤，包括割三角煤、斜切进刀、扫浮煤、中间段工艺等，实现综采工作面自动化控制开采，实现与采煤机的双向通信，实现在集控中心和分控中心对采煤机的启停运行状态、运行方向、采高、速度、位置等数据进行实时远程监测。

4. 工作面视频监控

工作面每 4 台液压支架设置 1 台 360°高清云台摄像仪，用来实时跟踪采煤机，自动完成视频跟机推送等功能，为工作面可视化远程监控提供远程指导。

5. 综采设备云监测

203 智能化综采工作面可完成综采设备云端存储、故障推送、实时查询、历史查询、多终端支持等功能，实现了移动互联。

6. 工作面自动调直

203 智能化综采工作面装备通过工作面自动调直系统，可实现工作面直线度、水平度的精确检测及控制，可与液压支架控制系统、采煤机控制系统实时通信，并根据液压支架、采煤机控制所需要的数据，提供必要的实时或历史数据，用于液压支架、采煤机的自动化控制。系统对工作面直线度的控制偏差<500mm，可与综采自动化系统进行通信，将工作面直线度状态上传给综采自动化系统，由集控系统完成工作面自动调直控制。

7. 其他功能

1）集中控制系统具备人员行进轨迹感知能力，可精确定位巡视人员位置，智能闭锁人员所处区域的设备，防止发生人员伤亡事故。

2）工作面供液系统安装乳化液自动配液站，通过判断乳化液液箱中的液位，实现自动配液，保障工作面供液浓度达标。

3）通过广播分站、井下工业环网系统实现井上、井下实时语音通信。

4）随时检测工作面液压支架的立柱压力，实现液压支架自动补液，保障工作面液压支架初撑力稳定。

5）主供液系统安装供液过滤站、回液过滤站，液压支架配置单架反冲洗过滤器，通过设定时间或压差定期进行反冲洗，降低液压支架故障率。

6）刮板输运机、转载机、破碎机、乳化液泵站安装在线监测系统，实时监测设备的运行工况，达到故障预警的目的。

参考文献

[1]　王学文，廉自生，郭永昌，等. 面向智能化实践平台建设的"煤矿综采成套装备实验系统"改造实践与应用 [J]. 智能矿山，2022，3（3）：58-66.

[2]　谢嘉成，王学文，郭永昌，等. 面向工程实践能力培养的煤矿综采成套装备实验系统建设与应用 [J]. 科技创新与应用，2022，12（12）：70-75.

[3]　薛国华，张玉良，宋焘，等. 黄陵一号煤矿智能矿井建设探索与实践 [J]. 智能矿山，2023，4（1）：25-34.

[4]　范京道，王国法，张金虎，等. 黄陵智能化无人工作面开采系统集成设计与实践 [J]. 煤炭工程，2016，48（1）：84-87.

[5]　贺海涛. 综采工作面智能化开采系统关键技术 [J]. 煤炭科学技术，2021，49（S1）：8-15.

[6]　谷彬，赵云飞. 自主智能割煤技术在榆家梁煤矿 43101 综采工作面的实践应用 [J]. 能源科技，2020，18（7）：29-32.

[7]　高士岗，高登彦，欧阳一博，等. 中薄煤层智能开采技术及其装备 [J]. 煤炭学报，2020，45（6）：1997-2007.

[8]　刘海荣. 探索智能化建设新思路打造行业高效发展新典范：国家能源集团神东榆家梁煤矿智能矿山建设经验 [J]. 智能矿山，2021，2（3）：28-33.

[9]　胡而已. 基于激光扫描的综放工作面放煤量智能监测技术 [J]. 煤炭科学技术，2022，50（2）：244-251.

[10]　张彩峰. 塔山煤矿综采放顶煤工作面智能化开采技术的探讨及应用 [J]. 煤矿机电，2018（2）：

68-73.

[11] 杨俊哲. 8.8m智能超大采高综采工作面关键技术与装备 [J]. 煤炭科学技术, 2019, 47 (10): 116-124.

[12] 崔耀, 王旭峰, 潘占仁. 上湾煤矿8.8m超大采高智能化综采控制系统研究与应用 [J]. 智能矿山, 2023, 4 (4): 45-51.

[13] 张其胜. 煤矿智能工作面改造探索与实践 [J]. 煤炭技术, 2021, 40 (11): 190-192.

[14] 李春睿, 刘凤伟. 正利煤业少人自动化综采工作面设备及配套系统研究 [J]. 水力采煤与管道运输, 2019 (4): 32-35.